Weinberger/Krawietz

Helmut Schelsky als Soziologe
und politischer Denker

1912–1984

Ota Weinberger/Werner Krawietz, Hrsg.

Helmut Schelsky als Soziologe und politischer Denker

Grazer Gedächtnisschrift zum Andenken
an den am 24. Februar 1984
verstorbenen Gelehrten

Franz Steiner Verlag Wiesbaden GmbH
Stuttgart 1985

CIP-Kurztitelaufnahme der Deutschen Bibliothek

Helmut Schelsky als Soziologe und politischer Denker /
Ota Weinberger ; Werner Krawietz. – Stuttgart :
Steiner-Verlag-Wiesbaden, 1985.
ISBN 3-515-04367-5

NE: Weinberger, Ota [Hrsg.]

Printed in Germany

Inhalt

Vorwort der Herausgeber

Helmut Schelsky, einer der bedeutendsten Rechtssoziologen des deutschen Sprachraumes, ist am 24. Februar 1984 verstorben.

Er war seit 1. November 1978 Honorarprofessor für Rechtssoziologie an der Karl-Franzens-Universität in Graz und stand seither in Zusammenarbeit mit dem Institut für Rechtsphilosophie. 1979 hat er in dieser Funktion Vorlesungen in Graz gehalten. Im Jahre 1979 und im Jahre 1981 nahm er an Symposien teil, die vom Institut für Rechtsphilosophie der Universität Graz zusammen mit der Österreichischen Sektion der Internationalen Vereinigung für Rechts- und Sozialphilosophie in Schloß Retzhof veranstaltet wurden.

Die Karl-Franzens-Universität in Graz und das Institut für Rechtsphilosophie betrachteten es immer als eine besondere Auszeichnung, Helmut Schelsky zu ihren Mitgliedern zählen zu dürfen.

Um die Diskussion über Schelskys Werk und seine aktuellen Gedanken weiterzuführen, hatten wir uns entschlossen, eine Podiumsveranstaltung unter dem Titel „Helmut Schelsky als Soziologe und politischer Denker" zu veranstalten. Sie fand am 18. April d. J. statt und wurde vom Institut für Rechtsphilosophie der Karl-Franzens-Universität und der Grazer Sektion der Internationalen Vereinigung für Rechts- und Sozialphilosophie organisiert. Unter dem Vorsitz von Ota Weinberger referierten als Podiumsredner Werner Krawietz, Christian Seidl und Manfred Prisching. Es folgte eine mehrstündige und außerordentlich anregende Diskussion, in der viele zusätzliche interessante Probleme aufgeworfen wurden.

Da wir zu der Überzeugung gelangt sind, daß in den Referaten und in der Diskussion neue Gedanken und aktuelle Betrachtungen vorgelegt wurden, haben wir uns entschlossen, die Ergebnisse dieser Veranstaltung in einem Band zusammenzufassen. Er ist dem Gedenken an Helmut Schelsky gewidmet und wird hiermit einem breiteren interessierten Publikum vorgelegt. Alle Referate wurden nachträglich noch einmal überarbeitet. Die Beiträge von Mozetič, Steiner und Weinberger sind Arbeiten, die erst aufgrund der Anregungen geschrieben wurden, die sich aus den Diskussionen in der Podiumsveranstaltung ergaben.

Der Band befaßt sich mit einem wesentlichen Stück Schelskys politischer Philosophie und seines politisch-ideologischen Wirkens. Werner Krawietz bringt eine konzise Gesamtdarstellung von Schelskys Leben und Werk sowie einige Überlegungen zu seiner Theorie des Rechts und der Gesellschaft. Manfred Prisching stellt ihn als Soziologen und Antisoziologen vor. Gerald Mozetič versucht, die Stellung Helmut Schelskys in der deutschen Soziologie zu charakterisieren und gedankengeschichtliche Wurzeln seiner Konzeptionen aufzuzeigen. Christian Seidl nimmt als Ökonom zu Schelskys Theorie der sozialen Strukturen in der Gesellschaft unserer Zeit Stellung, d.h. er betrachtet verstehend und kritisch Schelskys Konzeption der Stellung der „Sinnproduzenten" in unserer Gesellschaft. Im letzten Beitrag versucht Ota Weinberger, die Konzeption des Institutionalistischen Rechtspositivismus, wie sie von Neil MacCormick und ihm selbst vertreten wird, mit der Theorie der Institutionen von Hauriou bis Schelsky zu konfrontieren.

Wir hoffen, daß durch diesen Band nicht nur das Andenken und die hervorragenden Leistungen von Helmut Schelsky gewürdigt werden, sondern daß auch ein Beitrag zur Diskussion über aktuelle sozialwissenschaftliche und politische Probleme geleistet wird.

Graz/Münster, im September 1984

Die Herausgeber

Begrüßungsansprache zur Podiumsveranstaltung

Von
Ota Weinberger

Spektabilität!
Werte Kolleginnen und Kollegen!
Meine Damen, meine Herren!

Zum Gedenken an unseren berühmten Honorarprofessor Helmut Schelsky, der am 24. Februar d.J. verschieden ist, haben wir Sie zu dieser Podiumsveranstaltung eingeladen. Große Denker und Wissenschaftler ehrt man wohl am besten, wenn man über ihre Konzeptionen spricht und versucht, ihre Arbeit fortzusetzen. Bei einem Mann wie Schelsky, der immer auf das engste mit dem Zeitgeschehen verbunden war, der immer von der aktuellen Realität des Lebens ausging und seine Theorien im Hinblick auf zeitgenössische Situationen und Aufgaben entwickelte, erscheint diese Einstellung besonders angemessen, denn unser verstorbener Kollege hätte sicher keine andere Ehrung gewünscht als die Diskussion seiner Meinungen und die Fortsetzung seiner Arbeit.

Gestatten Sie mir einige kurze Anmerkungen darüber, wie ich Schelsky als Denker und Persönlichkeit gesehen habe:

1. Für mich war Schelsky vor allem ein einfühlsamer Beobachter aktueller sozialer Erscheinungen. Er wollte die Welt, in der er lebte, verstehen und erklären, und zwar bewußtermaßen als Basis des verantwortlichen Handelns. Erkenntnistrieb war stets mit der Absicht verbunden, für gesellschaftliche Programme einzutreten und die Lebensform seines Volkes zu gestalten.
2. Schelsky war immer auf der Suche nach der Gerechtigkeit, nicht in Form von Erörterungen über abstrakte Formeln, für die er plädiert hätte, sondern als Mensch, der davon überzeugt war, daß es unsere Aufgabe ist, im praktischen Leben und in der Politik Gerechtigkeitsfragen zu stellen und für Gerechtigkeit zu kämpfen.
3. Seine wissenschaftliche Arbeit war immer mit politischem Engagement verbunden. Es bestand bei ihm stets eine Einheit von wissenschaftlicher Erkenntnis, Schaffen theoretischer Konzeptionen und praktischem Wirken. Wissenschaft war für ihn nie ein l'art-pour-l'art-Unternehmen. Sein wissenschaftliches Denken war weitgehend durch praktische und politische Zielsetzungen motiviert. Er fühlte sich immer – wenn ich ihn richtig verstehe – als akademischer Lehrer, aber gleichzeitig auch als geistiger Führer.
4. Er hatte als Denker Mut und suggestive Kraft als Schriftsteller. Er verfügte über ein außerordentliches Durchsetzungsvermögen.

Die Betrachtung der Persönlichkeit Schelskys führt mich zu allgemeinen Überlegungen über die Beziehung des Wissenschaftlers zum praktischen Leben und zur Politik. Und da ich mich immer in erster Linie als Grundlagenforscher angesehen habe, dessen Forschungsergebnisse erst vermittelt das praktische Leben betreffen, ist diese Problematik für mich persönlich von besonderer Relevanz.

Sollen wir uns als Forscher nur mit der Entwicklung der Erkenntnis und mit dem Aufbau wissenschaftlicher Systeme befassen, oder ist es auch unsere Aufgabe, Handlungsprogramme zu entwickeln und die Lebensformen der Individuen und der Gemeinschaft zu gestalten?

Die Beantwortung dieser Frage ist sicher nicht einfach. Ich bin der Meinung, daß es für uns Wissenschaftler jedenfalls keinen universell passenden Rat gibt, was wir als unsere Aufgabe ansehen sollten, ob wir bei der „reinen" Wissenschaft bleiben sollen oder ob wir uns als Vorkämpfer für gewisse Wertvorstellungen und Lebensformen fühlen sollen. Je nach Charakter und persönlichen Fähigkeiten wird man verschiedene Lebenswege wählen.

Zweifellos sind unsere Untersuchungen und theoretischen Konstruktionen von praktischen Zwecken und moralischen Einstellungen mitbestimmt, auch wenn diese in keiner Weise zu Bestandteilen der wissenschaftlichen Argumentation werden. Ein Beispiel aus meiner eigenen Tätigkeit: Meine Versuche, gegen die Sanktionstheorie der Rechtsnorm zu plädieren, stehen sicherlich in Beziehung zu meiner Auffassung des Rechts als eines gesellschaftlich organisierenden Faktors und nicht bloß als eines Zwang ausübenden und repressiven Instruments. Meine Argumente sind aber rein strukturtheoretisch und soziologisch. Die eben angeführten rechtspolitischen Einstellungen, die mit den Ergebnissen der Argumentation korrelieren, habe ich in den entsprechenden Arbeiten nicht einmal erwähnt.

Wenn ich von der Beziehung der Wissenschaftler zur gesellschaftlichen Praxis spreche, habe ich nicht die Rolle der Wissenschaftler als Experten und Gutachter politischer Maßnahmen und Projekte im Sinne; noch weniger die Rolle der „Hausexperten" der politischen Parteien, von pressure groups usw. Denn dabei geht es eher um etwas, was an der Grenze des Mißbrauchs der Wissenschaft steht (insbesondere deswegen, weil eine entscheidende Beeinflussung des Ergebnisses durch die Auswahl des Experten keine Ausnahme ist und weil es hier meist keine echte Konstatierung und Diskussion der Pluralität wissenschaftlicher Meinungen gibt). Mir geht es hier vielmehr im wesentlichen um folgende Momente:

(i) Ist es nicht die Aufgabe des Wissenschaftlers, auch Programme zu erstellen, nicht nur Erkenntnissysteme vorzulegen? Bekanntlich sind durch die Erkenntnisse allein die Vorgangsweisen für die Lösung von Aufgaben noch nicht bestimmt. Es muß know-how geschaffen werden – und dies bezieht sich gleichermaßen auf technische Einrichtungen wie auf gesellschaftliche Institutionen. Ich bin der Meinung, daß diese Arbeit noch zu den Aufgaben des Wissenschaftlers gehört, obwohl als Voraussetzungen dieser Tätigkeit auch Ziele und Wertstandards herangezogen werden müssen.

(ii) Auch dort, wo der Wissenschaftler „reiner" (d.h. rein erkennender) Wissenschaftler bzw. Grundlagenforscher ist, sollte er noch für den potentiellen Anwender den Weg soweit vorbereiten, daß er wenigstens exemplarisch zeigt, wozu seine Theorie verwendet werden kann. Wenn ich z.B. die Normenlogik als Theorie entwickle, sollte ich auch zeigen, wie dieses System in der Strukturtheorie des Rechts und als Richtigkeitsmaßstab der juristischen Argumente angewendet werden kann.

(iii) Es scheint mir die Aufgabe der Wissenschaft, insbesondere der Sozialwissenschaften im weiten Sinne zu sein, in der Demokratie als kritische Instanz sowie als Ideenquelle zu wirken. Die moderne Demokratie braucht die Kritik des öffentlichen Geschehens durch die Wissenschaft, und sie braucht den Wissenschaftler als Initiator des Fortschritts. Die kritische und die Informationsrolle der Massenmedien in der modernen Demokratie wird allgemein anerkannt und oft erwähnt. Ich meine jedoch, daß dem freien und unabhängigen Wissenschaftler ebenso eine wesentliche – wenn auch wesentlich verschiedene – Rolle in einer fortschrittlichen Demokratie zukommt.

Die Lebenseinstellung Schelskys kann hier als Memento gelten.

Über die Fachgrenzen der Soziologie hinaus: Helmut Schelskys ‚transzendentale' Theorie von Recht und Gesellschaft

Von
Werner Krawietz

Kein Zweifel, daß Helmut Schelsky wegen der Eigenständigkeit, der Vielfalt und der Vielschichtigkeit seines Lebenswerks das Zeug besitzt, zum Klassiker der deutschen Soziologie, insbesondere der Rechtssoziologie zu avancieren.

Wie wenige deutsche Rechtssoziologen vor ihm – ausgenommen nur die Begründer einer Theorie und Soziologie des Rechts, wie *Rudolph von Ihering* im 19. Jhdt. und natürlich *Max Weber* zu Beginn dieses Jahrhunderts – hat Helmut Schelsky in der Zeit nach dem Zweiten Weltkriege in Westdeutschland die Entwicklung der Soziologie und mit ihr die der Rechtssoziologie nachhaltig bestimmt und geprägt.

Die Bedeutung Schelskys für die gegenwärtige und künftige Entwicklung der modernen Rechtstheorie dürfte vor allem darin zu erblicken sein, daß er eine Theorie des Rechts und der Gesellschaft hinterlassen hat, in der soziale Normen, insbesondere diejenigen des Rechts, eine maßgebende Struktur der gesellschaftlichen Beziehungen bilden.

Umso verwunderlicher muß es erscheinen, daß eben diese theoretischen Leistungen Schelskys in der Fachwissenschaft wie in der Öffentlichkeit offensichtlich weitgehend unbekannt geblieben sind. Dies wird auch in zahlreichen Nachrufen und Rückblicken auf Person, Leben und Werk des Gelehrten deutlich, die nach dem Tode Helmut Schelskys erschienen sind.

I. Person, Leben und Werk von Helmut Schelsky

Man ist sich einig darüber, daß Schelsky zu den herausragenden Geistes- und Sozialwissenschaftlern gehört, daß er durch seine Persönlichkeit, seine gesamte Lebensleistung und sein immenses Werk das allgemeine Bewußtsein unserer Zeit entscheidend mitgeprägt hat, nicht nur im nationalen, sondern auch im internationalen Rahmen.

Jedoch besteht gegenwärtig keine Einigkeit darüber, worin die eigentliche wesentliche Leistung Schelskys zu erblicken ist. Es gibt keine einheitliche Auffassung darüber, sondern nur ein breites Meinungsspektrum.

War Schelsky ein Politiker, zumindest ein Hochschulpolitiker, ein politischer Denker und politischer Publizist oder nur ein Kolumnenschreiber? War er jemand, der durch seine kritischen Gegenwartsanalysen öffentlich zu wirken suchte, wie *Ralf Dahrendorf* in der ZEIT meinte[1], ein „öffentlicher Professor" also, der „den Weg der Bundesrepublik zunächst begleitete, an manchen Punkten

1 Dazu und zum folgenden: *Ralf Dahrendorf,* Suche nach der Wirklichkeit. Nachruf auf einen bedeutenden Soziologen, in: DIE ZEIT vom 2. März 1984, S. 6.

beeinflußte, jedenfalls bejaht und für viele interpretiert" hat? War Schelsky der Gelehrte, der die „Tendenzwende" in der Entwicklung der bundesdeutschen Gesellschaft als einer der ersten diagnostiziert hat, so früh, daß man sagen könnte, „die Wirklichkeit (sei) ihm gefolgt"?

Oder ist Schelsky vielleicht gar vom Lebensweg des Soziologen abgeirrt, wie DER SPIEGEL in seinem Nachruf meint[2]. Hatte Schelsky sich vom progressiven Professor zum „Anti-Soziologen" entwickelt und sich damit (wie manche über seine Kritik an der Soziologenzunft erzürnte Fachkollegen ohnehin schon mutmaßten!) endgültig außerhalb des Faches und damit ins Abseits gestellt? Eine derartige Kritik, die Schelsky abspricht, bis zuletzt Soziologe gewesen zu sein, macht es sich wohl zu einfach. In seinem letzten, 1983 erschienenen Buch „Politik und Publizität" bezeichnet Schelsky sich in seiner „Standortbestimmung meiner selbst" als „empirischer Soziologe auf der Grundlage der Bindung an die Philosophie in der geistigen Nachfolge Max Webers"[3].

Nicht weit entfernt von einer Kritik, die dem Soziologen Helmut Schelsky die Zugehörigkeit zum Fach bestreitet, ist *Ludolf Herrmann,* der Schelsky im Rheinischen Merkur / Christ und Welt – wenig einfühlsam – in seinem Nachruf als gelehrten „Stichwortgeber des Zeitgeistes" bezeichnet[4], obwohl er es aus seinen Gesprächen mit Schelsky zur Sendereihe des ZDF „Zeugen des Jahrhunderts" hätte besser wissen können[5]. Hat Schelsky denn wirklich bloß, wie Ludolf Herrmann meint, „in vitro die Sozialhistorie der Bundesrepublik von 1949 bis 1980 geschrieben"?

Am schärfsten ist die Kritik und der von persönlicher Enttäuschung diktierte Nachruf von *Claus Menzel* in der linksliberalen FRANKFURTER RUNDSCHAU. Er erblickt in Schelskys Kritik an Intellektuellen, Publizisten, Funktionären und Gewerkschaften nur bloße Polemik[6]. Menzel meint, Schelsky schrieb Bücher: „Eines nach dem anderen, eines polemischer als das andere und eines noch weniger ernst zu nehmen als das andere". Dazu kann man nur sagen: Enttäuschung setzt Täuschung voraus!

Menzel täuscht sich selbst, ebenso wie *Malte Buschbeck* in der Süddeutschen Zeitung, der zwar Schelskys „unzweifelhafte Bedeutung" für die Soziologie als „ausgemacht" ansieht, jedoch fälschlich annimmt, Schelsky gehöre aus heutiger Sicht wohl kaum „zu den großen Theoretikern der Disziplin"[7]. Ähnlich meint auch *Ludolf Herrmann*[8], dem man mehr Vertrautheit mit dem Werk Schelskys

2 DER SPIEGEL vom 5. März 1984, S. 236.

3 *Helmut Schelsky,* Ein empirischer Begriff ‚des Politischen'. Versuch einer Vergegenwärtigung von Carl Schmitt, in: *ders.,* Politik und Publizität, Stuttgart 1983, S. 27–99, 50f.

4 *Ludolf Herrmann,* Gelehrter Stichwortgeber des Zeitgeistes. Ein Soziologe, der mehr war als nur ein Pionier seiner Wissenschaft, in: Rheinischer Merkur / Christ und Welt vom 2. März 1984, S. 24.

5 *Ders.,* Helmut Schelsky im Gespräch mit Ludolf Herrmann, in: Zeugen des Jahrhunderts. Nach einer Sendereihe des ZDF herausgegeben von Karl B. Schnelting, Frankfurt a. Main 1981, S. 147–173.

6 Claus Menzel, Verlorener Vater, in: FRANKFURTER RUNDSCHAU vom 29. Februar 1984.

7 *Malte Buschbeck,* Ein Stück deutsche Soziologie. Zum Tod von Helmut Schelsky, in: Süddeutsche Zeitung vom 28. Februar 1984, S. 27.

8 *Herrmann,* Gelehrter Stichwortgeber, S. 24.

zugetraut hätte, gänzlich unzutreffend: „Die große Theorie ist ihm nicht geglückt.“

Ich gedenke, im folgenden der verbreiteten *These vom Theoriedefizit* der Soziologie Schelskys entgegenzutreten, die auf schlichter Unkenntnis seines Werks beruht. Ich werde demgegenüber belegen – und dies ist zugleich die zentrale These meiner Ausführungen –, daß Schelsky in ganz maßgeblichem Umfang zur soziologischen Theoriebildung beigetragen hat. Insofern wird bei mir nicht von dem politischen Denker und Publizisten die Rede sein, sondern von dem soziologischen Theoretiker Schelsky, der freilich weitgehend unbekannt geblieben ist, auch für die wissenschaftliche Öffentlichkeit.

Im Hinblick auf diese Zentralthese meiner Ausführungen teile ich im Ergebnis das Urteil von *Jürgen Busche,* der Mitte März in der Frankfurter Allgemeinen Zeitung unter der Überschrift „Nachrufer in Verlegenheit“ sehr treffend von dem „dürre(n) Gedenken des Soziologen Helmut Schelsky“ gesprochen hat[9], doch tue ich dies aus ganz anderen Gründen, die ich noch belegen werde.

Es erscheint mir zunächst jedoch geboten, einen kurzen Blick auf Leben und Werk von Helmut Schelsky zu werfen, um die Grundlagen, Voraussetzungen und die Reichweite seiner soziologischen Theoriebildung besser einschätzen zu können.

Helmut Schelsky hat, was die Vielschichtigkeit seines Werks, den Umfang, die vielseitige Ausdeutbarkeit, aber auch die Umstrittenheit seiner Lehren angeht, ganz zweifellos das Zeug dazu, ein Klassiker der Soziologie zu werden. Schon jetzt steht fest, daß er zu den wenigen bedeutenden, ja beherrschenden Persönlichkeiten gehörte, welche die Entwicklung der deutschen Soziologie in der Nachkriegszeit nachhaltig bestimmt haben.

Wesentliche Stationen seines wissenschaftlichen Weges waren die Akademie für Gemeinwirtschaft in Hamburg und die Universitäten Hamburg, Münster, Bielefeld und wiederum Münster. An der Westfälischen Wilhelms-Universität wirkte er zuletzt bis zu seiner Emeritierung im Jahre 1978 im Fachbereich Rechtswissenschaft auf dem Lehrstuhl für Rechtssoziologie, Rechts- und Sozialphilosophie.

Der in Chemnitz am 14. Oktober 1912 geborene Wissenschaftler studierte in Königsberg und Leipzig Geschichte, Pädagogik, Soziologie und Philosophie. 1935 promovierte er zum Dr. phil. und arbeitete anschließend als Assistent am Philosophischen Institut der Universität Leipzig. 1939 habilitierte sich Schelsky in Königsberg für Soziologie und Philosophie. Seine wissenschaftliche Entwicklung wurde vor allem bestimmt und entscheidend geprägt durch seine Lehrer Arnold Gehlen und Hans Freyer, mit denen ihn eine lebenslange Freundschaft verband.

Nach dem Krieg, aus dem er schwer versehrt heimkehrte, war Helmut Schelsky im Deutschen Roten Kreuz tätig, wo er unter anderem den DRK-Suchdienst für Gefangene und Flüchtlinge aufbaute. Aber schon bald zog es ihn in die Wissenschaft zurück. An der neugegründeten Akademie für Gemeinwirtschaft in Hamburg übernahm er 1948 eine Professur für Soziologie und Philosophie. Vier Jahre später folgte er einem Ruf auf den Lehrstuhl für Soziologie an der Universität Hamburg. Von dort wurde er 1960 als Ordinarius an die Universität Münster

9 *Jürgen Busche,* Nachrufer in Verlegenheit. Das dürre Gedenken des Soziologen Helmut Schelsky, in: Frankfurter Allgemeine Zeitung vom 14. März 1984.

berufen und übernahm hier gleichzeitig die Leitung der Sozialforschungsstelle Dortmund.

1969 wechselte Schelsky an die neue Universität Bielefeld, zu deren Planern und Mitbegründern er gehörte, auf eine Professur für Soziologie und leitete bis 1971 auch das Bielefelder „Zentrum für interdisziplinäre Forschung". 1973 schied Schelsky – nach eigenen Worten „im Unfrieden" – aus Bielefeld und kehrte an die Universität Münster zurück, wo er bis zur Emeritierung im Jahre 1978 lehrte.

Wie kaum ein anderer Autor hat Schelsky geradezu seismographisch die sich ankündigenden Strukturveränderungen in der deutschen Gesellschaft erspürt, analysiert und verständlich gemacht. Dies gilt vor allem für seine frühen Hauptwerke „Wandlungen der deutschen Familie in der Gegenwart" (zuerst 1953) und seine Jugendsoziologie „Die skeptische Generation" (zuerst 1957). Eine umfassende Darstellung und Bewertung bildungssoziologischer und hochschulpolitischer Entwicklungen nahm er mit „Schule und Erziehung in der industriellen Gesellschaft", „Einsamkeit und Freiheit" (1963) und in der mit Paul Mikat herausgegebenen Schrift „Grundzüge einer neuen Universität" (1966) vor. In diesen Rahmen gehören auch seine durchaus nicht resignative Schrift „Abschied von der Hochschulpolitik oder Die Universität im Fadenkreuz des Versagens" (1969) und seine „Erfahrungen mit vier Generationen der deutschen Universität", die er als Festvortrag bei der 200-Jahr-Feier der Universität Münster im April 1980 darlegte.

Zu seinem Gesamtwerk, das insgesamt nahezu 400 Titel umfaßt, zählen viele „wissenschaftliche Bestseller", die seinen Namen weit über den deutschen Sprachraum hinaus bekanntgemacht haben, wie seine „Soziologie der Sexualität", „Systemüberwindung, Demokratisierung und Gewaltenteilung" (1973), „Der selbständige und der betreute Mensch" (1976) und sein publizistisch wohl erfolgreichstes Buch „Die Arbeit tun die anderen. Klassenkampf und Priesterherrschaft der Intellektuellen" (1975). In dieser Arbeit und in den „Rückblicken eines ‚Anti-Soziologen' " (1981) hat Schelsky sich kritisch mit seiner eigenen Fachwissenschaft auseinandergesetzt; so kritisch („Anti-Soziologie"), daß manche Fachkollegen ihm anlasten, damit habe er sich außerhalb seines Faches gestellt.

Zu Unrecht weniger beachtet blieb sein Werk „Die Hoffnung Blochs" (1979), eine Kritik der marxistischen Existenzphilosophie. Anläßlich seines 65. Geburtstags im Jahre 1978 sind drei Festschriften erschienen: „Freiheit und Sachzwang", „Person und Institution" und „Recht und Gesellschaft". In den Bereich der politischen Schriften Schelskys gehört sein Buch „Funktionäre. Gefährden sie das Gemeinwohl?" (1982), eine Kritik des deutschen Gewerkschaftswesens mit Vorschlägen und einem „Aufruf zur Gewerkschaftsreform".

In dem Maße, in dem sich der politische Publizist Schelsky der von ihm bewußt verfolgten Aufgabe kritischer Aufklärung verschrieb, mußte er sich der gegenwärtigen deutschen Soziologie, wie er es empfand, entfremden und der Rechtswissenschaft mehr und mehr annähern. In welchem Ausmaße er zur rechtswissenschaftlichen Grundlagenforschung, insbesondere im Bereich der politischen Theorie, der Soziologie des Rechts sowie der Rechtstheorie beigetragen hat, belegt nicht nur seine 1942 trotz des Krieges noch gedruckte, aber mangels Papierzuteilung nicht mehr veröffentlichte und erst 1980 in unverändertem

Nachdruck erschienene Habilitationsschrift „Thomas Hobbes. Eine politische Lehre“ (mit einem höchst lesenswerten „Vorwort 1980“). Es wird auch deutlich in seiner „Theorie der Institution (1970) und in seiner wohl wichtigsten Aufsatzsammlung „Die Soziologen und das Recht. Zur Soziologie von Recht, Institution und Planung“ (1980), vor allem aber in seinem jüngsten Buch „Politik und Publizität“ (1983), einer neuen Begriffsbestimmung des Politischen und einer Auseinandersetzung mit Carl Schmitt. Bei all dem ist Schelsky stets empirischer Soziologe geblieben, aber in der für die deutsche Entwicklung charakteristischen Fortführung der Denkansätze Max Webers und auf der Grundlage einer Bindung an die Philosophie, die bei aller Fachwissenschaftlichkeit nicht ignoriert werden darf.

Wie wenige Hochschullehrer vor ihm hat Helmut Schelsky auch über sein Fachgebiet hinaus in der Praxis der Hochschulpolitik gewirkt, beispielsweise als Planungsbeauftragter und Mitglied des Gründungsausschusses für die Universität Bielefeld, als Vorsitzender des Planungsbeirats des Kultusministers für die Entwicklung des Hochschulwesens im Land Nordrhein-Westfalen und als Senator der Deutschen Forschungsgemeinschaft. Der Erfolg beim Aufbau der Universität Bielefeld mit einer in Europa einmaligen Soziologischen Fakultät, deren Aufgabenbestimmung und Strukturmerkmale er maßgeblich mitgeprägt hat, ist daher nicht zuletzt das Verdienst von Professor Schelsky; im Frühjahr 1983 hat die Universität Bielefeld ihn deshalb in Würdigung seiner Verdienste zum Ehrensenator ernannt und damit langjährige Querelen mit ihrem Gründer auch symbolisch beigelegt.

Die Universität Münster verliert in Helmut Schelsky, der – zusammen mit dem früh verstorbenen Philosophen Joachim Ritter und einer Reihe anderer Gelehrter – die rechtswissenschaftliche Forschung auf neue soziologische und philosophische Grundlagen gestellt hat, einen der maßgeblichen Begründer der *Münsterschen Schule der Rechtstheorie und Rechtssoziologie.*

Auf letztere beziehen sich auch meine nachfolgenden Thesen.

II. Überlegungen zu Schelskys Theorie von Recht und Gesellschaft

Meine nachfolgenden Thesen richten sich, wie ich schon eingangs bemerkte, insgesamt gegen die auch unter Soziologen weit verbreitete Behauptung, daß Schelskys empirisch-soziologische Tatsachenbestimmungen, Analysen und Gegenwartsbeschreibungen, aber auch seine Strukturanalysen und Funktionsbestimmungen der sozial etablierten Normen und Werte eine hinreichende theoretische Grundlegung vermissen ließen, wenn nicht gar mehr oder weniger theorielos seien.

Ich möchte dazu mit insgesamt fünf Thesen Stellung beziehen, die ich hier freilich nur kurz charakterisieren kann.

1) Die Behauptung, daß Schelskys Soziologie unter einem Theoriedefizit leide, belegt nur, wie schwer es der bundesdeutschen Soziologenzunft noch immer fällt, angemessen auf eine Theorie zu reagieren, welche die Grundlagen und Grenzen einer bloß fachwissenschaftlichen binnensoziologischen Theoriebildung überschreitet.

Als typisch hierfür kann die Fehleinschätzung von *Dahrendorf* gelten, der in seinem Nachruf vom 2. März 1984 die von Schelsky vertretene und fortentwickelte, genuin soziologische Institutionentheorie bloß als eines der „subtilen Themen des Gelehrten“ bezeichnet und ein wenig süffisant, nicht ohne ironischen Unterton als ein „zentrales deutsches Thema“ charakterisiert, was gänzlich unzutreffend ist. Tatsache ist vielmehr, daß die Institutionentheorie, jedenfalls in ihren heute schon klassischen Varianten, im wesentlichen in der französischen sowie in der italienischen Rechts- und Sozialtheorie entwickelt worden ist und zwar durch *Hauriou* und *Santi Romano.* Bei *Schelsky* handelt es sich jedoch um eine völlige *Neuorientierung und Neubestimmung der Institutionentheorie,* die einer eingehenden Rekonstruktion bedürfte, hier jedoch nicht geleistet werden kann[10].

Schelsky stützt seine Institutionentheorie im wesentlichen auf die Soziologie, insbesondere auf die Soziologie des Rechts. Da für ihn alles Recht ein integrierender Bestandteil der Gesellschaft ist, rückt mit der soziologischen Theorie der Institution bei Schelsky die Soziologie des Rechts in das Zentrum seiner soziologischen Theoriebildung[11].

Grundlage seiner soziologischen Institutionentheorie ist die philosophische Anthropologie und die Bioanthropologie. Geht man im Anschluß an Schelsky davon aus, daß eine „feste“, d.h. ontologisch eindeutige Natur des Menschen nicht mehr angegeben werden kann, weil selbst die biologisch begründeten Bedürfnisse des Menschen in ihrer Erfüllung variabel sind, so kann die Leistung sozialer Institutionen – mangels einer Instinktfeststellung der Formen sozialen Handelns – in der „Kontrolle und Führung“ des menschlichen Verhaltens erblickt werden. In dem Maße, in dem der Mensch den Zwängen der Umweltgebundenheit entronnen ist, steht er vor der Notwendigkeit, über seine Antriebe in bewußten Handlungen verfügen zu müssen. Daher gewinnen die Probleme einer sozialen Standardisierung, Stabilisierung und Normierung menschlichen Verhaltens in einem kulturellen Überbau von Institutionen an praktisch und theoretisch kaum zu überschätzender Bedeutung.

Wie die Sprache und der Werkzeuggebrauch gehört für Schelsky die kulturell und geschichtlich geprägte *institutionelle Überformung* des vom Einzelnen zu erlernenden Verhaltens zu den Existenzerfordernissen und den wesentlichen Kulturleistungen des Menschen.

In seinen auf empirische Wirklichkeitserfassung bedachten Analysen der bestehenden sozialen Institutionen geht es Schelsky vor allem um den Nachweis, daß die institutionalisierte Deckung der zu konkreten Interessen umgeformten menschlichen Bedürfnisse offensichtlich in weiten Lebensbereichen nicht ohne eine mehr oder weniger *organisierte Gruppenstützung* auszukommen vermag.

10 Eingehend hierzu: *Werner Krawietz,* Begründung des Rechts – anthropologisch betrachtet: zur Institutionentheorie von Weinberger und Schelsky, in: Theorie der Normen. Festgabe für Ota Weinberger zum 65. Geburtstag, hrsg. von Werner Krawietz/Helmut Schelsky u.a., Berlin 1984, S. 541–556, 546ff., 550ff.

11 Dazu und zum folgenden auch: *Werner Krawietz,* Helmut Schelsky – ein Weg zur Soziologie des Rechts, in: Recht und Gesellschaft. Festschrift für Helmut Schelsky zum 65. Geburtstag, hrsg. von Friedrich Kaulbach und Werner Krawietz, Berlin 1978, S. XIII–LXXVIII.

Es geht dabei um im Detail höchst verschiedenartige kulturelle „Strukturgefüge“. Sie reichen von Ehe und Familie und hieran anschließenden Bezugsgruppen bis hin zu den alle Lebensbereiche durchdringenden Organisationsformen der Bürokratie.

Für Schelsky geht es jedoch nicht nur darum, diese Strukturen zu beschreiben, sondern es kommt ihm vor allem darauf an, die Bedeutung des Rechts für die Strukturgesetze der Gesellschaft angemessener zu erkennen als bisher.

Das Recht begleitet den Menschen in seinem Erleben und Handeln gleichsam von der Wiege bis zur Bahre. Es braucht – vom Einzelnen aus gesehen – gewöhnlich nicht erst erfunden zu werden, sondern tritt ihm in den sozialen, kulturell und geschichtlich geprägten Institutionen immer schon als Ergebnis und Objektivierung sinnkonstituierender Aktivitäten vorangehender Generationen mit spezifischen, auch normativ geprägten Bewußtseinsansprüchen gegenüber.

Daher muß eine auf empirischen Erfahrungsanalysen aufbauende theoretische Soziologie des Rechts bei ihrer Wirklichkeitserfassung genau diesen Zusammenhang von bereits sozial etablierten Institutionen und den ihnen zugrunde liegenden, auch normativen Orientierungen des Rechts in Ansatz bringen.

In eben diesem Anliegen verbindet Schelsky seine allgemeine Soziologie und seine Soziologie des Rechts zu einer Theorie der sozialen Institutionen. Die Rechtssoziologie ist für Schelsky somit eine Theorie der Institutionen, in denen das Recht als normative Struktur des menschlichen Erlebens und Handelns fungiert. Damit wird für Schelsky die *Funktion des Rechts in der Institution* zum Thema und Problem seiner Theorie und Soziologie des Rechts und seiner allgemeinen Soziologie.

2) Ferner wird nicht eben selten der Einwand mangelnder theoretischer Fundierung mit binnenfachlichen Bedenken aus den Reihen der bundesdeutschen Soziologenprofession gerechtfertigt, die – von einem fachwissenschaftlich verengten, aber hierin doch bloß konventionellen Theoriebegriff ausgehend! – eine anthropologisch begründete Institutionentheorie gar nicht als „soziologische“ Theorie anerkennen will[12]. Dieses Argument ist sicherlich nicht ganz unzutreffend, weil sich die anthropologische Institutionentheorie, jedenfalls ihrer Herkunft nach, fachsystematisch gesehen durchaus heterogenen Quellen verdankt. In der Tat liegen ihre Ursprünge – neben der deutschen philosophischen Anthropologie (Max Scheler, Helmuth Plessner, Arnold Gehlen), der Humanbiologie und den tradierten Institutionenlehren, von denen eingangs schon die Rede war – vor allem in der auf die sozialen Institutionen gerichteten Kulturtheorie (Bronislaw Malinowski, Margret Mead, Ruth Benedict), der vergleichenden Ethnologie und in der Philosophie des amerikanischen Pragmatismus (William James, John Dewey). Angesichts der Tatsache, daß beispielsweise die in den USA gepflegte „Cultural Anthropology“ nicht nur zu den anerkannten, sondern auch zu den für die Soziologie höchst relevanten sozialwissenschaftlichen Theorien gehört, hat Schelsky selbst in der fachprofessionellen Ablehnung und mangelnden Berücksichtigung seiner Institutionentheorie „nur die provinziell-professionelle Verengung des Theoriebegriffs der bundesdeutschen Soziologie erkennen“ können[13].

12 Hierzu schon: *Helmut Schelsky,* Soziologie – wie ich sie verstand und verstehe, in: *ders.,* Rückblicke eines ‚Anti-Soziologen', Opladen 1981, S. 70–108, 79ff.

13 *Schelsky,* ebd., S. 80f.

Diese Kritik Schelskys dürfte zutreffend sein.

3) Bei dem heutigen Stand rechtswissenschaftlicher Grundlagenforschung geht es schon längst *nicht* mehr darum, die durch das geltende Recht im gesellschaftlichen Kontext sich stellenden Grundlagenprobleme durch eine Art *binnenfachlichen Solipsismus* – sei es der Jurisprudenz, sei es der Soziologie – zu bewältigen. Vielmehr ist Schelskys Institutionentheorie ein Versuch, die fachwissenschaftlichen Selbstbeschränkungen soziologischer Theoriebildung zu überwinden. Seine Institutionentheorie sucht der „Gefahr der theoretischen Isolierung der Fächer" und damit auch der „Verengung der Erkenntnis" zu begegnen durch eine Theorie und Soziologie des Rechts, welche – die konventionellen Fächergrenzen zwischen Jurisprudenz und Soziologie überschreitend – der „Kooperationsnotwendigkeit unter den Wissenschaften" gerecht zu werden sucht. Seine genuin soziologische *Institutionentheorie des Rechts* wird getragen von der Einsicht, daß eine von Soziologen für Soziologen betriebene Soziologie des Rechts ihrem Gegenstand, dem Recht und den ihm zugrunde liegenden sozialen Institutionen, ebensowenig Rechnung zu tragen vermag wie eine von Juristen für Juristen betriebene Theorie des Rechts, weil jede der beiden Disziplinen allein „den vollen Umfang des sozialen Rechtshandelns" gar nicht mehr zu erfassen vermag.

4) Mir geht es hier nicht um den politischen Denker und Publizisten Schelsky, sondern um den soziologischen Institutionentheoretiker. Ich habe deswegen den Soziologen und den Rechtssoziologen Schelsky in den Vordergrund gestellt, doch wäre es eine sicherlich lohnende Aufgabe, die politische Theorie Schelskys zu rekonstruieren. Dies ist bis auf den heutigen Tag ein Desiderat geblieben. Jedoch sei hier wenigstens darauf hingewiesen, daß auch die publizistischen Meinungsäußerungen Schelskys sowie seine hochschul- und wissenschaftspolitischen Aktivitäten und Stellungnahmen letztlich in seinem institutionellen Rechtsverständnis ihre Begründung finden und deshalb auch nur von daher zureichend verstanden und in ihrem jeweiligen Stellenwert loziert werden können.

Schelskys politische Theorie, die ich hier gleichfalls nicht darlegen kann, aber wenigstens erwähnen möchte, ist praktisch erst seit 1981 zugänglich in seiner mit 40jähriger Verspätung, drei Jahre nach seiner Emeritierung erschienenen Habilitationsschrift „Thomas Hobbes. Eine politische Lehre"[14]. Sie war bereits 1942 gedruckt, aber mangels Papierzuteilung im Kriege nicht mehr veröffentlicht worden.

Dieses Buch belegt mehr als alle anderen, in welchem Ausmaß sein Gesamtwerk auf der philosophischen Anthropologie basiert. Es bietet nicht nur eine kritische Auseinandersetzung mit Hobbes' politischen Lehren und der deutschen Hobbes-Auffassung zu dieser Zeit, sondern enthält zugleich die Grundzüge einer politisch-philosophischen Anthropologie. Ohne dieses bislang auch in der wissenschaftlichen Öffentlichkeit weitgehend unbekannt gebliebene Werk, für dessen späten Nachdruck ich Helmut Schelsky an seinem Lebensabend zu gewinnen vermochte, wäre auch ein vertieftes Verständnis seiner anthropologisch begründeten Theorie und Soziologie des Rechts sehr weitgehend unmöglich geworden[15], da er auf diese eigentliche Basis seiner Institutionentheorie nur mündlich in Vorlesun-

14 *Helmut Schelsky*, Thomas Hobbes, Berlin 1981.
15 Hierzu: *Krawietz*, Begründung des Rechts (N. 10), S. 548ff.

gen und sonstigen Lehrveranstaltungen – dies aber dann stets sehr detailliert und gründlich – aufmerksam machte. Hervorgehoben seien hier nur die drei großen Hauptteile des Buches über „Sprache und Tat", den „handelnde(n) Menschen" und die „vier Menschenbilder", welche die Grundlage für den letzten und vierten Teil, die „Politik" bilden. Eine zureichende Auseinandersetzung mit seiner anthropologischen Institutionentheorie wird an diesem Werk Schelskys künftig nicht vorbeigehen dürfen.

Seine gegenwärtige Auffassung des „Politischen" hat Schelsky zuletzt 1983 in Auseinandersetzung mit *Carl Schmitt* vorgetragen, gleichsam als Nachtrag zum heimlichen Thema seiner Habilitationsschrift. Ich weise hier hin auf sein 1983 erschienenes Buch „Politik und Publizität"[16] und seinen Aufsatz in: DER STAAT über: „Der ‚Begriff des Politischen' und die politische Erfahrung der Gegenwart. Überlegungen zur Aktualität von Carl Schmitt[17]."

5) Die von Schelsky als Institutionentheorie verstandene, anthropologisch begründete „Theorie und Soziologie des Rechts" entspricht vollauf dem von ihm aufgestellten Wissenschaftsprogramm einer „transzendentalen Theorie der Gesellschaft". Seine Institutionentheorie ist eine kritische „Theorie des Sozialen", indem sie die heute sichtbaren *Leistungsgrenzen der Soziologie als einer Fachwissenschaft* neben anderen durch Reflexion auf „Sinn und Grenzen des Sozialen" zu transzendieren sucht. Um angesichts der inflationären Verwendung der Begriffe „kritisch" und „Theorie" der Verwechslunsgefahr zu begegnen, hat Schelsky seit jeher zur Kennzeichnung seiner „kritischen Theorie des Sozialen" zugleich auch von einer „transzendentalen Theorie der Gesellschaft" gesprochen. Jedoch bedeuten die Worte „transzendent" bzw. „transzendental" hier selbstverständlich „nicht etwas, das über alle Erfahrung hinausgeht". Schelskys Institutionentheorie des Rechts ist als Theorie des Rechts und der Gesellschaft „transzendental" nur im Hinblick auf das „Verhältnis dieser ‚Theorie' zur empirischen Analyse als Einzelforschung und als System der allgemeinen Soziologie". Seine „transzendentale Theorie" überschreitet beide, setzt aber „beide insofern voraus, als sie die ‚Bedingungen' dieses soziologischen Denkens und des in ihm Gedachten" zu erörtern sucht[18]. Das bedeutet, daß das Werk der *Soziologie* als Fachwissenschaft in der *Form der empirischen wie der systematischen Wirklichkeitserfassung* zunächst getan, das heißt „vorhanden und durchgeführt" sein muß, ehe sie Gegenstand seiner transzendentalten Theorie werden kann. Insofern bestärken sich analytische *und* transzendentale Theorie gegenseitig, anstatt sich aufzuheben oder auszuschließen. Eine kritische Soziologie, die auf der Grundlage empirischer Wirklichkeitserfassung die „Grenzen" des soziologischen Denkens und des in ihm Gedachten reflektiert, unternimmt nicht mehr und nicht weniger, als das „gesamte Welt- und Sachverständnis der soziologischen Denkprinzipien und Kategorien" transparent und damit „kritisch distanzierbar" zu machen.

Im übrigen ist der Nachweis, daß die anthropologische Institutionentheorie auch über alle sonstigen wesentlichen Zäsuren, Abschnitte und Phasen seiner akademischen Laufbahn hinweg von Schelsky selbst als für sein Gesamtwerk grund-

16 *Schelsky,* Politik und Publizität, Stuttgart - Degerloch 1983.
17 Vgl. DER STAAT 22 (1983), S. 321–345.
18 Hierzu die Nachweisungen bei: *Krawietz,* Begründung des Rechts, S. 548f.

legend und von zentraler Wichtigkeit angesehen wurde und es auch wirklich ist, leicht zu führen. Die von ihm selbst als Teilstücke und „Fragmente“ zu seiner „soziologischen Theorie der Institutionen“ verstandenen Beiträge sind vereinigt in den Abhandlungen zur Soziologie von Recht, Institution und Planung und rücken – ex post und im Gesamtzusammenhang betrachtet – gleichsam von selbst ins Mosaik.

III. Zusammenfassung und Schlußfolgerungen

Abschließend fasse ich meine Überlegungen zur Normentheorie Schelskys, insbesondere zu seiner Theorie von Recht und Gesellschaft, noch einmal zusammen:

(i) Während in der rein soziologischen Perspektive seiner Kritiker gewöhnlich das *Verhältnis von Institution und Person* in den Vordergrund der Analysen gerückt wird mit der Folge, daß bei einer derart pointierten einseitigen *Hervorhebung der* – unzweifelhaft *auch* vorhandenen! – *moralischen Position* im wissenschaftlichen Denken Schelskys die soziologische Kritik nicht eben selten in eine bloße Theorie der Moral abgleitet, handelt es sich hier allein um die *Rechtstheorie Schelskys* und ihren Stellenwert im Rahmen seiner sozialwissenschaftlichen Theoriebildung. Bei dem heutigen Stand rechtswissenschaftlicher Grundlagenforschung geht es schon längst nicht mehr darum, die durch das jeweils geltende Recht im gesellschaftlichen Kontext sich stellenden Grundlagenprobleme durch eine Art binnenfachlichen Solipsismus – sei es der Jurisprudenz, sei es der Soziologie – bewältigen zu wollen. Vielmehr ist Schelskys Institutionentheorie ein *Versuch, die fachwissenschaftlichen Selbstbeschränkungen soziologischer Theoriebildung zu überwinden.* Er verdient daher die gespannte Aufmerksamkeit einer Theorie und Soziologie des Rechts, welche die rein fachwissenschaftlichen Verengungen des Theoriebegriffs längst hinter sich gelassen hat, um durch multidisziplinäre Zusammenarbeit weiterzukommen.

(ii) Gegenüber der von einigen Soziologen vertretenen These vom Theoriedefizit der Soziologie Schelskys, die auf unzureichender Kenntnis seines Werks beruht, wird hier davon ausgegangen, daß Schelsky mit seiner soziologischen Institutionentheorie ganz maßgeblich zum *Aufbau und Ausbau der Theorie und Soziologie des Rechts* beigetragen hat. Da für ihn alles Recht ein integrierender Bestandteil der Gesellschaft ist, rückt mit der soziologischen Theorie der Institution bei Schelsky die Soziologie des Rechts in das Zentrum seiner sozialwissenschaftlichen Theoriebildung. Seine Institutionentheorie, verstanden als Theorie des Rechts und der Gesellschaft, bildet – der Sache, wenn auch nicht der Zahl der Beiträge nach – seit jeher den *Kern seiner Forschungen.*[19]

(iii) In den aktuellen Auseinandersetzungen zwischen den analytischen und den realistischen Richtungen der modernen Rechtstheorie hat Schelsky – in Frontstellung gegenüber *Kelsen* und *Hart*, aber in unmittelbarem Anschluß an

19 *Helmut Schelsky,* Über die Stabilität von Institutionen, besonders Verfassungen (1952); ferner seine gesammelten rechtssoziologischen Abhandlungen, in: *ders.*, Die Soziologen und das Recht, Opladen 1980; *ders.*, Die juridische Rationalität, Opladen 1980.

Ihering und in der Nachfolge *Max Webers* – seit jeher die Position eines schon *nachpositivistischen Rechtsrealismus* eingenommen[20]. Jedoch gab und gibt es zwischen seiner soziologischen Institutionentheorie und dem *institutionalistischen Rechtspositivismus* der Grazer rechtstheoretischen Schule Weinbergers auch eine Reihe von Berührungspunkten und Gemeinsamkeiten, die einer näheren Untersuchung bedürfen.

20 *Krawietz*, Helmut Schelsky – ein Weg zur Soziologie des Rechts, S. LXVIII et passim.

„Die *Soziologie,* diese unglückliche Wissenschaft ... " Überlegungen zu Helmut Schelskys Kritik der Soziologie *

Von
Gerald Mozetič

1. Einige einleitende Bemerkungen

Es kann kein Zweifel daran bestehen, daß Helmut Schelsky zu den bedeutendsten Soziologen der Bundesrepublik Deutschland zählte. Ohne auf die einzelnen Phasen seiner wissenschaftlichen Tätigkeit und wissenschaftspolitischen Betätigung einzugehen, ist die Behauptung kein Wagnis, Schelsky sei stets an der vordersten und sichtbarsten Front des soziologischen Lebens zu finden gewesen. Seine Studien über die bundesdeutsche Nachkriegswirklichkeit haben in den 50er Jahren ebenso die Aufmerksamkeit nicht nur seiner Fachkollegen, sondern auch einer größeren, sozialwissenschaftlich interessierten Öffentlichkeit auf sich gezogen, wie seine in den 70er Jahren vorgelegten und von ihm selbst mit dem publizitätswirksamen Etikett „Anti-Soziologie" versehenen Abschiedsgesänge von einer wissenschaftlichen Disziplin, in der er sich nicht mehr wohl und heimisch fühlte; schließlich prägte sein wissenschaftspolitisches Engagement in den 60er Jahren die institutionelle Entwicklung des Faches Soziologie in einer wichtigen Ausbauphase ganz entscheidend.

Man wählt nicht den schlechtesten Indikator zur Messung der Bedeutsamkeit eines Forschers und des innovativen Potentials seiner Arbeiten, wenn man der Frage nachgeht, wie stark fachinterne Diskussionen und Kontroversen sich auf seine Thesen und Theorien beziehen oder durch diese überhaupt erst ausgelöst wurden.

Daß Schelsky auf dieser Dimension einen Spitzenplatz in der neueren deutschen Soziologie einnimmt, dürfte ebenfalls unbestritten sein. Nicht zu übersehen ist allerdings, daß der späte, zum Kritiker der Soziologie gewordene Schelsky eine Wirkung innerhalb dieses Faches gar nicht mehr anstrebte, sondern die Kräfte gegen die Soziologie stärken wollte. Er entwickelte dabei einen Angriffsstil, der den Vertretern der kritisierten Soziologie die bequeme Antwort ermöglichte, Schelsky verfolge nun offenkundig ein politisches Anliegen, ziele mit polemischen Tönen und pauschalen Urteilen, unter Vernachlässigung analytischer Gründlichkeit, vorrangig auf publizistische Wirksamkeit, und brauche daher von der wissenschaftlichen Soziologie nicht mehr ernst genommen zu werden. Dementsprechend gab es kaum Versuche, Schelskys Kritik der Soziologie auf ihren

* Das Zitat stammt aus Schelsky 1981, S. 125. – Zur Zitierweise sei angemerkt, daß im Text Schelskys Schriften nur mit bloßer Jahreszahl indiziert werden und über das Literaturverzeichnis erschlossen werden können. – Der Autor dankt Peter Koller, Helmut Kuzmics und Manfred Prisching für die kritische, zu etlichen Änderungen Anlaß gebende Kommentierung der Rohfassung dieses Aufsatzes.

soziologischen Gehalt hin zu überprüfen.[1] Gerade darum soll in der vorliegenden Arbeit ein erster Schritt in diese Richtung gemacht werden, der uns übrigens zum Ergebnis führen wird, daß man von einer antisoziologischen Phase im *soziologischen* Denken Schelskys sprechen sollte.

Überlegungen darüber, wie es um die Soziologie steht und welche Wirkungen auf die menschliche Praxis sie ausübt, stellte Schelsky schon lange vor seiner antisoziologischen Wende an, besonders ausführlich etwa in der „Ortsbestimmung der deutschen Soziologie" aus dem Jahre 1959. Die darin angestellten Betrachtungen zeigen einen Schelsky, der zwar noch mitten im soziologischen Leben steht, dennoch aber gewisse kritische Akzente setzt, welche – in Kenntnis der späteren Anti-Soziologie – vorläuferhaft die Bruchlinien andeuten, die Schelsky von der vorherrschenden Soziologie trennen werden. Im folgenden wird auch die von Schelsky in der „Ortsbestimmung" programmatisch geforderte „transzendentale Theorie der Gesellschaft" analysiert und zur „Anti-Soziologie" in Beziehung gesetzt werden; daneben bietet sich die „Ortsbestimmung" als Ausgangspunkt für die Diskussion der Behauptung an, die Nachkriegsentwicklung der (bundes)deutschen Soziologie sei durch drei „Schulen" geprägt worden: die Kölner, die Frankfurter und die Schelsky-Schule der Soziologie. Ob von einer Schelsky-Schule die Rede sein kann – und wenn ja, in welchem Sinne –, ist hier die Frage.

Als sich die bundesdeutsche Soziologie Ende der 70er Jahre in einem kollektiven Rückblick der Entwicklung der deutschen Soziologie zu vergewissern trachtete, schaltete sich Schelsky noch einmal in die „binnensoziologische" Diskussion ein, indem er den Ergebnissen dieser Fachgeschichtsschreibung Widerstand entgegensetzte und mit den „Rückblicken eines ‚Anti-Soziologen' " konterte. Dadurch fühlte sich nun seinerseits René König herausgefordert, der – abgesehen davon, daß ihn auch Schelskys Intellektuellen-Kritik unangenehm berührt hatte[2] – vor allem die Darstellung, die Schelsky von der Soziologie und führenden Soziologen unter dem Nationalsozialismus gegeben hatte, als skandalös empfand. Schelskys These vom „inneren Zuendesein" der deutschen Soziologie jener Zeit – die übrigens schon in der „Ortsbestimmung" zu finden gewesen war – reduzierte die wissenschaftsgeschichtlichen Folgen des Nationalsozialismus für die Soziologie auf ein Maß, in dem König nur eine Verharmlosung und Entlastung des deutschen Faschismus sehen konnte. Auch dieser Kontroverse soll im folgenden nachgegangen werden.

Die nachstehenden Überlegungen sind chronologisch gegliedert: sie beginnen mit Schelskys Bild der deutschen Soziologie um 1933; wenden sich sodann der Frage zu, ob in den 50er Jahren eine Schelsky-Schule der Soziologie entstanden ist; verweilen dann sehr lange bei Schelskys Versuch, eine „transzendentale Theorie der Gesellschaft" zu entwickeln, der durch die „Anti-Soziologie" nochmals aktualisiert wird; und sie enden schließlich mit einem Ausblick auf die neuere deutsche Soziologie.

Aus diesem Programm ergibt sich schon, daß hier vielleicht das meiste von dem, was Schelskys Bedeutung als Soziologen ausmacht, unterbelichtet bleibt.

1 Das geht sehr deutlich hervor aus dem Nachwort zur 2. Auflage von „Die Arbeit tun die anderen", wo Schelsky sich mit seinen Kritikern auseinandersetzt.

2 Siehe König 1980, S. 185.

Einer Gesamtdarstellung seines Schaffens könnte man solche Einseitigkeiten keineswegs durchgehen lassen[3]; hier wird aber nicht so sehr der *Soziologe Schelsky* zu Worte kommen, sondern vielmehr der *soziologische Denker Schelsky,* der von einer Meta-Ebene aus die Entwicklung der Soziologie betrachtet und kritisiert.

Obwohl Schelskys Tod den traurigen Anlaß dafür bietet, sich seine wissenschaftliche Bedeutung zu vergegenwärtigen, muß die Formel „De mortuis nihil nisi bene“ hier schon darum irrelevant bleiben, weil nicht über die Person Helmut Schelsky gesprochen werden wird (das läge weit jenseits der Möglichkeiten des Autors)[4]. Assoziativ an ein Diktum Schelskys anschließend, wonach das Höchste, wozu es die Soziologie bringen könne, eine indirekte Morallehre sei[5], möchte ich der Behauptung zustimmen, daß das Höchste, was einem Wissenschaftler widerfahren könne, eine indirekte Würdigung seiner Person sei – dadurch nämlich, daß sein Werk ernst genommen wird, und das heißt, in der wissenschaftlichen Diskussion, die dem Prinzip Kritik verpflichtet ist (oder doch sein sollte), lebendig bleibt. Es mag allerdings sein, daß die folgenden kritisch-ernsthaften Bemerkungen gelegentlich inadäquat sind: weil sie unberücksichtigt lassen, in welch starkem Maße das polemische und rhetorische Talent Schelskys zur pointierten Zuspitzung seiner Thesen beigetragen hat.

2. Schelsky und die deutsche Soziologie unter dem Nationalsozialismus

Die Geschichte des eigenen Faches besitzt in der Soziologie einen weit höheren Stellenwert als in den meisten anderen wissenschaftlichen Disziplinen (wenn man von der Philosophie absieht). Es gehört sozusagen zur kognitiven Grundausstattung jedes Soziologen, über die Entwicklung seines Faches wenigstens in den Hauptzügen Bescheid zu wissen. Diese Aussage kann einen allgemeinen Geltungsbereich beanspruchen und trifft nicht bloß die Besonderheit irgendeiner nationalen Soziologietradition (wie etwa der deutschen, der man den historischen Sinn mit fast schon aprioristischer Gedankenlosigkeit zuzuschreiben bereit ist). Beispielsweise ergab eine in den 70er Jahren durchgeführte Befragung unter Mitgliedern der American Sociological Association eine 97 %ige Ablehnung der Aussage, die Geschichte der Soziologie besitze für den heutigen Soziologen keinen Wert mehr[6]. Auch ein nur flüchtiger Blick in eine der führenden Zeitschriften des Faches signalisiert zumindest die Präsenz der Klassiker der Soziologie. Gewiß

3 Vgl. als Gesamtdarstellungen des Schaffens von Schelsky etwa Krawietz 1978, der die Rechtssoziologie sehr stark in den Vordergrund schiebt, oder Lipp 1984, der im Lexikon-Stil informiert. – Vgl. auch die Nachrufe Schäfers 1984 und Lübbe 1984.

4 Der Spruch „De mortuis nihil nisi bene“ genießt übrigens ein viel zu gutes Ansehen. Er ist nämlich wissenschaftsfeindlich, weil zum Verschweigen der Wahrheit auffordernd; er ist geschichtsfeindlich, weil er aus eben diesem Grunde gar nicht die Geschichte zu uns sprechen läßt; und er ist auch menschenfeindlich, weil er gleichsam nur Leichenteile zur Besichtigung freigibt und kein Bild des „ganzen Menschen“ zuläßt, der der einmal gewesen ist, dessen gedacht werden soll.

5 Helmut Schelsky in seiner Einführung zu David Riesman u.a.: Die einsame Masse. Eine Untersuchung der Wandlungen des amerikanischen Charakters. Hamburg 1958 (rde 72), S. 19.

6 Jones/Kronus 1981, S. 228.

sagt Präsenz und Zitierung noch wenig über die Aktualität und den systematischen Stellenwert des soziologischen Denkens und Forschens von gestern und vorgestern aus – so werden „Größen“ sicher nicht selten nicht aus Gründen wissenschaftlicher Redlichkeit zitiert, sondern schlicht wegen ihrer – „Größe“. So mancher, der mit Emile Durkheim oder Max Weber (um nur das Spitzenduo in der Rangordnung hinsichtlich der heute noch als lesenswert eingestuften Soziologen in der bereits zitierten Untersuchung zu nennen) von irgendetwas „ausgeht“, hat damit nur im Sinn, in der Begleitung dieser „Schutzengel“ unbehelligt seine Wege gehen zu können. Kritiker könnten diese Beobachtung als eines unter vielen Indizien für den quasireligiösen Charakter der Soziologie interpretieren; nicht zuletzt vertritt ja Helmut Schelsky die These, die Soziologie sei eine neue Heilslehre geworden. Aber davon später. –

Daneben gibt es Soziologen, die sich auf die Geschichte der Soziologie spezialisieren (eigentlich müßte man das gegenteilig charakterisieren und sagen: „universalisieren“), und dies führt manchmal zur merkwürdigen Konstellation, daß die Geschichte der Soziologie gleichsam in den Status einer „Bindestrich“-Soziologie versetzt wird. Jedenfalls ist man für solche Geschichten der Soziologie dankbar, nicht zuletzt aus dem Grund, daß die Geschichte der Soziologie aus der „Lehrgestalt“ der Soziologie gar nicht wegzudenken ist[7].

Seltener hingegen kommt es vor, daß eine Besinnung auf die Vergangenheit des eigenen Faches zu einem kollektiven Anliegen der Soziologenzunft wird. In der jüngeren Vergangenheit unternahmen bundesdeutsche Soziologen zweimal massiert den Versuch, sich über den Entwicklungsstand ihrer Disziplin Klarheit zu verschaffen: Das erste Mal 1959, als ein „äußerer“ Anlaß – der 50. Jahrestag der Gründung der Deutschen Gesellschaft für Soziologie – ebenso dazu nötigte wie ein „innerer“ Beweggrund, nämlich das Gefühl, die bundesdeutsche Soziologie habe eine abgeschlossene erste Phase ihrer Entwicklung nun hinter sich und stehe vor einer neuen Weichenstellung. In diesem Zusammenhang ist hier vor allem Schelskys „Ortsbestimmung der deutschen Soziologie“ von Bedeutung, welche eine ausgearbeitete Fassung eines auf dem Soziologentag 1959 nicht gehaltenen Vortrags darstellt[8]. Ein zweites Mal nahm die bundesdeutsche Soziologie 1979/81 Anlauf, um den Weg der deutschen Soziologie (seit 1918) zu rekonstruieren und den eigenen Standort zu bestimmen. Schelsky reagierte darauf mit mehreren Arbeiten überaus kritisch, die in den „Rückblicken eines ‚Anti-Soziologen‘ “ abgedruckt sind.

Aus der Fülle der divergierenden Einschätzungen greifen wir hier jene heraus, die eine besonders kritische Phase der deutschen Soziologie betreffen, nämlich die Zeit des Nationalsozialismus; dies nicht zuletzt deshalb, weil Schelsky sich in der Beurteilung der Auswirkungen des deutschen Faschismus auf die deutsche Soziologie in die größte Ferne zur vorherrschenden Auffassung in der Fachgeschichtsschreibung begibt, und weil das Bild der nachfolgenden Entwicklung der Soziologie wohl entscheidend von der Deutung der nationalsozialistischen „Weichenstellung“ abhängt.

Die gängige, weithin akzeptierte Auffassung kommt in Zitaten wie den folgenden zum Ausdruck, daß der Nationalsozialismus die Entwicklung der Soziologie

7 Vgl. schon Mannheim 1932.
8 Vgl. Schelskys eigene Darstellung in 1981, S. 142.

„jäh unterbrochen“ (Maus 1959, S. 87) oder zur „faktische(n) Auflösung der Soziologie als wissenschaftliche Disziplin“ (Lepsius 1979, S. 26) geführt oder die Soziologie „brutal zum völligen Stillstand gebracht“ habe (König 1979, S. 14)[9].

Dieser Auffassung trat Schelsky entschieden entgegen, weil er sie für „ungenau und soziologisch undurchdacht und eine Selbsttäuschung“ hielt (1959, S. 36). Demgegenüber bezog Schelsky den Standpunkt, „daß die Thematik unserer Soziologie zu dieser Zeit selbst am Ende war; die Melodien waren durchgespielt, die Fronten im Erstarren, und die Wissenschaft hatte kaum noch neue Entwicklungskräfte in sich selbst“. Dieses Urteil suchte Schelsky durch Hinweise plausibel zu machen, denen zufolge in Deutschland „schon Anfang der 30er Jahre kaum noch soziologische Veröffentlichungen von großem Gewicht erschienen sind“, woraus dann auch erklärlich sei, „daß kaum einer der emigrierten deutschen Soziologen seine Art der Soziologie im Ausland weitergetrieben hat“ (1959, S. 37).

Leider legte Schelsky keine Analyse vor, aus der das geringe „Gewicht“ der zu Beginn der 30er Jahre erschienenen soziologischen Arbeiten hervorginge, und man kann daher nicht nachvollziehen, wie und aufgrund welcher Kriterien er zu seinem negativen Urteil gekommen ist. Ausführlicher bemühte sich hingegen unlängst René König um die Plausibilisierung der expliziten Gegenthese (vgl. König 1984). Zwar spricht auch König von einer Stagnation in der deutschen Soziologie (er datiert sie auf 1928), doch betreffe sie nur die Deutsche Gesellschaft für Soziologie, die – dominiert von Ferdinand Tönnies und Leopold von Wiese – aufgrund ihres statischen Charakters, in dem sich professoraler Großmeisterstil mit Honoratiorenmentalität mischte, neuen Ideen und geistigen Strömungen wenig Entfaltungsmöglichkeiten bot[10]. Das innovative Potential der deutschen Soziologie zu jener Zeit schätzt König jedoch insgesamt sehr hoch ein, wobei er vor allem annimmt, daß im Rahmen einer ungestörten Entwicklung in den 30er Jahren Karl Mannheim eine prägende Erscheinung geworden wäre und die soziologische Szene in Bewegung gebracht hätte. Daneben verweist König u.a. auf die an die Publikation Marxscher Frühschriften anschließende Intensivierung neomarxistischen Denkens, auf die Frankfurter Schule und den Austromarxismus, auf Theodor Geiger und Norbert Elias, auf die Wiener Wirtschaftspsychologische Forschungsstelle und auf Alfred Schütz[11], und mit diesen und etlichen anderen Beispielen versucht er anschaulich zu machen, daß die deutsche Soziologie zur fraglichen Zeit am Beginn einer Erneuerungsphase gestanden sei. Man muß auf Königs Einschätzungen und Gewichtungen nicht im einzelnen eingehen, um Schelsky entgegenhalten zu können, daß seine These, die deutsche Soziologie sei am Ende gewesen, jeder Plausibilität entbehrt. Die von König genannten Neuan-

9 König hat dies schon 1958 für die 1. Auflage des Lexikons so formuliert. – Vgl. in diesem Sinne auch Eisermann 1959.

10 Vgl. neben König 1984 vor allem Käsler 1981.

11 Vgl. auch Lepsius 1981b, S. 16: „Nach 1928 setzt eine erstaunliche Belebung der Soziologie ein, sowohl in ihrer akademischen wie in ihrer außeruniversitären Ausprägung.“ Lepsius kommt daher, ebd., S. 17, auch zum Urteil: „Nichts deutet darauf hin, daß die Entwicklung der Soziologie am Ende der Weimarer Republik selbst an ihr Ende gekommen wäre, im Gegenteil: sie zeigt theoretisch, in ihrer empirischen Forschungsleistung und in ihrer Institutionalisierung gerade in den letzten Jahren der Weimarer Republik eine lebhafte und breite Entwicklung.“

sätze, die theoretischen Konzeptionen wie auch die Ansätze zu einer methodisch reflektierten empirischen Sozialforschung, hätten der deutschen Soziologie mit Sicherheit noch starke Impulse vermitteln können. Den Nachweis für die „These vom inneren Zuendesein der deutschen Soziologie der 20er Jahre" (1959, S. 38) bleibt Schelsky jedenfalls schuldig; und auch daß, wie er meint, fast alle emigrierten deutschen Soziologen im Ausland „sehr schnell Wandlungen ihrer Wissenschaftsauffassung und ihrer soziologischen Grundthesen" vollzogen (1959, S. 37), müßte erst einmal nachgewiesen werden. Aber selbst wenn das gelingen sollte, ließe sich aus diesem Sachverhalt noch nicht Schelskys These erhärten, weil soziologische Positionsverschiebungen viele Gründe haben können. Bei Emigranten könnte man beispielsweise vermuten, daß manche Anpassungsbemühungen einfach die Integration in die Wissenschaftskultur des jeweiligen Gastlandes zum Ziel hatten – wobei noch anzumerken ist, daß diese Integration durchaus nicht allen Emigranten gelungen ist[12].

Zusammenfassend muß gesagt werden, daß sich Schelskys These nicht ernsthaft verteidigen läßt. Wahrscheinlich kann sogar für die extreme Gegenthese Ralf Dahrendorfs, derzufolge die Soziologie in Deutschland „vielleicht noch heute den Stand von 1933 nicht wieder erreicht" habe (Dahrendorf 1974, S. 92), mehr ins Treffen geführt werden als für Schelskys Inferioritätsbehauptung. Es ist allerdings klar, daß solche Globalinterpretationen hier relativ ungeschützt stehen bleiben müssen, und daher ist es vielleicht sinnvoller, sich gleich wieder Schelskys Position zuzuwenden.

Obwohl Schelsky selbst seine geistige Prägung in der Zwischenkriegszeit erfahren hat und von etlichen Soziologen der älteren Generation mit Hochachtung spricht, sinkt bei ihm im wesentlichen doch all das, was in der deutschen Soziologie vor 1945 geleistet wurde, zur bloßen Vorgeschichte dieses Faches ab. Er geht dabei sogar so weit (1959, S. 30), mit der Behauptung, heute sei die sachliche Problematik geschwunden, die die Klassiker der deutschen Soziologie und noch die Soziologen in den 20er Jahren beschäftigt habe, nicht einmal eine thematische Kontinuität in der deutschen Soziologie anzuerkennen. Gerade dies ist aber keineswegs einsichtig, wenn man an die vielen soziologischen Studien über Probleme der Industriegesellschaft, über Kapitalismus, Demokratie, soziale Schichtung usw. denkt, die in der fraglichen Zeit erschienen sind. Schelsky zufolge herrschten in den 20er und 30er Jahren in Deutschland die verschiedenen Formen der „Gesinnungssoziologie" vor, und er spricht von der „ideologischen Phase der deutschen Soziologie" (1959, S. 42), in der es eine „Besessenheit mit utopisch-heilgewissen Ideen und Ordnungsvorstellungen" gegeben habe, die erst nach 1945 geschwunden sei. Dieser, wie mir scheint, übertriebenen Entwissenschaftlichung der Vorkriegssoziologie korrespondiert bei Schelsky die ebenfalls übertriebene Vorstellung einer völligen Entideologisierung der bundesdeutschen Soziologie nach 1945. Diese Zweiweltenlehre mag Schelskys lebensgeschichtliche Erfahrungswelten widerspiegeln, ein ädaquates Bild der Entwicklung der deutschen Soziologie vermag sie nicht zu geben. Schelsky hat denn auch sein Verdikt nicht durchhalten können, er hat beispielsweise die „breite industriesozio-

12 Vgl. den dritten, sich mit der Emigration befassenden Teil in Lepsius 1981a, insbesondere Lepsius 1981c und die dort genannte einschlägige Literatur.

logische Forschung der 20er Jahre“ (1959, S. 59) in Deutschland durchaus geschätzt und gewürdigt, und auch daß in den 20er und 30er Jahren „die empirische Sozialforschung in Deutschland unter dem Namen ‚*Soziographie*‘ [. . .] eine reiche Ausfaltung gefunden (hat)“, kann man bei ihm lesen (1959, S. 51).

Von seinem negativen Urteil über die deutsche Soziologie in den 20er und 30er Jahren ist Schelsky nie abgerückt, er hat es neuerdings erst wieder bekräftigt, als er M. Rainer Lepsius die Ignorierung dieser seiner These und die kritiklose Übernahme von Königs Sichtweise zum Vorwurf machte (1981, S. 17). Dies wiederum, und vor allem wohl Schelskys Persönlichkeitsbeurteilungen von Hans Freyer, Arnold Gehlen und Helmuth Plessner, führte zu einer heftigen Replik von René König. Schelsky, dessen „Diskussionsbeiträge von einem beachtlichen Manko an soziologischem und historischem Sinn zeugen“ (König 1984, S. 2), wird von König politische Einäugigkeit vorgeworfen, welche „die Rolle der zerstörerischen Kraft des Nationalsozialismus nicht nur verniedlicht, sondern gewissermaßen weginterpretiert“ (König 1984, S. 1) und darin gipfelt, die damalige „Situation nach wie vor unter der Perspektive des Nationalsozialismus“ zu betrachten (König 1984, S. 3). Wenn dieses Urteil infolge der moralischen Entrüstung Königs auch vielleicht etwas zu scharf ausgefallen ist, so wird man dennoch sagen müssen, daß König damit die Finger auf den wunden Punkt in Schelskys Soziologiegeschichtsschreibung legt. Vorsichtig formuliert, könnte man vermuten, daß Schelsky über weite Strecken nicht als objektiver, distanzierter Beobachter der soziologischen Entwicklung zu uns spricht, sondern als eine Person, die sich selbst in diese Entwicklung so verwoben weiß, daß sie immer auch rechtfertigend Stellung nehmen muß und permanent mit einem biographischen Problem ringt.

Biographische Hintergründe mögen auch für den polemischen Ton der Auseinandersetzung zwischen Schelsky und René König verantwortlich sein, der hier nicht weiter nachgegangen werden kann; anzumerken ist, daß es zeitweise durchaus Kooperationen zwischen den beiden gegeben hat und Schelsky sich gegen König vergleichsweise zurückhaltend aussprach[13]. König zeigte sich besonders verärgert über Schelskys Versuch, Hans Freyer und Arnold Gehlen in ein sehr günstiges Licht zu rücken und gleichzeitig Helmuth Plessner deutlich abzuwerten. Einem zukünftigen Soziologiehistoriker wird es nicht leicht fallen, sich auf die unterschiedlichen Charakterbilder, die von diesen Personen vorliegen, einen Reim zu machen[14].

13 Vgl. z.B. die anerkennenden Worte über König in Schelsky 1981, S. 46; René König „war sicherlich derjenige, der die damals neue und hochentwickelte US-amerikanische Soziologie den Jüngeren in der Bundesrepublik (so auch mir) zuerst und am entschiedensten vermittelt hat (. . .) ich möchte hier bezeugen, daß es *René König* war, der mich in die internationalen Gremien des Faches eingeführt und in ihnen ‚protegiert‘ hat, wohl nicht zuletzt aus der Überzeugung, daß trotz meiner Herkunft aus der ‚Leipziger Schule‘ und meiner jugendlichen Vergangenheit im Dritten Reich – die zwischen uns in vielen Zusammenkünften, z.B. in Paris, rückhaltlos offen erörtert wurden – ich doch wohl ein Bundesgenosse in der Durchsetzung der von ihm vertretenen analytisch-empirischen Soziologie sei.“ – Diese Passagen sollte man übrigens auch für den Abschnitt 3 der vorliegenden Arbeit, „Gibt es eine ‚Schelsky-Schule‘ der Soziologie?“, im Gedächtnis behalten.

14 Die Aufarbeitung der einander widersprechenden Befunde könnte, als Nebenprodukt, auch ein Lehrstück in wissenschaftlicher Methodik, ergeben; da hier ein solches Unternehmen nicht in Angriff genommen werden kann, muß auch ein Urteil über die differen-

Es muß allerdings auffallen, daß Schelsky im Verteidigungseifer für Freyer und Gehlen auch reichlich merkwürdige Argumente „unterlaufen", die seine Glaubwürdigkeit nicht eben erhöhen. So betrachtet etwa Schelsky die von Freyer 1933/34 vorgenommene Stillegung der Deutschen Gesellschaft für Soziologie als eine ungemein wichtige fachpolitische Entscheidung, ohne die es „eine ‚nationalsozialistische Soziologie' gegeben hätte" (1981, S. 29). Eine solche Aussage kann man nur mit einem anderen Schelsky-Zitat kommentieren: „Die ‚Soziologie' als Fach und Bezeichnung war dem machtergreifenden System derart belanglos und von ihm als vermeintlich ‚jüdische' Wissenschaft abgeschrieben, daß sich eine ‚Gleichschaltung' gar nicht lohnte, sondern daß man das Fach und seine Kennzeichnung als solche verschwinden lassen wollte." (1981, S. 25) Wie nicht anders zu erwarten, ist Schelsky völlig klar, daß – wie immer sich Freyer verhalten hätte – es die weitgehende Irrelevanz für die nationalsozialistische Weltanschauung war, die die Soziologie davor bewahrte, eine „nationalsozialistische" werden zu müssen. Man braucht sich nur vorzustellen, welche Möglichkeiten Freyer gehabt hätte, wenn er Historiker oder Biologe gewesen wäre.

Schelskys Ausführungen stimmen daher den distanzierten Leser ärgerlich, weil sie so völlig einer Absicht gehorchen, der jedes Mittel (Argument) recht zu sein scheint. Wie wenig sich Schelsky in diesem Zusammenhang um Argumentationslogik kümmerte, sei noch kurz an einem Gedankenexperiment klargemacht, das er dabei anstellte. Schelsky überlegte, was sich wohl heute in der Deutschen Gesellschaft für Soziologie zutragen würde, wenn die BRD zur „Kommunistischen Volksrepublik" würde: eine Stillegung sei da jedenfalls auszuschließen, und zwar erstens, weil ein kommunistischer Soziologie-Vorsitzender niemals so liberal wie Freyer wäre, und zweitens, weil ein kommunistisches Regime niemals einen derart „liberalen" Schritt dulden würde.

Schon das oben wiedergegebene Schelsky-Zitat über die Irrelevanz der Soziologie reicht aus, um die Fragwürdigkeit dieses Gesellschaftsvergleichs darzutun: Weil die Soziologie für den Kommunismus einen so großen Stellenwert hat, ist Schelskys Vermutung wohl richtig; daraus die Liberalität der nationalsozialistischen Wissenschaftspolitik abzuleiten – wie es Schelsky tut –, kann nur jemandem einfallen, der in der Tat „einäugig" ist. Solche Passagen vor Augen, versteht man sehr gut die Betroffenheit, die sie bei ehemaligen Emigranten wie René König auslösten[15].

Man kann Schelskys Ausführungen zur Lage der Soziologie und Soziologen unter dem Nationalsozialismus zwar bescheinigen, die Soziologiegeschichtsschreibung um etliche erfahrungspralle Schilderungen zu bereichern, die niemand missen wollen wird; man kann ihnen aber den Vorwurf nicht ersparen, es an jener Höhe des Argumentationsniveaus fehlen zu lassen, das den Soziologen Schelsky sonst auszeichnet. Daß er sich solche Ungereimtheiten wie die besprochenen hat

ten Personencharakterisierungen unterbleiben. Erwähnt soll nur noch werden, daß Hans Paul Bahrdt (1981) seinen Lehrer Plessner in der Beschreibung Schelskys nicht wiedererkennen konnte.

15 Vgl. König 1984. – Um darzutun, daß der politisch doch eher rechts stehende Hans Freyer in seinem akademischen Verhalten sich als liberaler, toleranter Mann gezeigt habe, hätte Schelsky übrigens den mißglückten Vergleich gar nicht nötig gehabt; eindrucksvoller sind nämlich seine Freyer betreffenden Erlebnisberichte (in Schelsky 1981).

durchgehen lassen, muß wohl in einer vitalen biographischen Verstrickung begründet liegen, die andere Antworten als wissenschaftliche verlangte. Die Gefahr, mit dieser Einschätzung einen genetischen Fehlschluß zu begehen, erachte ich als sehr gering – wenn je das Leben sich in Begründungen verkleidete, dann hier, wo Schelsky über Nationalsozialismus und Soziologie spricht.

3. Gibt es eine „Schelsky-Schule“ der Soziologie?

Als Schelsky 1959 seine „Ortsbestimmung der deutschen Soziologie“ vornahm, schien ihm letztere durch zwei Hauptströmungen charakterisiert: Erstens durch das Aufkommen einer „funktionsanalytischen Erfahrungswissenschaft“ (1959, S. 19), anders gesprochen, durch den Import jenes Soziologieverständnisses, wie es die amerikanische empirische Sozialforschung zum Ausdruck bringt; zweitens durch soziologische Bemühungen um „Kulturanalyse und Zeitkritik“ (1959, S. 21), in denen noch der Glaube an die Möglichkeit lebt, eine Theorie der Gesellschaft, eine wesensmäßige Bestimmung der gesellschaftlichen Totalität leisten zu können. Demgegenüber forderte Schelsky selbst eine „transzendentale Theorie der Gesellschaft“ (1959, S. 93ff.), in der Fragestellungen in den Mittelpunkt rücken, die von keiner der beiden anderen Richtungen aufgegriffen worden waren – und daher konnte Ralf Dahrendorf (1960) seine Besprechung der „Ortsbestimmung“ mit „Die drei Soziologien“ überschreiben und damit eine Einteilung der deutschen Nachkriegssoziologie bekräftigen, die bis auf den heutigen Tag noch immer Verwendung findet (vgl. z.B. Sahner 1982).

Vergegenwärtigen wir uns in wenigen Zügen, wie Schelsky die Entwicklung der Soziologie in der Bundesrepublik verlaufen sieht. Ihre Prägung erhielt die Soziologie von den politisch-gesellschaftlichen Bedingungen der Nachkriegszeit: Der Untergang des Nationalsozialismus setzt alle großen Weltanschauungen und Ideologien ins Zwielicht, und das Bedürfnis nach Versachlichung der Politik drängt alle politischen Heilslehren in den Hintergrund. Mächtig wird das „Bedürfnis nach einer neutralistischen Hintergrundideologie unantagonistischen Charakters“ (1959, S. 22f.), und in der Soziologie vollzieht sich die bereits erwähnte Entideologisierung. Gesellschaftlich kommt es zur Durchsetzung einer Wohlstands-Industriegesellschaft, deren soziale Probleme nicht mehr der Organisationsstruktur der Wirtschaft (Kapitalismus) angelastet, sondern als gleichsam natürliche Begleiterscheinungen des Fortschritts betrachtet werden. Wollte man diese Konstellation in marxistischer Terminologie ausdrücken, könnte man sagen, daß die Hauptprobleme der modernen Industriegesellschaften solche sind, die aus dem Entwicklungsstand der Produktivkräfte erwachsen, aber nicht durch Anpassungsleistungen der Produktionsverhältnisse bewältigt werden können. Unter solchen Bedingungen konnte auch die sogenannte Konvergenz-These Verbreitung finden, derzufolge sich die kapitalistischen und kommunistischen Gesellschaftssysteme langfristig angleichen werden.

Es ist eine kaum bestrittene Auffassung, daß die bundesdeutsche Soziologie im fraglichen Zeitraum sich einem Hauptthema gewidmet hat: der Industrie[16].

16 Vgl. Dahrendorf 1959, S. 135: „Der Punkt aber, an dem nahezu alle deutschen Soziologen einander im letzten Jahrzehnt begegnet sind, ist die Soziologie der Industrie.“

Dieser Interessenschwerpunkt dürfte sicher mit der ökonomischen Dynamik zusammenhängen, die aus dem „Wiederaufbau" ins „Wirtschaftswunder" führte und soziologisch die alten Klassentheorien obsolet machte.

Diese Andeutungen lassen noch jeden Anhaltspunkt für mehrere Schulen in der deutschen Soziologie vermissen. Ob es tatsächlich eine Kölner Schule, eine Frankfurter Schule und eine Schelsky-Schule in der deutschen Nachkriegssoziologie gegeben hat (vgl. Sahner 1982, S. 26ff.), könnte nur unter der Voraussetzung einer eindeutigen Begriffsbestimmung geklärt werden; ohne dies hier leisten zu können, sei doch darauf hingewiesen, daß es wahrscheinlich in einem nur sehr eingeschränkten Sinne möglich ist, von einer Schelsky-Schule zu sprechen, weil – wenn man etwa Szacki (1981) folgt und zwischen institutionellen, psychologischen und typologischen Bedeutungsebenen des Begriffs „wissenschaftliche Schule" unterscheidet – von einer solchen jedenfalls hinsichtlich eines typologisch trennscharfen Paradigmas nichts auszumachen ist, da insbesondere weder Schelskys empirische Arbeiten noch seine theoretischen Erklärungsansätze sich sehr weit von der „Mainstream"-Soziologie entfernen. Was die „transzendentale Theorie der Gesellschaft" betrifft, so hat sie Schelsky zwar wiederholt gefordert, ohne jedoch selbst an ihre Ausarbeitung zu gehen, und es sind auch sonst nur ganz singuläre Versuche zu registrieren, Schelskys Andeutungen als Wegweiser zu benutzen[17].

In der „Ortsbestimmung" grenzt sich Schelsky überhaupt nicht gegen irgendwelche Schulen ab, er verteidigt sowohl die empirische Sozialforschung wie auch die theoretische Soziologie gegen viele Einwände, um diese Richtungen dann nur durch seine transzendentale Theorie der Gesellschaft ergänzen zu wollen. Auf der Grundlage eines vagen Vorverständnisses, worin sich diese drei genannten Schulen unterscheiden könnten, soll hier wenigstens andeutungsweise der Versuch unternommen werden, die *Gemeinsamkeiten*, die zwischen Schelsky und anderen Hauptvertretern der deutschen Soziologie bestehen, aufzuzeigen. Versuchen wir also einmal Konvergenzen festzuhalten:

- In allen drei Schulen wurde *empirische Sozialforschung* betrieben. Mag es auch z.T. nicht unerhebliche Auffassungsunterschiede zwischen den Vertretern der genannten Schulen darüber gegeben haben, welcher methodische Standard in ihren Arbeiten erreicht wird, so kann das m.E. nur Differenzen *innerhalb* eines empirischen Grundkonsenses indizieren. Jedenfalls in den 50er Jahren stellt auch die Frankfurter Schule den empirischen Grundkonsens nicht in Frage. In diesem Zusammenhang sind beispielsweise auch jene Stellen in den Schriften Adornos erinnernswert, an denen er über gewisse methodische Schwächen seiner früheren empirischen Studien (z.B. jener über die autoritäre Persönlichkeit) spricht und implizit die methodischen Standards der Sozialforschung als durchaus verbindlich akzeptiert[18].
- Keine der drei Schulen war einem *puren Empirizismus* verpflichtet. Für die Frankfurter Soziologie braucht der Nachweis dafür wohl nicht geführt zu werden; in bezug auf Schelsky sei auf seine transzendentale Theorie der Gesell-

17 Schelsky 1981, S. 87f., erwähnt Arbeiten von V. Gerhardt und B. Schäfers, in denen die Idee einer transzendentalen Theorie der Gesellschaft weiterverfolgt wird. Vgl. aber auch Anmerkung 20.

18 Vgl. etwa Adorno 1979.

schaft verwiesen, über die noch einiges mehr zu sagen sein wird; weniger klar ist, ob diese These auch für die Kölner Geltung besitzt. Dennoch meine ich, daß auch die Kölner genügend „deutsch“ waren, um es bei reiner Empirie nicht bewenden lassen zu können. Ohne dies hier im einzelnen nachweisen zu können, sei nur auf René Königs ausgeprägte theoretische und auch soziologiehistorische Interessen verwiesen.

Richtig mag sein, daß die Valenz, die die Kölner der empirischen Sozialforschung gaben, unter den gegebenen Umständen am ehesten schulbildend wirken konnte. Im Gegenteil dazu waren die empiristischen Elemente bzw. Arbeiten der Frankfurter für die Schulbildung nicht entscheidend oder auch nur von großer Relevanz.

Anders wiederum steht es um die sogenannte Schelsky-Schule, die im Hinblick auf die eben erörterten Schwerpunktsetzungen keinen eindeutig abgrenzbaren dritten Weg vorzuschlagen hatte, wenngleich in der von Schelsky vorgetragenen Kritik soziologischer Empirie und Theorie ex negativo ein eigenes „Revier“ angedeutet wurde. Vielleicht hätte Schelsky selbst der folgenden Beurteilung seiner Leistungen zustimmen können: „Sch(elsky)s im engeren Sinne wissenschaftliches Profil ist am besten dadurch charakterisiert, daß seine Arbeiten – die empirisch orientiert sind, ohne Zwergempirie zu betreiben, und Anspruch auf Theorie erheben, ohne in Begriffsakrobatik und leere Allgemeinheit zu verfallen – immer wieder konkrete, jeweils anstehende soziale Problemkomplexe erstmals aufgegriffen, soziologisch zupackend formuliert und objektiviert und so erst zu gültigen, gerade auch das öffentliche Bewußtsein bestimmenden Inhalten gemacht haben.“ (Lipp 1984, S. 748f.)

Wenn es eine Schelsky-Schule gegeben hat, dann wurde sie sicher nicht so sehr durch ein soziologisches Paradigma, sondern durch die persönlichen Eigenschaften und Fähigkeiten Schelskys begründet oder zusammengehalten – woraus denn auch folgt, daß es keine langfristig wirksame Schelsky-Schule geben wird. All dies zusammengenommen, verwundert es nicht, daß Heinz Sahner in seiner Untersuchung der paradigmatischen Struktur der deutschen Soziologie zwar auch von einer Schelsky-Schule ausgeht, diese aber vor allem durch ihre Heterogenität charakterisieren mußte (vgl. Sahner 1982, S. 37ff. und S. 66ff.).

4. Exkurs: *Der späte Schelsky und das Empirismus-Problem*

Es ist signifikant für den Soziologen Helmut Schelsky, daß ihn der „Realitätsdrall“ nach dem Zweiten Weltkrieg die Aufgabe der Soziologie vornehmlich darin sehen ließ, sich auf die „Suche nach Wirklichkeit“ zu begeben, und das heißt, eine entideologisierte empirische Disziplin zu werden. Dennoch ist Schelsky vielfach eine Ambivalenz im Verhältnis zur empirischen Sozialforschung vorgeworfen worden, und M. Rainer Lepsius ist dabei sogar so weit gegangen, ihm zu unterstellen, er habe die Entwicklung der Sozialforschung „im Grunde wissenschaftstheoretisch und kulturpolitisch“ abgelehnt (Lepsius 1979, S. 39). Dagegen hat sich Schelsky mit der Replik zur Wehr gesetzt, dieses Urteil entspreche „in keiner Weise der Situation bis hoch in die 60er Jahre“ (1981, S. 46).

Diese Antwort läßt vor allem deshalb aufhorchen, weil sie eine Wandlung im Wissenschaftsverständnis Schelskys anzudeuten scheint, der das empiristische

Grundbekenntnis zum Opfer gefallen sein könnte. Darum soll hier einmal der Frage nachgegangen werden, welchen Stellenwert empirische Elemente in den anti-soziologischen Schriften des späten Schelsky einnehmen. Natürlich kann das hier nur exemplarisch geschehen.

In „Die Arbeit tun die anderen" – dieses Werk wird in den folgenden Abschnitten noch genauer besprochen – legt Schelsky eine Analyse vor, die nach seiner eigenen Einschätzung auf einem Mittelweg zwischen den von ihm verworfenen Polen einer geschichtsphilosophischen Globaldeutung einerseits und einer gegenwartsbezogenen empirischen Soziologie andererseits wandelt. Insbesondere die Abgrenzung gegenüber letzterer ist hier von Interesse. Seine These, daß sich in den letzten Jahrzehnten eine Intellektuellenherrschaft ausgebildet habe, will Schelsky durch einen „strukturgeschichtlichen Vergleich" gewonnen haben, der den Horizont der Soziologie transzendiert; es bleibt etwas unklar, ob er mit dieser Einordnung eine zumindest teilweise Absage an methodische Standards empirischer Wissenschaft verbindet oder nur für eine Historisierung der Soziologie plädiert, etwa im Sinne einer „Sozialgeschichtsschreibung"[19]. „Auch ein für gewisse Wissenschaftsauffassungen durchaus berechtigtes Bestehen auf empirischer Verifizierung oder Falsifizierung sozialwissenschaftlicher Aussagen versagt gegenüber solchen Thesen, weil diese empirische Überprüfung solcher Aussagen Zeitdimensionen erfordern würde, die in einer gegenwartsmomentan gebundenen Sozialwissenschaft grundsätzlich nicht zur Verfügung stehen (1977, S. 99). Im Nachwort zur zweiten Auflage von „Die Arbeit tun die anderen" hingegen gibt Schelsky zwar wiederum zu, daß seine Thesen empirisch nicht eben gut abgesichert sind, erklärt dies aber ganz anders, nämlich damit, „daß im letzten halben Jahrzehnt mir keine Möglichkeit, derartige empirische Forschung durchzuführen, zur Verfügung stand, ja bewußt verwehrt worden wäre." (1977, S. 555) Schelsky spricht hier wie jemand, der sich als Dissident fühlt, dem alle Möglichkeiten der Forschung verwehrt sind, der praktisch im Untergrund agieren muß, und er übernimmt damit wohl ungewollt jene systemkritische Grobschlächtigkeit, nach der auch in der Bundesrepublik die Bedingungen freier wissenschaftlicher Forschung nicht gegeben seien.

Nun gibt es viele soziologische Schriften, die sich hinsichtlich der Empirizität nicht von Schelskys Buch unterscheiden, und nicht wenige darunter gelten als gedanken- und hypothesenreich, als anregend und Ausgangspunkt für Folgestudien. So könnte man auch Schelskys Intellektuellen- und Soziologie-Kritik einschätzen, an der allerdings stört, wie apodiktisch dieser Autor über Verhältnisse zu urteilen weiß, wie schnell hier durchaus bedenkenswerte Wahrnehmungen und Einschätzungen einem politischen Ziel, einer polemischen Attacke dienstbar gemacht werden. In Verteidigung der Freiheit kommt Schelsky zu schnell zum (empirisch dürftig belegten) Ergebnis, vertraut er zu sehr auf die Tragkraft von subjektiven Vermutungen und Alltagsbeobachtungen. Machen wir uns das an Beispielen – pars pro toto – klar.

Beispielsweise tut Schelsky so, als ob die Opposition gegen die bestehende Gesellschaftsordnung in der Bundesrepublik vor allem von jenen käme, die auf-

19 Schelsky 1959, S. 74, bezeichnet die Aufgabe der Soziologie als „Sozialgeschichtsschreibung der Gegenwart".

grund ihrer erlebten „familiären und jugendlichen Lebensfreiheit“ so realitätsfremd geworden sind, daß sie die Gesellschaft zu einer einzigen „großen Familie“ umgestalten wollen (vgl. dazu 1977, S. 183ff.). Weil es solche von der Realität abgeschlossenen Erfahrungsnischen wie die Familie gibt, in welchen die Kinder und Jugendlichen „Lebensfreiheit“ vorfinden, breitet sich Feindseligkeit gegen eine Gesellschaft aus, die der Familie, die zum normativ bejahten Paradigma von Sozialität überhaupt wird, nicht sich angleichen will. Von einer „umhegten und entlasteten Kindheit und Jugend“ werden die „Kinder des Wohlstands und der Sicherheit“ gleichsam in die Realitätsfremde verführt, zu maßlosen Egoisten deformiert, bei denen „die individuellen, autistischen Freiheits- und Auslebensansprüche des Menschen übersteigert“ Tribut fordern.

All diese Überlegungen sind durchaus ernsthaft zu erwägen; es mag auch der Fall sein, daß in vielen jener Familien, die Schelsky in Betracht zieht, die Freiheit insofern Einzug gehalten hat, als in ihnen die elterliche Autoritätslegitimation so sehr abhanden gekommen ist, daß die früheren Herrschaftsbeziehungen auf die Ebene bloßer Machtdifferentiale abgesunken und die Kinder einem Orientierungsvakuum ausgesetzt sind. Dies alles wäre nun empirisch sorgfältig zu prüfen, denn es erhebt sich die Frage, ob mit dieser Beschreibung jene Familien adäquat charakterisiert werden, in denen die Kinder sich so geborgen und wohl fühlen, daß sie die Gesellschaft an diesem normativen Modell familialer Freiheit messen.

Den möglichen Einwand, die Freiheit in der Familie müsse keineswegs als bloß positiv erfahren werden, um zum Maßstab der Beurteilung der Gesellschaft zu werden – Freiheit wirke also durch die normative Kraft des Faktischen –, verbaut sich Schelsky mit jenen Ausführungen, aus denen klar hervorgeht, daß es die Erfahrungen eines „Reiches der Freiheit“ sind, mit denen die Jugendlichen unvorbereitet ins Leben treten, welches ihnen als „Reich der Notwendigkeit“ kalt und fremd entgegentritt (vgl. 1977, S. 184). Da mit der „Überdehnung der familiären Vertrautheitsansprüche auch die Realität der Familie selbst verloren“ geht und „die ihr eigentümlichen sozialen Existenzbedingungen verleugnet und aufgelöst“ werden (1977, S. 185), wäre ein therapeutischer Vorschlag wohl im Sinne Schelskys, der zur Stärkung der realitätsangepaßten Elemente des Familienlebens den Kindern ein „Belastungspaket“ aufbürdet, welches ihren autistischen Freilauf abstoppt und sie zu sozial nützlicher Gangart nötigt.

Fraglich erscheint allerdings, ob Schelsky die familiale Binnenstruktur in modernen Familien hinreichend differenziert rekonstruiert. Die Annahme, die Familie biete den Kindern einen Freiraum, der den Autismus fördere und zur Anspruchsinflation führe, zieht nicht notwendigerweise die andere nach sich, in diesen Familien würden die Vertrautheitsbedürfnisse der Kinder befriedigt. Es müßte erst einmal der (empirische) Nachweis dafür erbracht werden, daß der „Nestwärme-Komplex“ der Familie sich gemeinsam mit der Freiheitshypertrophie zu jenem Anforderungspaket verdichtet, das die soziale Realität moderner Großgesellschaften unweigerlich verfehlt.

Vor einer empirischen Überprüfung ist jedenfalls auch ein ganz anderer Zusammenhang, als Schelsky ihn postuliert, argumentativ plausibel zu machen. Antithetisch könnten wir das Folgende behaupten:

In jenen Familien, in denen tatsächlich „Nestwärme“ vorhanden ist, gehört es zum sozialisatorisch vermittelten Wissensvorrat, daß die „Außenwelt“ eine vergleichsweise „kältere" ist, in der andere Prinzipien vorherrschen; daß ferner zur Aufrechterhaltung des Binnenklimas relativ starke Abgrenzungen gegen außen nötig sind. Weil die Kinder und Jugendlichen in diesen Familien ohnehin emotional befriedigend „versorgt" sind, entwickeln sie kaum Illusionen über die „Aufwärmbarkeit" der öffentlichen, gesellschaftlichen Sphäre und benötigen derartiges auch nicht. Erleben Kinder und Jugendliche die Nestwärme in ihren Familien nicht, werden sie eher als diejenigen aus der obengenannten Gruppe dazu tendieren, nach „Sekundärfamilien" zu suchen, sei es im privaten, sei es im öffentlichen Bereich. Man könnte also auch die These wagen, daß die soziale Wirklichkeit gerade den Ansprüchen jener nicht genügen kann, die in ihrer Familie normativ überlastet wurden; somit wären für die Illusion einer gesellschaftlichen Groß-Familie weniger diejenigen anfällig, die einen „Überschuß" an Freiheit erfahren, sondern die durch die Familie in ein Normennetz verstrickten Jugendlichen: diese möchten die internalisierte Normenstruktur in universeller Gültigkeit sehen.

Ebenfalls zu berücksichtigen wäre, wie sich konkret der Zusammenhang zwischen Freiheitserlebnissen und Nestwärme gestaltet. Unter der (noch keineswegs bestätigten) Annahme, in unseren Familien seien für Kinder und Jugendliche Freiheitsräume gegeben, die personal gesehen zum Autismus und sozial gesehen zur Anomie hinführten, erscheint es als hochgradig unwahrscheinlich, in ihnen auch die von Schelsky angenommene Nestwärme vorzufinden, weil diese normative Bindungen und Normenkonkordanz zumindest in einem Ausmaß zur Voraussetzung hat, welches das Universum prinzipiell möglicher Verhaltensweisen erheblich reduziert, und das ist ja nur ein anderer Ausdruck für die Einengung des Freiheitsspielraumes der Jugendlichen.

Auf dieser Linie könnte also eine Argumentation entwickelt werden, die Schelskys Behauptungen über die „fiktive Familie" (1977, S. 183ff.) in allen wesentlichen Punkten widerspricht; die unterschiedlichen Auffassungen müßten zwar noch weiter expliziert werden, doch danach wäre ein weiterer Fortschritt wohl nur durch empirische Studien zu erzielen.

Analoges könnte man etwa zu Schelskys Vermutungen betreffend die Wirksamkeit von Massenmedien im Zeitalter der Herrschaft der Reflexionselite anmerken. Mit der Formel des „geborgten Elends" benennt Schelsky die permanente massenmediale Präsenz von Gewalt, Elend, Krieg und Mord, die die Wirklichkeitssicht der Rezipienten so zu färben oder vielmehr trüben beginnt, daß deren unmittelbare Primärerfahrung entwertet und somit die Voraussetzung dafür geschaffen wird, auch den Verhältnissen in der Bundesrepublik Humanität oder Rechtsstaatlichkeit abzusprechen: „Es geht um die Übertragung und Identifizierung der Elendsfronten in die eigene Wirklichkeit, also um die Möglichkeit, die heilsherrschaftlichen Machtansprüche zu Hause dramatisieren und mit einer Wirklichkeit auffüllen zu können, die aus der eigenen Erfahrung von den Mitgliedern der eigenen Gesellschaft nicht erlebt und bestätigt werden kann." (1977, S. 112) Über die Reaktion der Medienkonsumenten mutmaßt Schelsky: „An die Stelle der christlichen Nächstenliebe wird die soziale Fernstenliebe gesetzt, der abstrakte Humanismus, der den Tod am Hoangho oder in Vietnam aktueller empfindet als den Tod des einsam und ohne Unterstützung sterbenden unbekannten Nachbarn im gleichen Mietshaus." (1977, S. 113)

Von Schelsky wird nicht kenntlich gemacht, daß er damit eine bloße Mutmaßung ausspricht, die man erst an Ergebnissen der Rezipientenforschung validieren müßte. Ohne die empirische Ebene zu betreten, könnte man wieder sehr leicht eine plausible Gegenposition aufbauen: Keineswegs führt die mediale Präsenz aller möglichen Spektakulärereignisse (und nur solche tauchen, grosso modo, in den Medien auf) zur Entwertung der eigenen gesellschaftlichen Institutionen. Im Gegenteil: Wenn „hinten in der Türkei“ die Völker aufeinander losschlagen, kommt dem Rezipienten erst so recht zu Bewußtsein, wie privilegiert er in der vergleichsweise friedlichen bundesrepublikanischen Wirklichkeit lebt. Wenn von diesen Meldungen und Berichten eine meßbare Wirkung ausgeht, dann, so könnte man vermuten, viel eher die einer Aufwertung der eigenen Wirklichkeit. Die damit verbundene Gefahr wäre eher eine Verstärkung ethnischer Vorurteile. Auch die Aussage über die Nächsten- und Fernstenliebe ist in diesem Sinne zu korrigieren: mitnichten entsetzt sich der Bürger mehr über die Toten „hinten in der Türkei“, als über den Todes- oder gar Mordfall in der eigenen Stadt; und wenn es stimmen sollte, daß diese „Nächstenliebe“ abstrakt und handlungsirrelevant ist, steht damit noch keineswegs fest, daß dies den Medien anzulasten ist.

Um es zu wiederholen: Es ist hier nicht meine Absicht, Schelsky zu „widerlegen“, sondern es geht vielmehr darum, aufzuzeigen, wie einander widersprechende Behauptungen durchaus, jede für sich, plausibel sein können. Die Kritik an Schelskys Vorgangsweise richtet sich daher nicht prinzipiell gegen seine Darlegungen, wohl aber gegen die Apodiktik, mit der sie ohne empirische Abstützung vorgetragen werden. Schelsky vertraut zu sehr seiner Primärerfahrung – ein Mehr an soziologischer Erfahrung hätte seinem Buch gut getan (aber vielleicht einige griffige Thesen beseitigt).

5. *Die transzendentale Theorie der Gesellschaft und Schelskys antisoziologische Wende*

5.1. *Das uneingelöste Programm einer transzendentalen Theorie der Gesellschaft*

Im Anschluß an seine „Ortsbestimmung der deutschen Soziologie“ versucht Schelsky anzudeuten, worin er das wichtigste soziologische Desiderat erblickt, das noch der Ausarbeitung bedarf. Dabei geht es ihm nicht darum, bislang vernachlässigten Bereichen der sozialen Wirklichkeit Aufmerksamkeit zu sichern; als dringlicher empfindet Schelsky die Aufnahme einer meta-soziologischen Thematik, den Entwurf einer sogenannten „transzendentalen Theorie der Gesellschaft“. Er erinnert durch das Zitieren einiger Sätze aus der „Kritik der reinen Vernunft“ an Kants Explikation des Begriffs „transzendental“, um sodann der von ihm ins Auge gefaßten „kritischen Theorie des Sozialen“ die Aufgabe zuzuweisen, die Bedingungen des soziologischen Denkens zu erhellen, *„Sinn und Grenzen des Sozialen und des soziologischen Denkens zu bestimmen.“* (1959, S. 96) Dieser semantisch noch nicht exakten Formulierung fügt Schelsky die Erläuterung hinzu, dies bedeute, die Voraussetzungen des soziologischen Denkens „in dem Sinne aufweisen, daß das gesamte Welt- und Seinsverständnis der soziologischen Denkprinzipien und Kategorien offenbar, einsichtig und damit kritisch distanzierbar wird" (1959, S. 96). Dazu sei es nötig, die zentralen soziologischen Kategorien – Schelsky nennt beispielhaft „Anpassung", „Integration", „Stabilität", „Rolle", „Entfremdung", „der ganze Mensch" (?!) – „jenseits ihrer zum Zweck der Analyse getroffenen definitorischen Bestimmungen aufzuschließen für die Einsicht der darin liegenden sozialen Entscheidungen, Seinsformen und damit Wert- und Sinngebungen nicht nur des Sozialen, sondern des menschlichen Lebens überhaupt" (1959, S. 96f.).

An diesem Punkte schon wird klar, wie wenig Verbindlichkeit Schelskys Berufung auf Kant besitzt: Dessen Transzendentalphilosophie befaßt sich, sofern sie die „reine Vernunft" zum Gegenstand hat, durchaus nicht mit den von Schelsky genannten Fragestellungen; hinter wissenschaftlichen Begriffen „soziale Entscheidungen" und „Wert- und Sinngebungen" ausfindig zu machen, hielte Kant wohl kaum für eine erkenntnistheoretische Aufgabe. Ebenfalls festgehalten sei hier schon, daß der Transzendentalismus im Kantschen Verständnis weder empirische Sachfragen einer Wissenschaft diskutieren noch auf den begrifflichen Apparat derselben einwirken kann, sondern das System der Wissenschaft unangetastet läßt und voraussetzt. Daß er mit seiner transzendentalen Theorie der Gesellschaft Kants Transzendentalismus gleichsam transzendierte, ist Schelsky durchaus bewußt geworden (vgl. 1981, S. 88ff.); zu überdenken wäre allerdings noch, wie sich Schelskys Bemühungen im Lichte der praktischen Vernunftkritik Kants darstellen.[20]

Schelskys transzendentale Theorie der Gesellschaft will – und das macht das Ambitiöse dieses Unternehmens aus – „die philosophische Grundfrage der modernen Welt, die Vereinbarkeit von Naturkausalität und Freiheit des moralischen Gewissens" aufnehmen, und zwar in modifizierter Weise, gleichsam auf der Problemhöhe einer Zeit, in der die Soziologie zur herrschenden „Schlüsseldisziplin" avanciert: Schelsky aktualisiert diese philosophische Grundfrage zur „Frage nach der Vereinbarkeit von sozialen Sachzwängen aus der Natur des Menschen (wirtschaftliche und technische Produktionskausalitäten) mit dem politisch-sozialen Freiheitsanspruch des Menschen" (1977, S. 276).

Das Anliegen, dem durch die transzendentale Theorie zum Durchbruch verholfen werden soll, ist die *„Freiheit des Menschen von der Gesellschaft"*: „Erst von dieser Position aus, von der Bestimmung der Freiheit des Menschen gegenüber der Gesellschaft, läßt sich die Sinnfrage des Sozialen als Ganzen, der Sinn der ‚Gesellschaft' und des sozialen Daseins überhaupt, aufwerfen und dem unaufgebbaren Versuch einer Lebens- und Weltsinndeutung einordnen." (1959, S. 99) Schelsky will nach eigener Aussage zwar keine „Apriori-Philosophie" entwickeln (1959, S. 95), seinen Überlegungen liegt aber dennoch ein „materiales" Apriori zugrunde, nämlich die an keiner Stelle bewiesene, in Zweifel gezogene oder auch nur ansatzweise diskutierte Freiheit des Menschen von der Gesellschaft. Diese These nimmt bei Schelsky den Rang einer axiomatischen Voraussetzung ein, sie steht aprioristisch am Beginn all seiner Überlegungen und bleibt jeder Kritik oder auch nur Diskussion entrückt. Daß Schelsky den Begriff des Transzendentalismus

20 Dies ist der Ansatzpunkt von Gerhardt 1979. Allerdings bringt diese Arbeit im wesentlichen Kant-Exegese, u. zw. im Hinblick auf die Fragestellung, wie eine kantianische transzendentale Theorie der Gesellschaft angelegt sein müßte. Eine direkte Fortsetzung von Schelskys Ansatz scheint mir das nicht zu sein.

für sein Programm in Anspruch nimmt, ist also eine gewisse Irreführung; adäquater erscheint, Schelskys Ansatz mit seinen eigenen Worten als den Versuch einer „Sinngebung des Sozialen“ (1959, S. 99) zu betrachten.

Auf welchen Wegen kann nun aber die Soziologie die ihr von Schelsky gestellte Aufgabe bewältigen? Die naheliegendste Antwort lautet: indem sie sich selbst aufgibt. Schelsky meint nämlich, eine transzendentale Theorie der Gesellschaft müsse „sich sozusagen vom soziologischen Denken selbst befreien“ und damit „Freiheit von der Soziologie“ erlangen (1959, S. 98).

Schelsky weiß ganz genau, daß er mit diesem Programm in eine unleugbare Nähe zu sozialphilosophischen Traditionen gerät, dem Metaphysikverdacht Nahrung gibt und einer reinen Soziologie, die nichts als Soziologie sein will (R. König), Widerstand entgegensetzt. Nicht zuletzt darum grenzt er sich wohl gegen religiöse Soziallehren ab, deren Freiheitsbegriff nicht einer empirischen Wirklichkeit abgerungen wird, sondern durch transzendente „Wahrheiten“ dogmatisch gesichert ist; für solche Lehren entfällt aber gerade die Notwendigkeit, eine transzendentale Theorie der Gesellschaft zu entwerfen. (Vgl. 1959, S. 102f.) Freilich taucht dann bei Schelsky in der Beantwortung der Frage, welche Standpunkte „jenseits des sozialen Zwanges und damit der Gesellschaft“ der moderne Mensch beziehen kann, neben der „reflektierenden Subjektivität“ und dem „moralischen Gewissen“ wieder der „religiöse Glaube“ auf (1959, S. 105). Diese im Hinblick auf soziale Zwänge gleichsam subversiven Kräfte gilt es bei jenem Unternehmen zu berücksichtigen, das Schelsky als transzendentale Theorie der Gesellschaft vor Augen hat: Deren Aufgabe ist es, jenen „Teil der Soziologie zu entwickeln, der Soziales durch Nichtsoziales erklärt“ (1959, S. 105). Mit dieser Antithese zu Durkheims Soziologismus, auf den Schelsky in dieser Wendung anspielt, hat er es aber längere Zeit bewenden lassen; sein Oeuvre enthält keine ausgearbeitete kritische Theorie des Sozialen.

Wirft man einen kurzen Blick auf die metasoziologischen Diskussionen, die in der deutschen Soziologie am Ende der 50er und Anfang der 60er Jahre geführt wurden, wird sofort klar, daß Schelskys Aufgreifen des Freiheitsproblems damals durchaus im Einklang mit dem soziologischen „Zeitgeist“ stand. Es sei nur an die ausführliche Diskussion im Anschluß an Ralf Dahrendorfs „Homo Sociologicus“ erinnert, in der es im wesentlichen um philosophische Reflexion angesichts der soziologischen Rollentheorie ging. Schon in Dahrendorfs Rezeption der amerikanischen Rollentheorie mit überraschend großer Valenz versehen, entfachte die vermeintliche Polarität zwischen den sozialen Rollen und der Freiheit des Menschen sogleich eine lebhafte Debatte. Es war, als hätten die deutschen Soziologen nur darauf gewartet, endlich wieder einmal das Problem der Freiheit in den Mittelpunkt stellen zu können. Zur Abschwächung dieser vielleicht als ironisch empfundenen Aussage sei erwähnt, daß auch anderswo, nicht nur in deutschen Landen, zu dieser Zeit das soziologische Menschenbild Gegenstand von Reflexionen wurde. Wer nun etwa D. Wrongs berühmten Aufsatz zu dieser Thematik mit deutschen Arbeiten vergleicht, wird allerdings nicht umhin kommen, die unterschiedlichen nationalen Denktraditionen als stark ins Gewicht fallend zu konstatieren[21].

21 Vgl. Wrong 1974; hinsichtlich der deutschen Arbeiten siehe die späteren Auflagen des „Homo Sociologicus“. Die deutsche Diskussion ist stark von philosophischem Problembewußtsein geprägt.

Eine wahrscheinlich sehr lohnende, weil erhellende Untersuchung wäre es, der Frage nachzugehen, unter welchen Bedingungen das uralte Problem der Freiheit des Menschen jeweils zu Aktualität aufsteigt; es ist nicht so ohne weiteres einsichtig, warum gerade in der genannten Zeit die Soziologenherzen Erschütterung darüber verspürten, daß in der Ontologie ihrer Disziplin für den freien Menschen kein Platz vorgesehen war. Eine andere Frage ist es wiederum, ob die damalige Diskussion zu Ergebnissen geführt hat, die akzeptabel oder hinreichend genannt werden können. Was diesen Punkt betrifft, hat Schelsky in seiner „Ortsbestimmung" nicht mehr als Andeutungen gegeben, mehr ein Problem beschrieben als dessen systematische Behandlung in Angriff genommen. Dieser Eindruck verändert sich nur wenig, wenn man seine späteren Schriften heranzieht – und dies soll im folgenden getan werden.

5.2. Das Defizit einer Soziologie ohne transzendentale Theorie der Gesellschaft und die gesellschaftlichen Folgen

Die Angriffe, die der späte Schelsky gegen die Soziologie richtete, lassen sich als Fortsetzung jener Passagen aus der „Ortsbestimmung" lesen, in denen eine transzendentale Theorie der Gesellschaft gefordert wird. Deren Unentbehrlichkeit ergibt sich aus dem Bemühen, jede Form des Soziologismus zu vermeiden und die Grenzen der wissenschaftlichen Soziologie stets im Bewußtsein zu halten. Weil es die Soziologie an einer transzendentalen Theorie fehlen läßt, vermittelt sie ein Menschen- und Gesellschaftsbild, das den Handelnden an seine Freiheit nicht glauben läßt; die gesellschaftlichen Implikationen einer „reinen" Soziologie stellt Schelsky in den Mittelpunkt seiner kritischen Ausführungen in „Die Arbeit tun die anderen". Ehe wir uns diesen in ihren inhaltlichen Aspekten zuwenden, muß noch einiges über das Bild vorausgeschickt werden, das Schelsky von der Soziologie entwirft.

Eine Soziologie, die auf eine transzendentale Theorie der Gesellschaft verzichtet, nimmt Schelsky zufolge den Menschen „nicht mehr als Person, sondern als Agent sozialer Beziehungen, Funktionen und Strukturen" wahr (1977, S. 346), sie macht das Individuum „zu einem Hampelmann der sozialen ‚Normen' und zu einem reduzierten Bruchteil der Systemrationalität" (1977, S. 361). Zu fatalen Konsequenzen führt das, weil die soziologische Denkweise (in der die autonome Person verschwunden sei) immer mehr die „natürliche" soziale Primärerfahrung (in der die autonome Person unbestritten sei) verdränge. Schelsky klagt die Soziologie also an, sich imperialistisch über die Erfahrungsmuster des Alltagsmenschen zu legen, mit denen er bisher soziale Wirklichkeit zu deuten imstande war, und die es zuließen, selbstverantwortlich Entscheidungen zu treffen. Indem die Soziologie „den geistigen Aspekt auf die Person verdunkelt, den Bezug auf das Soziale überbelichtet", indoktriniert sie die Menschen mit einer Lebensperspektive, in der alles Heil nur aus der Gesellschaft stammen, nur mittels sozialer Veränderungen Wirklichkeit werden kann (1977, S. 354). „*Die Auflösung der Person und ihrer auf sich selbst gerichteten Verbindlichkeiten im Handeln ist die zeitbestimmende Wirkung aller Soziologie*" (1977, S. 359). Die Soziologie bewirkt den „Abbau der Bewußtseinssicherheiten und Sinnhorizonte, mit denen bisher der in unserer Kultur handelnde Mensch rechnen konnte" (1977, S. 359), eliminiert „das personale Gewissen als soziale Belanglosigkeit“ (1977, S. 361) und bringt das Bewußtsein von der Freiheit des Menschen zum Verschwinden.

In diesem Zusammenhang dichtet Schelsky der vorsoziologischen Wirklichkeitserfahrung alle guten Eigenschaften an, ja sie scheint geradezu eine unentbehrliche Voraussetzung für die Mündigkeit des Bürgers zu sein. Dringt hingegen der soziologische Wurm in seine Gehirnwindungen ein, überläßt sich der Mensch willig den neuen Formen der Herrschaft, der Herrschaft durch Belehrung, Betreuung und Beplanung. Er wirft sich den falschen, den Sozialgöttern in die Arme, von denen er alles Heil erwartet; er verliert jeden Sinn für das Machbare und für das Erreichbare; er wird unfähig, das zu tun, wozu er mit einem Menschenbild, das die Züge der Freiheit trägt, imstande wäre; er kann sich nicht selbstverwirklichen, weil er sehnsüchtig (aber natürlich vergeblich) darauf wartet, daß das Soziale ihn zur Verwirklichung drängt.

In seinen Ausführungen zur primären Sozialerfahrung erweist sich Schelsky jedoch als janusköpfig – denn anderenorts dequalifiziert er die vorsoziologischen Erfahrungsweisen als völlig inferior. Mit Bezug auf kritische Äußerungen Theodor W. Adornos zur Wirklichkeitserfassung der empirischen Sozialforschung, wonach diese ihre Objekte durch Verdinglichung entstelle, schreibt Schelsky einmal (1959, S. 70), in diesem Argument stecke „die Annahme eines naiven Realismus der Primärerfahrung“. Der Primärerfahrung des Sozialen bestreitet Schelsky in diesem Zusammenhang einerseits, einen unverfälschten Zugang zum Sozialen zu gewähren, und andererseits einen kognitiv passablen Gehalt. Eine „bloße Faktenerfahrung primärer Art über soziale Gegenstände im unmittelbaren Leben anzunehmen“, stellt für ihn eine „Illusion“ dar, weil alle diese primären "Erfahrungen bereits gedeutet, ideologisiert, mit Glaubensvoraussetzungen und Vorurteilen besetzt sind“ (1959, S. 70). Das Unternehmen der empirischen Sozialforschung kann, so Schelsky weiter, nur dann als gelungen bezeichnet werden, wenn diese Verzerrungseffekte der primären sozialen Erfahrung bewußt und korrigiert werden. „Um wirksam in einer wissenschaftlichen, großorganisatorischen Zivilisation sozial handeln zu können, ist eine wissenschaftliche experimentelle Dekomposition der primären Erfahrungstatbestände unerläßlich; soziale Handlungen auf Grund der Primärerfahrung treffen keine belangvollen Gegenstände mehr und verfehlen im sozialen Leben eben das, worauf es der sozialen und politischen Wirkabsicht ankommt.“ (1959, S. 71)

Hatte Schelsky in der „Ortsbestimmung“ zwischen der „primären Sozialerfahrung des Jedermann“ und der „verwissenschaftlichten Primärerfahrung“ des Soziologen noch klare Grenzen gesehen und übrigens sogar gemeint, es bemesse „sich geradezu das wissenschaftliche Niveau eines Sozialwissenschaftlers daran, in welchem Maße er seine Primärerfahrung der Welt bereits verwissenschaftlicht aufnimmt“ (1959, S. 81), so verlagert sich für den späten Schelsky der Akzent insofern, als er „verwissenschaftlichte Primär-Erfahrung des Soziologen“ auf die „Gesamtbevölkerung“ übergreifen sieht, welche so unter die Herrschaft des soziologischen Denkens und damit der Soziologen gerate (1977, S. 355).

Von der These der kognitiven Inferiorität der primären Sozialerfahrung des Alltagsmenschen hat sich allerdings auch der späte Schelsky nicht distanziert; er hat sie vielmehr bekräftigt, als er (1977, S. 498) schrieb, daß „die Faktoren, die die jeweilige soziale Zukunft bestimmen, derartig vielfältig, schnell veränderbar und in sich differenziert sind, daß die bloße Erfahrung sie nicht mehr angemessen erfassen kann, sondern eine systematisch wissenschaftliche Analyse erforderlich ist". Nicht zuletzt beruht ja nach Schelskys Prämissen die Entfaltungsmöglichkeit der neuen Sozialreligion darauf, daß den Menschen die moderne gesellschaftliche und technische Zivilisation undurchschaubar und deutungsbedürftig geworden ist und sie nach Lehren Ausschau halten, die diese Komplexität zu reduzieren versprechen.

Der moderne Mensch scheint – so könnte man Schelskys Darlegungen auch lesen – nur die Wahl zwischen der Scylla einer moralisch autonomen, aber kognitiv inferioren, und der Charybdis einer kognitiv angemessenen, jedoch moralentleerten Position zu haben. Gibt es einen dialektischen Ausweg aus diesem Dilemma?

Der Hauptvorwurf gegen die Soziologie ist der, daß in ihrem Weltbild die „personalen Zurechnungen der Moral und Vernunft [. . .] als Grundlage des Zusammenlebens [. . .] zugunsten kollektiver Anonymisierungen (schwinden)" (1977, S. 341). Es ist, so wird man wohl sagen können, nicht ein kognitives, sondern ein moralisches Versagen, das Schelsky der Soziologie anlastet.

Die Bedrohung, die von der Soziologie ausgeht, ist nach Schelsky also nicht eine Konsequenz ihrer kognitiven Leistungen. Nicht darum wirkt sie sich freiheitsbedrohend aus, weil sie etwa Erkenntnisse produzierte, auf denen sozialtechnologische Planungen oder manipulative Steuerungen fußen könnten; gerade der gesellschaftsplanerische Optimismus erweist sich nach Schelskys Auffassung als eine Ideologie, die die Erwartungshaltung der Menschen und ihre Handlungsbereitschaft bedrohlich einengt, Freiheitsräume verbaut, Sozialgläubigkeit verbreitet, ohne jedoch wissensmäßig begründet zu sein. Die Soziologie reduziert vielmehr den „ganzen" Menschen auf jene Aspekte, in welchen er als ohnmächtig und unfrei erscheint, sie ist „Ideologie" insofern, als sie – pars pro toto ausgebend – ein falsches, weil unvollständiges Bild des Menschen schafft.

Allgemeiner ausgedrückt, sieht Schelsky das Problem der Verwissenschaftlichung des Alltagslebens bzw. der Erfahrungsweisen und des Denkens des durchschnittlichen Menschen. Die Verwissenschaftlichung des Bewußtseins schafft zwar einerseits eine neue rationale Analysequalität, andererseits gehen von ihr lähmende Wirkungen auf die Handlungsperspektive des Individuums aus. Das Selbst-Bewußtsein der Menschen – das Bild, das sie sich von sich selbst machen – verliert die personalen Züge umso mehr, je stärker es von wissenschaftlichen Kategorien geprägt wird. Weil die Person, als intelligibles Wesen, in der Wissenschaft nicht vorkommt – genauer: weil über sie wissenschaftlich nichts ausgesagt werden kann –, muß eine Verwissenschaftlichung des Bewußtseins diese Person in den Hintergrund drängen und deren Merkmale wie Autonomie, Freiheit, Entscheidungsvermögen, Selbstverantwortung als irrelevante Metaphysik abtun.

Wenn man so argumentiert, wie Schelsky das hier tut, sollte man auch die Aufgabe auf sich nehmen, mindestens auf die folgenden Fragen Antworten zu suchen:

– Wie stark ist die Verwissenschaftlichung des Bewußtseins bereits ausgeprägt? Ohne eine empirische Klärung vorzunehmen, kann nämlich sehr Unterschiedliches plausibel gemacht werden. Es könnte so sein, wie Schelsky es behauptet; es könnte aber auch sein, daß eine Soziologisierung des Denkens ein zwar tatsächlich vorfindbares Phänomen in unseren Gesellschaften darstellt, sich jedoch auf bestimmte Gruppen oder Schichten beschränkt. Schelsky selbst liefert einen Fingerzeig für diese Annahme, wenn er einmal meint, eine realistische Einteilung von Unterschichten einerseits, Mittel- und Oberschichten andererseits könne getroffen werden, indem man als Kriterium heranziehe, wie Kriminalität „bewältigt“ wird: „Wer seine Kriminalität als psychische Krankheit erklären und behandeln lassen kann, ist intellektuelle Mittelschicht. Wer seine Kriminalität noch unmittelbar vor Gerichten als zurechenbaren Gesetzesbruch verantworten muß, gehört zur Unterschicht [. . .] Danach ist der Arbeiter ein viel selbständigerer Mensch, auch in seiner Kriminalität, als der halbgebildete Angehörige der Mittel- und Oberschicht, der sich per Psychologie und Psychiatrie der Selbständigkeit der Person im Ernstfalle durch eine Krankheitserklärung entziehen kann.“ (1981, S. 133)

– Läßt sich gegen die, wie ich sagen möchte, These von der *Autonomiebewahrung durch Nicht-Wissen,* wie sie Schelsky vertritt, nicht einiges einwenden, wodurch zumindest eine erneute Abwägung nahegelegt wird? Es ist völlig klar, daß Schelsky mit dieser These keine notwendige Bedingung der Autonomie im Auge hat; anderenfalls hätte er als Soziologe die Fähigkeit zu dieser Autonomie schon längst verloren haben müssen. Es verhält sich nach Schelskys Ausführungen vielmehr so, daß das Nicht-Wissen in soziologischen Belangen vor Autonomieverlust bewahrt, daß aber die Fähigkeit zu treffender Kritik an der Soziologie nur aus dem Kreise der Soziologen kommen kann. Darüber wird gleich noch einiges zu sagen sein. In diesem Zusammenhang ist hier jedoch wichtiger, daß Schelsky mit seinem Konzept „Autonomie durch Nicht-Wissen“ unterschlägt, daß sich beispielsweise für den, der einmal die Grundzüge der soziologischen Rollentheorie erfaßt hat, neue Freiheitsräume auftun können, die aus der Möglichkeit der Rollendistanzierung erwachsen. Damit soll nicht behauptet werden, daß die Fähigkeit zur Rollendistanz nur durch soziologisches Wissen erzeugt werden kann, wohl aber, daß letzteres mitunter zur Gewinnung des Gefühls innerer Freiheit beizutragen geeignet ist. –

Im Zentrum von Schelskys Kritik steht die Behauptung, daß in den modernen Gesellschaften, oder genauer – um die ihm stets wichtige Präzisierung des Bezugsobjekts seiner Aussagen vorzunehmen –: in der Bundesrepublik Deutschland, eine Verschiebung der Herrschaftsverhältnisse vor sich geht, an der die Soziologie entscheidend beteiligt ist. „Je mehr die Soziologie zur ‚Schlüsselwissenschaft‘ der Zeit wird, um so verstärkter wird sich der soziale Heilsglaube und die Klassenherrschaft der Intellektuellen durchsetzen“ (1977, S. 341). Wie Schelsky zu diesem Schluß kommt, soll nun kurz angedeutet werden.

Im Anschluß an die philosophische Anthropologie von Gehlen und Plessner beschreibt er den Menschen als ein sinnbedürftiges Wesen, das sich in der Welt nicht animalisch zurechtfinden kann, sondern auf „Gedanken-, Vorstellungs- und Gefühlsgebäude“ angewiesen ist, die „die Welt erklären, ihm damit Handlungsanweisungen geben und Lebensziele setzen“ können (1977, S. 51). Mit Gehlen erblickt Schelsky die Leistung von „geistigen Führungssystemen“ in der Vermittlung theoretischer *„Weltorientierung“*, *„praktischer Handlungsformierung* des Menschen“ und in der *„Sinnüberwindung der menschlichen Ohnmacht“* (1977, S. 76f.). Während in der Vormoderne im wesentlichen Religionen die Funktion geistiger Führungssysteme ausübten, erodierte die gesellschaftliche und geistige Entwicklung in den letzten Jahrhunderten den Universalitätsanspruch religiöser

Systeme. Einerseits vertraut der Mensch in der Interpretation seiner natürlichen Umwelt immer mehr den Naturwissenschaften, andererseits sind es die Sozialwissenschaften, die sich im Hinblick auf die Praxis- und Sinndimension des menschlichen Lebens autoritativ zu gebärden beginnen. Durch Soziologisierung des Handlungsbegriffs und Verdiesseitigung transzendenter Sinnvertröstungen entlasten die Sozialwissenschaften unter Führung der Soziologie den modernen Menschen, allerdings um den Preis seiner Entautonomisierung und Entpersonalisierung.

Was sich auf der geistigen Ebene als ein Ringen von Sinn stiften wollenden Heilslehren darstellt, bildet sich auf der sozialen Ebene als Kampf um Herrschaftspositionen ab. Mit der Erlangung von Sinnmonopolen gewinnen Heilslehren stets institutionelle und organisatorische Möglichkeiten der Herrschaftsverfestigung. Weil, Schelsky zufolge, die Soziologie den Zeitgeist erobert, erobern die Soziologen und die mit ihnen verbündete Gefolgschaft die Klassenherrschaft in einer abermals zweigeteilten Gesellschaft: Die Intellektuellen, diese unproduktive Reflexionselite, beuten alle produktiven Arbeiter aus. Diese These gab auch Schelskys Buch den Titel: „Die Arbeit tun die anderen".

Nach Schelsky ist „soziologisch zu fragen, welche gesellschaftlichen Umstände eigentlich einer solchen neuen Glaubensführerschaft ihre soziale Wirkung und Durchsetzungsmöglichkeit verschafft haben", und er führt die Ursachen auf einige „gesellschaftliche Struktur- und Entwicklungsfelder" zurück (1977, S. 159). Das heißt, „aus den Wesenszügen der modernen wissenschaftlichen Zivilisation selbst" (1977, S. 163) entspringen die Möglichkeiten der neuen, sozialen Heilslehre; aus dem „Wandel der gesellschaftlichen Verhältnisse" ergeben sich neue und steigende „Erlösungsbedürfnisse" (1977, S. 182).

Die Frage, wie der moderne Mensch unter die Bewußtseinsherrschaft der Soziologie geraten konnte, beantwortet Schelsky durchaus soziologisch. Er räsoniert über die gesellschaftlichen Leistungen von Heilslehren, über die Unentbehrlichkeit von Sinngebungsinstanzen, welche ihre funktionale Notwendigkeit daraus gewinnen, daß „die große Mehrheit der Menschen" zu „individuellem Selbstausdruck nicht fähig ist" (1977, S. 201). „Die Wirkungsmacht dieser Träger einer neuen sozialen Heilsverkündigung beruht darauf, daß sie zugleich sozial unaufgebbare gesellschaftliche Leistungen erfüllen und diese ihren subjektiven meinungs- oder glaubenshaften Letztwerten unterordnen und von daher gesellschaftsgegnerisch praktizieren können. Die ‚Intellektuellen' sind von den Selbstbehauptungsinteressen der Gesellschaft her gesehen funktional ebenso unentbehrlich wie gefährlich." (1977, S. 142; im Original zur Gänze kursiv, G.M.)

Ob es Schelsky gelingt, die Herrschaft der Reflexionselite überzeugend nachzuweisen, kann hier nicht definitiv beantwortet werden; starken Zweifel daran haben allerdings einige Überlegungen – etwa im Exkurs – schon bekundet[22]. Hier soll aber noch einer anderen Frage nachgegangen werden, die sich geradezu aufdrängt. Inwieweit kann Schelsky seine Kritik der Soziologie und Soziologenherrschaft soziologiefrei halten? Praktiziert er nicht selbst das, was er kritisiert? Man braucht nur auf die zuletzt wiedergegebenen Äußerungen Schelskys zu den Voraussetzungen der soziologischen Bewußtseinsherrschaft einen Blick zu wer-

22 Vgl. auch die Überlegungen von Manfred Prisching in diesem Band.

fen, um diesem Verdacht Nahrung zu geben. Ob er noch weiter erhärtet werden kann, soll der folgende Abschnitt zeigen.

5.3. Anti-Soziologie?

Obwohl sich Schelsky selbst in seiner letzten Zeit als Anti-Soziologe verstanden hat, soll hier die These vertreten werden, die Hans Paul Bahrdt (1981, S. 765) folgendermaßen formulierte: „Ein Soziologe ist er (Schelsky, G. M.) natürlich noch, auch wenn er keiner mehr sein will.“

Sieht man im einzelnen zu, wie Schelsky seine Kritik der Soziologie und der Herrschaft der Sinnproduzenten anlegt, muß man zum Schluß kommen, daß er dies mittels der soziologischen Denkweise tut. So beginnt er etwa sein Buch „Die Arbeit tun die anderen“ mit einer Darstellung der Grundzüge von Max Webers Herrschaftssoziologie und versteht diesen Abschnitt selbst als eine *„Einleitung in die Soziologie“* (1977, S. 10). Diese Einleitung ist keine in eine „Anti-Soziologie“, sondern beruft sich auf einen Klassiker der Soziologie. Von diesen traditionellen soziologischen Bahnen weicht Schelsky in seiner Analyse der Reflexionselite nirgends ab. Er hält es etwa für wichtig, „soziologisch zu fragen, welche gesellschaftlichen Umstände eigentlich einer solchen neuen Glaubensführerschaft ihre soziale Wirkung und Durchsetzungsmöglichkeit verschafft haben“ (1977, S. 159); er spricht Einsichten aus, „die gerade ein Soziologe [. . .] deutlich machen muß“ (1977, S. 116); in Schelskys neuer Zweiklassengesellschaft verdanken die Mehrleistenden ihre Fähigkeit zu intellektueller und moralischer Selbstbestimmung nicht personal-autonomer Sittlichkeit, sondern sind dazu wegen der „Struktur oder Art der Arbeit“, die sie leisten, befähigt (1977, S. 237f.).

Von der Freiheit des Menschen ist auch in der soziologischen Analyse Schelskys nicht die Rede. Beispielsweise sind „Moralität oder Unmoralität der einzelnen Menschen [. . .] mehr oder minder Ausfluß und Äußerung der unvermeidbaren Widersprüche, die dem Menschen durch die gesellschaftliche Entwicklung aufgedrungen werden“ (1977, S. 207). Wie Schelsky selbst meint, hat daher die Soziologie, neben anderen Sozialwissenschaften, „mit Recht auf die veränderten sozialen Bedingungen hingewiesen [. . .], die einer geistigen und zugleich sozialen Selbständigkeit der Person immer mehr im Wege stehen“: „Die Person wird nicht nur durch die soziologische Daseinsinterpretation, sondern auch durch reale soziale Tatbestände und Veränderungen aufgelöst.“ (1977, S. 400) Geht man mit Schelsky davon aus, daß die Soziologie „die Neigung des Individuums“ steigert, „sich mit dem, was sowieso aus gesellschaftlichen und natürlichen Zwangsgesetzen geschieht, auch noch willentlich und moralisch zu verbünden“ (1977, S. 375), so kann man mit ihm doch auch zum Urteil kommen, „diese Zwangsgesetze“ seien moralisch und mit Freiheit nicht aufhebbar: „die Erweiterung der sozialen Horizonte, wie sie vom Übergang der agrarischen Gesellschaft in die industriellen, der Nationalstaaten in die internationale Großraumbildung heute stattfindet, schafft Abhängigkeiten, Ängste und Ignoranzen, die das neue ‚Heidentum‘ der Rationalität nicht mehr befriedigen kann und die den Siegeszug der sozialen Heilsreligionen verbürgt. Das einzige, was zu erreichen ist, sind geschichtliche Verzögerungen [. . .]“ (1977, S. 101).

Indem Schelsky diese soziologische Erklärung des fatalen Einflusses der Soziologie als Heilslehre für treffend hält, verwendet er selbst jene Denkweise, in der die Freiheit des Menschen nicht vorkommt. Offenbar sieht auch er sich als Wissenschaftler nicht in der Lage, in seine materialen Analysen Aspekte der Freiheit einfließen zu lassen.

Daß seine Kritik der Intellektuellenherrschaft, trotz aller antisoziologischen Rhetorik und Polemik, eben des kritisierten Instrumentariums sich bediente, konnte einem so guten Soziologen wie Helmut Schelsky natürlich nicht verborgen bleiben. Er sah sich denn auch genötigt, zum Vorwurf Stellung zu nehmen, sich damit in einen Widerspruch verwickelt zu haben.

In diesem Zusammenhang behauptet Schelsky, eine das allgemeine Bewußtsein beherrschende Wissenschaft könne nur immanent, auf der Ebene oder im Rahmen dieser Wissenschaft bleibend, kritisiert und bekämpft werden. Insofern reiht sich Schelsky auch in die große Tradition ideeller „Überläufer" ein, in der etwa die Bürgersöhne Marx und Engels stünden (vgl. 1977, S. 346f.).

Diese, wie wir sagen könnten, „Immanenzthese" ist für mehrere Interpretationen offen. Eine davon wäre, sie als Hinweis auf biographisch-lebensweltliche Begünstigungen für die Entstehung bestimmter kritischer Theorien zu deuten: Kritik, auf der Überbau-Ebene angesiedelt, vermag, ceteris paribus, umso hellsichtiger und radikaler zu sein, je deutlicher die Basisstrukturen zu Bewußtsein gelangen, in denen das Kritisierte wurzelt, und das heißt, je näher der Kritiker zu jenen steht. Die Überlegung, daß es die Konvertiten sind, denen in einer Geschichte der Kritik die größte Beachtung gebührt, kann viele empirische Belege für sich in Anspruch nehmen. Es ist die Erfahrung der „Innenwelt", von welcher sich die Konvertiten abgewandt haben, die deren Analyse zur besonderen Herausforderung macht. Ihnen gegenüber versagt jede Abwertung, die auf Inkompetenzvorwürfe zurückgreift. Besonderes Gewicht haben die Berichte von Dissidenten aus dem „Zentrum" der Macht, ob es sich nun um die Analyse der Nomenklatura handelt oder um einen friedensbewegten General. Es ist diese „Aufklärungsleistung der Renegaten" (1977, S. 247), die Schelsky besonders hervorhebt.

Freilich bewegt sich Schelsky damit in den üblichen Bahnen der Soziologie, in der dieses Modell verallgemeinert als teilnehmende Beobachtung figuriert. Im übrigen könnte man darauf hinweisen, daß in der neueren Soziologie die sozialen Erfahrungen der Menschen wieder häufiger zum Angelpunkt der Analyse werden, als dies in der Zeit der Dominanz des Funktionalismus der Fall war[23]. So einsich-

23 Zum Beispiel im Interaktionismus, in der Ethnomethodologie und in der phänomenologischen Alltags-Soziologie. – Auffallend ist in diesem Zusammenhang übrigens, daß in der „Ortsbestimmung" der Strukturfunktionalismus als soziologische Theorie so unumstritten ist, daß andere theoretische Ansätze, die sehr viel stärker die Probleme der sozialen Erfahrung des Menschen berücksichtigen, gar nicht vorkommen. Geradezu unverständlich ist es, daß in „Die Arbeit tun die anderen", erstmals 1975 veröffentlicht, die oben genannten und zu dieser Zeit durchaus weitverbreiteten und allgemein diskutierten Strömungen in der Soziologie nicht berührt werden. –
Diese „Subjektivierung" ist innerhalb der Sozialwissenschaften zu großer Geltung gelangt: dies ist nicht nur ein Phänomen innerhalb der Soziologie, sondern auch in anderen Menschenwissenschaften festzustellen. So gibt es etwa in der Geschichtswissenschaft seit einiger Zeit eine – soll man sagen: Mode- – Strömung, die sich den Namen „oral history" gegeben hat. Schlicht formuliert, geht diese Richtung von der Überzeugung aus, daß die Geschichtswissenschaft davon profitieren kann, wenn sie Zeitgenossen, die Ohren- oder

tig es nun ist, daß eine Anti-Soziologie umso ernstzunehmender wird ausfallen können, je vertrauter dem Kritiker das Fach Soziologie ist, so wenig wird dadurch der Feststellung begegnet, Schelsky praktiziere selbst jene soziologische Denkweise, die er für verderblich hält.

Um den Vorwurf der Widersprüchlichkeit zurückzuweisen, bedient sich Schelsky daher auch zusätzlich der Annahme von der notwendigen *kognitiven Immanenz von Kritik.* In dieser Fassung der „Immanenzthese" handelt es sich nicht mehr darum, *wer* besonders zum Kritiker geeignet ist, sondern darum, *wie* Kritik überhaupt beschaffen sein kann. Schelsky schreibt: „Solange eine Wissenschaft eben die beschriebene allgemeine Bewußtseinsherrschaft innehat, kann sie auch nur auf dieser Ebene kritisiert und bekämpft werden. So war der theologische Kampf gegen die philosophische Aufklärung, die Gegenaufklärung, philosophisch; so waren die intellektuellen Gegner der Philosophenherrschaft wie Marx und Nietzsche ‚Anti-Philosophen'; so scheint sich mir heute eine Anti-Soziologie zu formieren, deren zukunftsträchtigstes Merkmal darin besteht, daß sie nicht auf eine vergangene Wissenschaftsherrschaft zu beziehen ist." (1977, S. 346f.)

Dies ist so ziemlich alles, was Schelsky zum Vorwurf der Selbstwidersprüchlichkeit sagt. Im Nachwort zur zweiten Auflage von „Die Arbeit tun die anderen" faßt er einen kritischen Einwand gegen sein Buch dahingehend zusammen, dieses überzeuge nur unter der Voraussetzung, „daß man den Überzeugungswert soziologischer Argumente in Betracht zieht oder anerkennt", und antwortet darauf folgendermaßen: „Mit diesem Einwand hat Noack völlig recht; aber die Frage, was denn eine Argumentation ‚ex positivo' gegen die soziologisch gestützte soziale Bewußtseinsherrschaft sein könnte, also wo der geistige Angelpunkt einer für unsere soziale und geistige Situation überzeugenden und durchschlagenden Wirklichkeitsauffassung liegen könnte, weiß er wahrscheinlich ebensowenig zu beantworten wie ich." (1977, S. 540)

Hätte Schelsky die volle Wucht seiner Argumente auch auf seiner eigenen Soziologie lasten lassen, er hätte vermutlich das hier angesprochene Problem weniger lapidar abtun können. Schelsky setzt sich also gegen seine eigene These, „daß alle sozialwissenschaftliche Erkenntnis sich sozial zur Bewußtseinsherrschaft von Sozialwissenschaftlern auswirkt" (1977, S. 354f.) – eine These übrigens, die weit davon entfernt ist, das zu sein, für was sie Schelsky hält, nämlich eine „Binsenwahrheit" (1977, S. 354) – nun sehr schwach zur Wehr. Wenn Kritik dem kogni-

Augenzeugen historischer Ereignisse wurden, zu Wort kommen läßt. Es könnte spöttisch kommentiert werden, daß es sich hier offenbar um eine sehr alte Methode handle, die nun zu unerwartetem Ansehen gelange. Über die Gründe der „Renaissance" der „oral history" ist hier nicht zu sprechen. Daß die Historiker mit dieser Methode ähnliche Probleme wie die Soziologen haben, sollte aber doch erwähnt werden. Niemand wird auf diese Methode verzichten wollen, genauer: diese Methode aus der Wissenschaft eliminieren wollen; sie verschafft in vielen Fällen Zugang zu Phänomenen, auf die man sonst nie gestoßen wäre. Alt wie die Methode ist aber auch die Warnung, daß sie nicht Ergebnisse mit überdurchschnittlicher Verläßlichkeit produziert oder garantiert. Sofern man sich nur immer der Möglichkeit bewußt ist, daß sogenannte Augenzeugen sich als Augenzuzeugen entpuppen können, ist gegen die Heranziehung von „Primärwissen" nichts einzuwenden. – Diese vermeintliche Abschweifung vom Thema kann auch als Anmerkung zu den unterschiedlichen Darstellungen gelesen werden, die Schelsky, R. König und andere von den Charakteren gewisser Soziologen unter dem Nationalsozialismus gegeben haben.

tiven Bannkreis des Kritisierten verhaftet bleiben muß, muß jede Anti-Soziologie soziologisch argumentieren und damit aber *dieselben Wirkungen wie die Soziologie* hervorrufen. „Die Bewußtseinsherrschaft der Soziologie wirkt nicht durch ihre Einsichten, sondern durch ihre Themenstellungen und begrifflichen Formeln" (1977, S. 354; im Orginal zur Gänze kursiv, G. M.).

Den Soziologen wird von Schelsky dabei gar nicht, oder jedenfalls nicht immer, eine böse Absicht unterstellt; es kommt ihm auf die Wirkungen der Soziologie an, also darauf, „daß die Soziologen auch ungewollt durch ihre Weltsicht und ihre Grundbegriffe" zur Herrschaft der Reflexionselite beitragen (1977, S. 341). Macht man sich diesen Standpunkt ganz zu eigen, müßte Schelskys Anti-Soziologie seinen eigenen Analysen zum Opfer fallen. Vergleichsweise irrelevant ist es dann, wie Schelsky die Soziologie kritisiert – daß er dabei auf soziologische Analyse nicht verzichten kann, macht ihn schon zum „Mitschuldigen". –

Weil in der Rezeption von Schelskys Anti-Soziologie natürlich dessen Kritik im Mittelpunkt stand, blieb eher unbeachtet, in welch hohem Ausmaß von ihm die Leistungen der wissenschaftlichen Soziologie anerkannt wurden. Daß seine Attacke gegen die Soziologie nicht als Kahlschlag gegen eine gänzlich wertlose Disziplin verstanden werden soll, betont Schelsky explizit: „wir erkennen im Gegenteil die binnenwissenschaftlichen und binnenfachlichen Leistungen und Aufgabenstellungen der Soziologie, einschließlich ihrer allgemeinen Orientierungsfunktion, ausdrücklich an" (1977, S. 357). Daß beispielsweise Untersuchungen über Gruppen „im konkreten fachwissenschaftlichen Zusammenhang gute Gründe für ihre Wichtigkeit für sich anführen können, soll hier weder bestritten noch erörtert werden." (1977, S. 362) Sogar als Verteidigung soziologischer Denkweise könnte man die folgende Passage bei Schelsky lesen: „Nun soll hier keineswegs die These vertreten werden, daß alle wissenschaftliche Erkenntnis falsch sei, die die Abhängigkeit des individuellen Bewußtseins und seiner moralischen und emotionalen Handlungssteuerung von sozialen Tatbeständen untersucht und aussagt; *die Aufdeckung dieser Wirkungsfelder ist die Aufgabe der Sozialwissenschaft.*" (1977, S. 374; die Hervorhebung von mir, G. M.) Eine kritische Soziologie im Sinne Schelskys „müßte eine fachwissenschaftliche Disziplin sein, die sich in ihrer Anwendung im Praktischen bewährt, dabei aber gleichzeitig die Grenzen der soziologisch gesteuerten Praxis, also der ‚manipulierenden' Wirksamkeit von Sozialwissenschaften, und zugleich den Bereich des sozial nicht Gestaltbaren, die Positionen der Freiheit *vom* Sozialen, erkennt und durchsetzt" (1977, S. 356). Es ist die alte Forderung nach einer transzendentalen Theorie der Gesellschaft, die Schelsky in der Anti-Soziologie wiederholt. Die Freiheit, die Schelsky meint, ist eine, die dem Menschen jenseits aller Determiniertheiten, welche die Wissenschaften aufweisen können, immer verbleibt. Es muß dies daher eine Freiheit sein, die sich nicht umgekehrt proportional mit dem Erkenntniszuwachs der Wissenschaften verkleinert, eine Freiheit, die völlig unabhängig davon besteht, was die Wissenschaften über den Menschen entdecken können.

Es ist wichtig, dies mit aller Klarheit zu sehen: Freiheit kann nicht jenen jeweils wissenschaftlich noch nicht erfaßten Bereich meinen, der prinzipiell durch den Fortschritt der Wissenschaften in seiner gesetzmäßigen Struktur erkannt werden kann. Wer die Forderung erhebt, die Wissenschaft müsse zugleich mit ihren Ergebnissen bewußt halten, wo die Grenzen derselben liegen, worüber also noch keine überprüften und bestätigten Aussagen gemacht werden können, verteidigt damit noch nicht die Freiheit, die Schelsky bewahren will. Keine Wissenschaft kann legitimerweise Aussagen des Inhalts treffen, es gebe einen „Teil im Menschen“, der als Sitz der Freiheit wissenschaftlich prinzipiell nicht erfaßbar sei. Als Kant den Menschen als empirisches und intelligibles Wesen faßte, hatte er genau diesen Punkt getroffen, der die Verteidiger der Freiheit vor der mißlichen Entwicklung bewahrt, mit jedem Erkenntnisfortschritt eine Bastion der Freiheit räumen zu müssen.

Wenn nun aber die Wissenschaft, und damit auch die Soziologie, für die Freiheit des Menschen gar nicht zuständig ist, wieso soll man dann von ihr fordern können, dieser Freiheit als Sprachrohr zu dienen? Indem Schelsky dies von der Soziologie verlangt, indem er eine transzendentale Theorie der Gesellschaft zur Aufgabe der Soziologie erklärt, verlangt er von der Soziologie im Grunde, sie müsse mehr sein als „bloße“ Wissenschaft.

Obwohl Schelsky diese transzendentale Theorie der Gesellschaft bereits in der „Ortsbestimmung“ programmatisch gefordert hat, bestimmt er in diesem Buch das richtige Verhältnis der wissenschaftlichen Soziologie zu den vielfältigen Anforderungen der Praxis anders als in seinem Spätwerk. In der „Ortsbestimmung“ rechnet sich Schelsky, mit Arnold Gehlen und René König, zu jenen Soziologen, die es als Aufgabe dieses Faches ansehen, die soziale „Wirklichkeit als solche zur Geltung zu bringen“ (1959, S. 124), „reine Wirklichkeitsanalyse“ (1959, S. 123) zu betreiben. Es klingt wie eine besonders scharfe Fassung des Wertfreiheitspostulats, wenn Schelsky schreibt, die Aufgabe der Soziologie bestehe in „einer diagnostischen Tatbestandsfeststellung des Sozialen, die sich gerade im innersten Wesen und Antrieb ihres Erkennens von allen praktischen Folgerungen und Anforderungen zu entlasten hat“ (1959, S. 123). Dies unterscheidet die Soziologie von allen ideologischen Globaldeutungen der Gesellschaft wie auch von der sozialen Wahrnehmung des Alltagsmenschen: „Die Ideologien haben heute der sozialen Wirklichkeit gegenüber ebenso unrecht, wie der gesunde Menschenverstand“ (1959, S. 124). In diesem Verständnis von Soziologie wird diese ihren Erkenntnisaufgaben gerecht, weil ihr kein heißes Bemühen um, und seien es humane, praktische Ziele und kein Bedürfnis nach geschlossener Weltanschauung den Blick auf die soziale Wirklichkeit verdunkeln. „Die wichtigste Leistung der soziologischen Analyse für das soziale Handeln liegt heute gar nicht mehr in der Angabe dessen, was zu tun und wie zu entscheiden ist, sondern vielmehr darin, sichtbar zu machen, was sowieso geschieht und was gar nicht zu ändern ist.“ (1959, S. 125f.) Der Soziologe erfüllt das ihm Mögliche, wenn er die soziale Determiniertheit des Menschen in voller Schärfe herausarbeitet! „Die Freiheit, die der Praktiker zum Handeln beansprucht, wird er nicht als Freiheit gegenüber der Soziologie, sondern als Freiheit des Handelns in den sozialen Tatsachen zu erkämpfen haben, die ihm die Soziologie unerbittlich zu übermitteln verpflichtet ist.“ (1959, S. 129) Hier wird das Bestreben, das der späte Schelsky dann selbst verfolgen sollte, nämlich Freiheit gegenüber der Soziologie zu gewinnen, noch als verfehlt kritisiert: „Liegt die ‚große Aufgabe‘ einer neuen Praxis wirklich nur darin, eine ‚Freiheit gegenüber der Soziologie zu gewinnen‘, oder geht es nicht vielmehr darum, eine neue Freiheit des Handelns gegenüber den sozialen Tatsachen selbst zu erreichen? Wenn es nur auf den vermeintlichen Totalitätsanspruch einer Wissensdisziplin ankäme, der das freie Handeln behinderte, so wäre dieser leicht abgetan, ja es wäre unverständlich, weshalb diese Disziplin überhaupt

Freunde unter den Handelnden gewönne. Geht es nicht vielmehr darum, daß die praktisch Handelnden und Planenden und die ihnen zugeordneten angewandten Wissenschaften durch die sich verfestigenden sozialen Strukturen der modernen Gesellschaft selbst in ihrer Handlungsfreiheit immer mehr eingeschränkt werden [. . .]" (1959, S. 134).

Berücksichtigt man diese Aussagen, kann man im späten, antisoziologischen Werk Schelskys nur mehr sehr bedingt eine „materiale" Wiederaufnahme seiner transzendentalen Theorie der Gesellschaft sehen: Während Schelsky in der „Ortsbestimmung" die Soziologie gleichsam vor einer durch sie ermöglichten schlechten Praxis noch schützen will – „gegen diese Ausbeutung ihrer Ergebnisse zu beliebigen praktischen Zielen kann sich keine analytische Erfahrungswissenschaft, die publiziert, schützen, und zwar gerade dann nicht, wenn sie den wissenschaftlichen Verbindlichkeiten ihrer Forschung treu bleiben will" (1959, S. 65) –, schreibt der späte Schelsky der Soziologie eine Anklageschrift, in der ihre fatalen Auswirkungen in der Praxis zur Aburteilung führen sollen: Als ein wissenschaftsimmanent durchaus sinnvolles Unternehmen entfaltet die Soziologie ihre fatalen Wirkungen, sobald sie bewußtseinsprägend für den Alltagsmenschen wird. Eine Praxis, so könnte man vielleicht verallgemeinernd Schelskys Kritik zusammenfassen, die sich dem Diktat einer Wissenschaft unterwirft, verliert jenen Boden unter den Füßen, ohne den der Mensch nicht mehr als Person in Freiheit zu entscheiden und handeln imstande ist; der Mensch, von dem die soziologische Denkweise Besitz ergriffen hat, verliert die Einsicht in die prinzipielle Autonomie menschlichen Handelns, die von keinem wissenschaftlichen Determinismus tangiert ist. „Keine der soziologischen Fachproblematiken, keine der Hypothesen oder Theorien", schreibt Schelsky (1977, S. 399f.), „wird durch ihre soziale Breitenwirkung theoretisch widerlegt, aber die Soziologie verliert ihre wissenschaftliche Glaubwürdigkeit und wird hilflos oder mit Glaubenszustimmung zur sozialen Theologie gesellschaftlich ‚umfunktioniert'." Daher wird die Soziologie von Schelsky „als wissenschaftliches Fach schlechthin ihrer unwissenschaftlichen Wirkungen wegen bezweifelt und abgelehnt" (1977, S. 341).

Schelskys Bemühen um Freiheit hat Wurzeln, die in moralischen und politischen Grundüberzeugungen liegen. Er trägt die Freiheitsthematik bezeichnenderweise nicht auf der philosophischen Ebene aus[24], sondern sieht in ihr ein gesellschaftliches Problem, für das er eine sehr pragmatische Lösung hat. Die Freiheit, die Schelsky meint, liegt vor allem in der Institution des Rechts begründet; diese Freiheit liegt zwischen der Unfreiheit, die die Soziologie mit ihrem Fetisch der sozialen Determiniertheit des Menschen erzeugt, und der anarchischen Freiheit, die in der Familie als einem Ort ohne normativ-soziale Kräfte wuchert. Es ist „der immer begrenzte Raum der konkreten Freiheit, den der Mensch sich politisch und moralisch mühevoll erobern muß" (1977, S. 199), und der nur durch das Recht gesichert werden kann. „*Recht* verbindet nicht nur ererbte Stabilität mit dauerndem sozialem Wandel, nicht nur die persönlichen Freiheitsrechte mit den Bindungen an gesellschaftlich auferlegten Pflichten, sondern es ist in dieser institutionellen Spannung zwischen subjektiver Freiheit und sozialem Sachzwang

24 Vgl. als neueren Sammelband zur philosophischen Diskussion des Determinismus-Problems Pothast 1978.

der einzige politische Mechanismus, der zwischen unaufhebbarer Fremdbestimmung und immer erstrebter Selbstbestimmung der einzelnen Person politisch und sozial vermitteln kann." (1981, S. 98) In aller Schärfe muß sich Schelsky daher gegen eine Soziologisierung des Rechts wenden, „weil der aller Soziologie innewohnende ‚Determinismus' die Seite der Handlungsfreiheit der Person im und durch Recht zu verschütten droht." (1981, S. 99) Der Soziologie fällt nach Schelsky eine andere Aufgabe zu: „Nicht nur das Höchste, sondern das existentiell Notwendigste, was das ‚Fach Soziologie' erreichen kann und muß, besteht darin, den Rechtsstaat als Vorbedingung ihrer freien Erkenntnis zu sichern und dauernd zu erneuern." (1981, S. 102)

Eine Andeutung sei noch gemacht, die Schelskys Freiheitsverständnis betrifft. Wenn Schelsky von autonomen Menschen spricht, schimmert ein normatives Bild durch, das in den Farben des bürgerlichen Wertkosmos gemalt ist. Anders gesagt, hinter seiner Freiheitsbeschwörung steckt ein materiales Apriori, das der freien Entscheidung die Richtung weist. Bei allem Realismus und von Hobbes' Menschenbild geprägtem Pessimismus scheint Schelsky den Glauben der Aufklärung nicht ganz verloren zu haben, der ein vernünftiges Leben versprach. Den freien Menschen stellt er sich als einen vor, der sich entscheidet, den bürgerlichen Tugendkatalog zur Richtschnur zu nehmen, der Bindungen eingeht und Pflichten erfüllt. Weil es aber die Soziologie nur zu einer „indirekten Morallehre" bringen kann, will Schelsky auf eine transzendentale Theorie der Gesellschaft nicht verzichten; ausgearbeitet wäre sie Schelsky wohl zu einer normativen Morallehre geraten. Die Bezeichnung, die René König auf Emile Durkheim gemünzt hat, paßt ganz vorzüglich für Helmut Schelsky: Der Soziologe als Moralist[25]. Vielleicht ist damit auch eine allgemeine Wahrheit ausgesprochen, vielleicht ist es immer eine Moral, aus der heraus der Soziologe sein Werk schafft.

Stimmt es tatsächlich, daß Schelsky das moralische Defizit der Soziologie beklagte, wäre es aber am konsequentesten gewesen, wenn er die Forderung nach einer (zumindest temporären) Stillegung der Soziologie erhoben hätte, einer Ära des goldenen Schweigens der Soziologie[26].

6. *Ein paar Überlegungen zur neueren Entwicklung der bundesdeutschen Soziologie*

Liest man Schelskys Schriften als Beiträge zu einer Geschichte der deutschen Soziologie, dominiert der Eindruck, eine Geschichte der Ermattung der Soziologie präsentiert zu erhalten. Über seine negative Einschätzung der deutschen Soziologie um 1933 wurde das Nötigste bereits gesagt; zu erwähnen ist aber noch, daß Schelsky auch 1959, in der „nachideologischen Phase der deutschen Soziologie" von dieser sagte, sie mache jetzt „bestenfalls eine Erschöpfungsphase" durch (1959, S. 48); und 1979 fällte er „über den gegenwärtigen Zustand der

25 Vgl. René König: Emile Durkheim. Der Soziologe als Moralist. In: Dirk Käsler (Hrsg.): Klassiker des soziologischen Denkens. 1. Bd.: Von Comte bis Durkheim, München 1976, S. 312–364.

26 In Analogie zum Schweigen, das Schelsky Heinrich Böll anempfohlen hat, vgl. 1977, S. 567.

bundesdeutschen Soziologie das gleiche Urteil, das ich bereits 1959 über die deutsche Soziologie vor 1933 geäußert habe" (1981, S. 15): Die bundesdeutsche Soziologie „befindet sich in einem Zustand der geistigen Ermattung (Frustration) und Einfallslosigkeit" (1981, S. 14).

An Kriterien wie kognitive Kapazität und Erkenntnisfortschritt gemessen, durchlief die deutsche Soziologie Schelsky zufolge einen Irrweg, der von einem Tiefpunkt zum nächsten führte; darüber könne die im Sinne der Institutionalisierung und Professionalisierung (nach Schelsky: viel zu) erfolgreiche Entwicklung des Faches nicht hinwegtäuschen. Wie aus den vorangegangenen Darlegungen hinreichend klar geworden sein sollte, nimmt Schelsky keine soziologische Schule von seiner Kritik aus, glaubt er Unterschiede zwischen den gängigen soziologischen „Paradigmen" als für seine Kritik irrelevant vernachlässigen zu können. Dies ist ein Punkt, wo übrigens Friedrich H. Tenbruck (1984), der sonst im wesentlichen Schelskys Position teilt, eine abweichende Linie verfolgt: Tenbruck hat einen „richtigen" Weg der Soziologie parat, den – deutschen, nämlich den Max Webers. Nach Tenbruck bedroht nur eine naturalistische Soziologie die Freiheit des Menschen, nicht aber die Verstehende Soziologie[27].

Überraschenderweise hat Schelsky solche Überlegungen nicht angestellt bzw. veröffentlicht. Zwar beginnt, wie erwähnt, seine Intellektuellenkritik in „Die Arbeit tun die anderen" mit einer (zustimmenden) Einführung in Max Webers Herrschaftssoziologie, doch findet sich kein Hinweis darauf, daß Schelsky diese Art von Soziologie von seiner Kritik ausgenommen wissen wollte.

In ähnlicher Weise auf Differenzierungen verzichtend, erklärt Schelsky (wie auch Tenbruck) die Soziologie zur „Schlüsselwissenschaft" des 20. Jahrhunderts. Auch hier muß man ein Fragezeichen setzen, denn insbesondere wenn das Übergreifen wissenschaftlicher Denkelemente auf das Alltagsbewußtsein anvisiert wird, spricht einiges dafür, daß die Psychologie weit stärkere Wirksamkeit entfaltet hat. Schelsky glaubt allerdings, die „Sozialpsychologie, ja, wahrscheinlich die Psychologie insgesamt" zum „Umkreis" der dominierenden Soziologie rechnen zu können (1977, S. 343f.).

Ende der 60er und anfangs der 70er Jahre mag durchaus eine Versoziologisierung des Bewußtseins stattgefunden haben, in der Zwischenzeit dürfte die Soziologie als „Heilswissenschaft" ausgespielt haben. Der Zeitgeist haust nicht mehr bei der Soziologie, trotz aller Anpassungsversuche dieser Disziplin. Man kann das auch am „Schicksal" ablesen, das die Kritische Theorie erlitten hat. Heute trifft man – und Schelsky ist das vielleicht prominenteste Beispiel dafür – auf starke Tendenzen zu einer „Selbstkritischen Theorie" der Soziologie.

Während Schelskys soziologiekritische Schriften davon ausgehen, der sogenannte Positivismus-Streit in der deutschen Soziologie habe mit einem Sieg der Frankfurter geendet, scheint mir eine ganz andere Deutung der Entwicklung in den 70er Jahren viel näher zu kommen: Wissenschaftstheoretisch gesehen, haben die zentralen Forderungen der Kritischen Rationalisten einen, wie man im Anschluß an Tenbruck sagen könnte, „Trivialisierungprozeß"[28] durchlaufen und sind weitgehend akzeptiertes Gemeingut auch in der Soziologie geworden. Ein-

27 Vgl. Tenbruck 1984, der eine historisch breit angelegte „Abrechnung" mit allen Soziologen, die auf der Suche nach Gesetzen sind, präsentiert.
28 Vgl. Tenbruck 1975.

schränkend muß nur gesagt werden, daß man auf viele Lippenbekenntnisse trifft, die verdecken sollen, wie schwer es in der soziologischen Forschung fällt, ein hohes methodologisches Niveau zu halten.

Ein nicht ganz eindeutiges Bild vermittelt die soziologische Theoriediskussion, die in den 70er Jahren in der BRD geführt wurde. Wenngleich es nicht an Stimmen gefehlt hat, die Parsons' Optimismus aus dem Jahre 1937 erneuern – ohne dabei unbedingt an den Funktionalismus als allgemeine, einheitliche soziologische Theorie zu denken[29] –, spricht die nachfolgende Entwicklung eine andere Sprache. Noch immer zeichnet sich die Soziologie durch eine Vielfalt theoretischer Standpunkte aus. Soziologische Schulen scheinen sich niemals allein unter dem Druck wissenschaftlicher Argumente aufzulösen, wie letztere überhaupt für Aufstieg und Einfluß soziologischer Paradigmata nicht allein oder auch nur überwiegend verantwortlich zeichnen. Will man nun die Entwicklung in den 70er Jahren positiv umschreiben, könnte man von ihr sagen, sie habe wieder mehr Pluralismus in die deutsche Soziologie gebracht.

Es ist nicht zu übersehen, daß sich die bundesdeutsche Soziologie in den 70er Jahren wieder verstärkt ihrer Geschichte zugewandt hat. Solche Historisierungen werden häufig nicht sehr günstig beurteilt (auch von Schelsky nicht)[30], darf man hinter ihnen doch ein gewisses Unbehagen an der Entwicklung des Faches vermuten, die Befürchtung, die Soziologie befinde sich in einer Stagnationsphase oder habe sich in eine Sackgasse verrannt. Freilich fehlt auch zu der Zeit, in der Schulen und Paradigmen gläubigen Anhang finden und noch weitgehend unbestritten herrschen, kaum jemals eine Besinnung auf die Geschichte des Faches, doch bleibt unter diesen Bedingungen die geschichtliche Dimension einbahnig-restringiert. weil nur jene Stationen in der Entwicklung des soziologischen Denkens mit wohlwollend-hermeneutischer Einfühlsamkeit rezipiert werden, die der eigenen Position unmittelbar vorgelagert sind. Es ist keine besonders kühne These, wenn man behauptet, daß in einer paradigmendominierten Fachgeschichtsschreibung nur das als bewahrenswert gilt, was als Vorhut der eigenen Position vereinnahmt werden kann: Wüste ringsum, denn nur in der Oase der eigenen Theorie gibt es Erkenntnis.

Daneben mag es in Zeiten ungebrochenen Selbstverständnisses auch Soziologen geben, die aus der Geschichte der Soziologie vor allem lernen – wie weit sie es selbst gebracht haben. In diesem Lichte erscheinen die Schriften der soziologischen „Klassiker“ von der Wahrheit so weit entfernt wie die heidnischen Bücher aus der Sicht christlicher Kirchenlehrer[31].

Eine Geschichte der Soziologie sollte jedenfalls – und dieser Gedanke erfuhr durch die Lektüre von Schelskys Anti-Soziologie einige Stärkung – auch die Kritik an der Soziologie enthalten. Nahezu jede Kennzeichnung der Soziologie läßt sich mit kritischem Akzent versehen: Ob man in ihr eine Naturwissenschaft oder

29 Vgl. z.B. Hondrich/Matthes 1978, S. 314. wo Hondrich meint: „Die Vielfalt der Theorien und Paradigmen, als die sich Soziologie heute präsentiert, täuscht darüber hinweg, daß es nur *eine* soziologische Theorie gibt.“

30 Vgl. Schelsky 1981, S. 14f.

31 Es ist allerdings anzumerken, daß diese Auffassung sich nur in den allerseltensten Fällen ins Licht der schriftlichen Öffentlichkeit wagt. Hier muß daher auf die „Primärerfahrung“ verwiesen werden.

ein Religionssubstitut erblickt, ein Fortschrittsmodell oder eine Oppositionswissenschaft, eine technokratische Erfüllungs- oder bürgerliche Legitimationswissenschaft, oder ob man, wie Schelsky, Soziologie mit Sozialismus gleichsetzt (1977, S. 354), – all das ist vielumstritten, all das gehört zur Geschichte dieser Disziplin, die es zu so wenig Eindeutigkeit gebracht hat.

Auch von der allgemeinen Wissenschaftskritik, die derzeit publizistische Erfolge feiert, blieb die Soziologie nicht verschont. Zwar wurden auch an sie neue Ansprüche herangetragen, aber niemand erwartet mehr von der Soziologie die Lösung von Lebensproblemen. Aufgaben bleiben ihr trotzdem – sie könnte sich verstärkt der Analyse jener gesellschaftlichen Wandlungsprozesse zuwenden, aus denen die neuen Ansprüche an die Wissenschaften hervorgegangen sind. Schelskys Analysen berücksichten diese partielle „Entwissenschaftlichung" des Alltagsbewußtseins gar nicht. Die Relativierung des Rationalen, die Aufwertung des Irrationalen – um es „traditionell" zu formulieren –: Was hat die Soziologie zu diesen Zeiterscheinungen zu sagen? Solche Aufgaben stellen sich der Soziologie, und dabei gilt es, jenem neuen Fundamentalismus zu widerstehen, von dem Kirchen und Sekten profitieren können, niemals aber die Wissenschaft. Die Soziologie sollte davor bewahrt bleiben, den „Wärmetod" zu sterben; sie ist kein geeigneter Erholungsort für jene, die an der „Kälte der Gesellschaft" leiden. Sollte ihr das aber zum Vorwurf gemacht werden, kann die Soziologie heute sich ihrer Tradition als würdig erweisen: als „Oppositionswissenschaft"[32].

Literaturverzeichnis

1. Das Thema legte es nahe, sich insbesondere auf folgende *Schriften Helmut Schelskys* zu stützen (die im Text bloß mit den Jahreszahlen zitiert wurden):

1959: Ortsbestimmung der deutschen Soziologie. Düsseldorf-Köln
1977: Die Arbeit tun die anderen. Klassenkampf und Priesterherrschaft der Intellektuellen. München (dtv 1276) (1. Aufl. Opladen 1975)
1981: Rückblicke eines „Anti-Soziologen". Opladen

2. Sekundärliteratur

Adorno, Theodor W. (1979): Gesellschaftstheorie und empirische Forschung. In: Ders.: Soziologische Schriften I. Hrsg. von Rolf Tiedemann. Frankfurt (stw 306), S. 538–546. (Orig. 1969)
Bahrdt, Hans Paul (1981): Rezension von H. Schelsky: „Die Soziologie und das Recht" und „Rückblicke eines ‚Anti-Soziologen' ". In: Kölner Zeitschrift für Soziologie und Sozialpsychologie 33, S. 761–765.
Dahrendorf, Ralf (1959): Betrachtungen zu einigen Aspekten der gegenwärtigen deutschen Soziologie. In: Kölner Zeitschrift für Soziologie und Sozialpsychologie 11, S. 132–153.
Dahrendorf, Ralf (1960): Die drei Soziologien. Zu Helmut Schelskys „Ortsbestimmung der deutschen Soziologie". In: Kölner Zeitschrift für Soziologie und Sozialpsychologie 12, S. 120–133.

32 Soziologie als „Oppositionswissenschaft": nach der bekannten Formulierung von Carl Brinkmann: Versuch einer Gesellschaftswissenschaft. München/Leipzig 1919, S. 16.

Dahrendorf, Ralf (1974): Soziologie und Nationalsozialismus. In: Ders.: Pfade aus Utopia. Arbeiten zur Theorie und Methode der Soziologie. (= Gesammelte Abhandlungen I.) München (Serie Piper 101), S. 89–103. (Orig. 1965)

Eisermann, Gottfried (1959): Die deutsche Soziologie im Zeitraum von 1918 bis 1933. In: Kölner Zeitschrift für Soziologie und Sozialpsychologie 11, S. 54–71.

Gerhardt, Volker (1979): Transzendentale Theorie der Gesellschaft: Philosophische Anmerkung zu einem soziologischen Programm. In: Zeitschrift für Soziologie 8, S. 129–144.

Hondrich, Karl Otto/Matthes, Joachim (Hrsg.) (1978): Theorienvergleich in den Sozialwissenschaften. Neuwied (Soziologische Texte. NF 108)

Jones, Robert Alun/Sidney Kronus (1981): Professionelle Soziologen und die Geschichte der Soziologie: Eine Meinungsumfrage. In: Wolf Lepenies (Hrsg.): Geschichte der Soziologie. Studien zur kognitiven, sozialen und historischen Identität einer Disziplin. Band 1. Frankfurt/M. (stw 367), S. 219–238. (Orig. 1976)

Käsler, Dirk (1981): Der Streit um die Bestimmung der Soziologie auf den Deutschen Soziologentagen 1910 bis 1930. In: Lepsius 1981a, S. 199–244.

König, René (1979): Soziologie (Das Fischer Lexikon.) Frankfurt/M. (1. Aufl. 1958, Neuausgabe 1967)

König, René (1980): Leben im Widerspruch. Versuch einer intellektuellen Autobiographie. München-Wien.

König, René (1982): Die alten Geister kehren wieder . . . Helmuth Plessner zum 90. Geburtstag am 4. September 1982. In: Kölner Zeitschrift für Soziologie und Sozialpsychologie 34, S. 538–548.

König, René (1984): Über das vermeintliche Ende der deutschen Soziologie vor der Machtergreifung des Nationalsozialismus. In: Kölner Zeitschrift für Soziologie und Sozialpsychologie 36, S. 1–42.

Krawietz, Werner (1978): Helmut Schelsky – ein Weg zur Soziologie des Rechts. In: Friedrich Kaulbach/Werner Krawietz (Hrsg.): Recht und Gesellschaft. Festschrift für Helmut Schelsky zum 65. Geburtstag. Berlin, S. XIII–LXXVIII.

Lepsius, M. Rainer (1979): Die Entwicklung der Soziologie nach dem Zweiten Weltkrieg 1945 bis 1967. In: Lüschen 1979, S. 25–70.

Lepsius, M. Rainer (Hrsg.): (1981a): Soziologie in Deutschland und Österreich 1918–1945. Materialien zur Entwicklung, Emigration und Wirkungsgeschichte. (= Kölner Zeitschrift für Soziologie und Sozialpsychologie, Sonderheft 23/1981.)

Lepsius, M. Rainer (1981b): Die Soziologie der Zwischenkriegszeit: Entwicklungstendenzen und Beurteilungskriterien. In: Lepsius 1981a, S. 7–23.

Lepsius, M. Rainer (1981c): Die sozialwissenschaftliche Emigration und ihre Folgen. In: Lepsius 1981a, S. 461–500.

Lipp, Wolfgang (1984): (Art.) Schelsky, Helmut. In: Wilhelm Bernsdorf/Horst Knospe (Hrsg.): Internationales Soziologenlexikon. Band 2: Beiträge über lebende oder nach 1969 verstorbene Soziologen. 2., neu bearbeitete Auflage, Stuttgart, S. 747–751.

Lübbe, Hermann (1984): Prinzip Erfahrung. Helmut Schelsky zum Gedächtnis. In: Zeitschrift für Soziologie 13, S. 275–276.

Lüschen, Günther (Hrsg.) (1979): Deutsche Soziologie seit 1945. Entwicklungsrichtungen und Praxisbezug. (= Kölner Zeitschrift für Soziologie und Sozialpsychologie, Sonderheft 21/1979.)

Mannheim, Karl (1932): Die Gegenwartsaufgaben der Soziologie. Ihre Lehrgestalt. Tübingen

Maus, Heinz (1959): Bericht über die Soziologie in Deutschland 1933 bis 1945. In: Kölner Zeitschrift für Soziologie und Sozialpsychologie 11, S. 72–99.

Pothast, Ulrich (Hrsg.) (1978): Seminar: Freies Handeln und Determinismus. Frankfurt/M. (stw 257).

Sahner, Heinz (1982): Theorie und Forschung. Zur paradigmatischen Struktur der westdeutschen Soziologie und zu ihrem Einfluß auf die Forschung. Opladen (Beiträge zur sozialwissenschaftlichen Forschung 34)

Schäfers, Bernhard (1984): In Memoriam Helmut Schelsky (14. Oktober 1912 – 24. Februar 1984). Person und Institution. In: Kölner Zeitschrift für Soziologie und Sozialpsychologie 36, S. 420–426.

Szacki, Jerzy (1981): „Schulen“ in der Soziologie. In: Wolf Lepenies (Hrsg.): Geschichte der Soziologie. Studien zur kognitiven, sozialen und historischen Identität einer Disziplin. Band 2. Frankfurt/M. (stw 367), S. 16–30. (Orig. 1973)

Tenbruck, Friedrich H. (1975): Der Fortschritt der Wissenschaft als Trivialisierungsprozeß. In: Wissenschaftssoziologie. Studien und Materialien. Hrsg. von Nico Stehr und René König. (= Kölner Zeitschrift für Soziologie und Sozialpsychologie, Sonderheft 18/1975), S. 19–47.
Tenbruck, Friedrich H. (1984): Die unbewältigten Sozialwissenschaften oder Die Abschaffung des Menschen. Graz-Wien-Köln (Herkunft und Zukunft 2)
Wrong, Dennis H. (1974): Das Theorem der Übersozialisation in der modernen Soziologie. In: Claus Mühlfeld/Michael Schmid (Hrsg.): Soziologische Theorie. Hamburg, S. 281–291. (Orig. 1961)

Soziologische Anti-Soziologie

Eine kritische Übersicht über die Arbeiten Helmut Schelskys

Von
Manfred Prisching

Wissenschaftler pflegt man zu ehren, indem man sich mit ihrem Werk auseinandersetzt. Dies ist freilich ein schwieriges Unterfangen, wenn sich die Arbeiten eines Mannes mit derart vielfältigen Themen aus verschiedenen wissenschaftlichen Disziplinen befassen, wie dies bei Helmut Schelsky der Fall ist. Eine gerechte Würdigung ist aber noch schwieriger zu bewerkstelligen, wenn es sich nicht nur um einen Forscher und Hochschullehrer, sondern zugleich um einen engagierten Bildungspolitiker, einen öffentlichkeitswirksamen Publizisten und begehrten politischen Vortragenden, einen gewieften Organisator wissenschaftlicher Vorhaben und Institutionen und einen wissenschaftlichen Berater bei politischen Aktivitäten handelt. Auch wenn nur ein Überblick über seine wissenschaftlichen Untersuchungen gewonnen werden soll, ist ein gewisses Maß an Selbstbeschränkung – eine Balance zwischen der Repräsentativität der von ihm behandelten Themen und der detaillierten Befassung mit seinen Ideen – unvermeidlich; sie wird dadurch erleichtert, daß sich gewisse Grundauffassungen durch einen Gutteil seiner Arbeiten ziehen, Leitideen sozialwissenschaftlicher Analyse, die sich ihrerseits wieder verflechten. Es sind somit bestimmte Schwerpunkte seines Werkes, denen hier nachgegangen werden soll: Schwerpunkte, die für die herrschenden Sozialwissenschaften durchaus auch Streitpunkte darstellen. Ich folge zudem in dieser kritischen Diskussion einiger Aspekte seines umfassenden Werkes dem Ratschlag, wie Schelsky ihn auf den ersten Seiten seiner Auseinandersetzung mit Ernst Bloch selbst festgehalten hat. Vor allem gelte es, im Hinblick auf die Einschätzung von Klassikern deren Mahnung eingedenk zu sein, sie wollten weniger geehrt und lieber mehr gelesen werden. „Aber ‚Lesen' heißt ja", so fährt Schelsky fort, „nicht nur sich daran erbauen und bestätigen, sondern radikal kritisch befragen und bezweifeln."[1]

1. Realitätsdrall und philosophische Reflexion

Schelsky erschienen seine Kriegserfahrungen so prägend, daß er das hernach geschaffene wissenschaftliche Werk nur als „Nachspiel" sieht: „Ich hatte Tod und Leid, Angst und Mut, Hilfe und Überlebenwollen so unmittelbar erfahren, daß mir in der nie verblassenden Erinnerung daran alles wissenschaftliche Arbei-

1 Helmut Schelsky: Die Hoffnung Blochs. Kritik der marxistischen Existenzphilosophie eines Jugendbewegten, Stuttgart 1979, S. 8.

ten als ein bloßes ‚Nachspiel' erscheint."[2] Diesen Erfahrungen entspringt das, was Schelsky des öfteren als seinen *„Realitätsdrall"* bezeichnete: das Bestreben, empirisch-soziologisch zu arbeiten und dabei hautnah an der Wirklichkeit zu bleiben[3]. Dieses in den Nachkriegsjahren in zahlreichen empirischen, von Kritikern zuweilen als „theorielos" etikettierten Untersuchungen bewiesene Streben nach möglichst realistischer, spekulationsfreier Analyse bedeutete zugleich eine entschiedene Abkehr von der Philosophie, der sich Schelsky im Studium, in der Habilitation und in seinen frühen Arbeiten gewidmet hatte[4]: eine Kehrtwendung der wissenschaftlichen Arbeitsinteressen, die auf persönliche Erfahrungen[5] wie auf politische Geschehnisse zurückzuführen ist[6].

Die empirisch geprägten Untersuchungen, die Schelsky in der Folge vorlegte – über Arbeitslosigkeit und Familie, über Jugend und Sexualität, über Bildung und Hochschule –, brachten ihm allerdings theoretische Angriffe von recht verschiedenen Seiten ein: Einerseits wurde ihm theorielose Faktenhuberei vorgeworfen und festgestellt, daß er ein „bloßer Positivist" geworden sei, andererseits wurde ihm neuerdings ein „ambivalentes Verhältnis" zur Empirie attestiert und die Einstellung zugeschrieben, er habe „die Entwicklung einer analytisch-empirischen Soziologie im Grunde wissenschaftstheoretisch und kulturpolitisch" abgelehnt[7].

Nun hat die philosophisch erzeugte Reflexionsfähigkeit der Anfangsjahre Schelsky, wie er auch selbst vermutet[8], sicherlich an der Verabsolutierung von

2 Helmut Schelsky: Rückblicke eines „Anti-Soziologen", Opladen 1981, S. 74; vgl. auch Schelskys Fernsehgespräch in Karl B. Schnelting (Hg.): Zeugen des Jahrhunderts. Porträts aus Wirtschaft und Gesellschaft, Frankfurt a.M. 1981, S. 147–173.

3 Zu Schelskys Leben vgl. die Übersicht in Werner Krawietz: Helmut Schelsky – ein Weg zur Soziologie des Rechts, in: Friedrich Kaulbach/Werner Krawietz (Hg.): Recht und Gesellschaft. FS für Helmut Schelsky, Berlin 1978, S. XIII–LXXVIII.

4 Allerdings hat sich die Abwendung Schelskys von der idealistischen Philosophie schon früher abgezeichnet, vor allem in seiner Habilitation, die er 1938–40 verfaßte. Sie konnte erst jüngst erscheinen: Thomas Hobbes – Eine politische Lehre, Berlin 1981.

5 Vgl. die von ihm als 21jähriger Student verfaßte Schrift über „Sozialistische Lebenshaltung" (1934).

6 Schelskys Trauma bestand sein Leben lang darin, daß er sich in seinen jungen Jahren von der nationalsozialistischen Ideologie angesprochen gefühlt hatte – obwohl diese weltanschauliche Überzeugung ihn nicht zu derartig opportunistischen quasiwissenschaftlichen Publikationen verführte, wie dies für manche anderen Gelehrten kennzeichnend ist, oder gar in unehrenhafte Handlungen mündete. Die ideologischen Impulse jedoch führte Schelsky auf seine Prägung durch die deutsche idealistische Philosophie, die sich – wie Kant schon meinte – allemal mit einer schwärmerischen Absicht verbinde, zurück; sie sei letztlich der Grund des intellektuellen Selbstbetruges und des sich darauf stützenden politischen Betruges gewesen, dem so viele Angehörige seiner Generation anheim gefallen sind. (Vgl. Rückblicke, S. 74) Schelsky hat aus den Überzeugungen seiner frühen Jahre, an deren psychischer Bewältigung er sein ferneres Leben lang zu arbeiten hatte, auch niemals ein Hehl gemacht – gleichfalls im Gegensatz zu vielen anderen –, wurde gerade darum aber auch häufig zur Zielscheibe studentischer und kollegialer Attacken, die oftmals auf recht derbe Beschimpfungen hinausliefen (vgl. etwa René König: Leben im Widerspruch. Versuch einer intellektuellen Autobiographie, München-Wien 1980).

7 M. Rainer Lepsius: Die Entwicklung der Soziologie nach dem Zweiten Weltkrieg, 1945 bis 1967, in: Günther Lüschen (Hg.): Deutsche Soziologie seit 1945 (Sh. 21 der KZfSS), Opladen 1979, S. 25–70, hier S. 39.

8 Rückblicke, S. 75.

Tatsachen, wie sie zuweilen bei einer zur Sozial- oder Meinungsstatistik verkommenen Soziologie zu beobachten ist, gehindert; aber Schelskys Theorie-Aversionen richteten sich nicht gegen Theorien mittlerer Reichweite im Merton'schen Sinne, die er als unabdingbare geistige Grundlage oder wissenschaftliches Mittel bei der „Suche nach Wirklichkeit“ anerkannte, sondern gegen Gesamtdeutungsversuche in der Art marxistischer Theorien, gegen gesellschaftstheoretische Spekulationen Frankfurter Provenienz und – erst in seinen späteren Äußerungen – auch gegen parsonianisches Modelldenken.

Schelskys Absicht war es, möglichst dicht an der *„Wirklichkeit“* zu bleiben; die Aufgabe der Soziologie hat er schon in seinen Hamburger Jahren darin gesehen, „den Tatsachensinn für soziale und politische Verhältnisse (zu) entwickeln und die Fähigkeit aus(zu)bilden, komplexe und differenzierte soziale Tatbestände in ihrer Individualität zu erfassen, anstatt sie auf Schlagworte oder allgemeine, vereinfachte Schemata von theoretischen Überzeugungen von vornherein abzuziehen.“[9] Zu diesem Behufe müsse es stets eine Vielfalt von sozialwissenschaftlichen Theorieansätzen geben, die jeweils aspekthafte Theorie-Schnitte in die soziale Wirklichkeit darstellen, nicht unbedingt ein geschlossenes Erkenntnissystem von der Art einer allgemeinen Theorie der Gesellschaft. Den Modellplatonisten von damals und heute hielt Schelsky seine bereits 1959 geäußerte Auffassung entgegen, daß die empirisch-sozialwissenschaftliche Erforschung gegenwärtiger sozialer Tatbestände am besten als *Sozialgeschichtsschreibung* der Gegenwart anzusehen sei[10], und die Folgerungen aus seinen empirischen Arbeiten hat er konsequenterweise auf ihren konkreten Raum- und Zeitbezug – nämlich die Bundesrepublik Deutschland im jeweiligen Jahrzehnt – einzuschränken gewußt. Der Ratschlag, sich „auf die Suche nach der Wirklichkeit“ zu begeben, der für eine von Schelskys Aufsatzsammlungen (1965) den Titel abgegeben hat, ist aber auch für die gegenwärtigen Sozialwissenschaften keineswegs so unnötig, wie dies der erste Augenschein vermuten läßt.

Schelskys „Realitätsdrall“ wurde sicher dadurch gefördert, daß er seine erste Lehrtätigkeit 1948 an der Akademie für Gemeinwirtschaft in Hamburg – einer praxisorientierten, vom Deutschen Gewerkschaftsbund, den Konsumgenossenschaften und der Stadt Hamburg gegründeten Fortbildungsinstitution – ausübte; nach seiner Berufung an die Universität Münster leitete er ein Jahrzehnt lang die interdisziplinär orientierte Sozialforschungsstelle Dortmund, welche in dieser Zeit die größte empirische Sozialforschungsinstitution Europas war. Die empirischen Neigungen sind jedoch nicht nur als spezielle biographische Eigenheit zu sehen, sondern entsprechen sowohl den nach dem Krieg einsetzenden methodischen „Importen“ aus dem Westen als auch dem anti-ideologischen Forschungsbedürfnis der deutschen Sozialwissenschaftler: An interessierenden Phänomenen herrschte – angesichts der durch die Kriegsfolgen destabilisierten und sozial verunsicherten Situation – ohnehin kein Mangel.

9 Ebd., S. 82.

10 Ebd., S. 86. – Andererseits hat auch Schelsky selbst eine „allgemeine Theorie“ der Gesellschaft in seiner „Institutionentheorie“ zu entwickeln versucht, obwohl er solche Intentionen immer von sich gewiesen hat. Vgl. Abschnitt 5.

Die Untersuchung über *„Arbeitslosigkeit und Berufsnot der Jugend“* (1952)[11], die umfangreichste empirische Forschung der 50er Jahre, beschäftigte sich unter Schelskys Leitung mit den Arbeitsmarktproblemen der Nachkriegszeit. Es wurden die Altersstruktur der westdeutschen Bevölkerung sowie Umfang und Struktur der Jugendarbeitslosigkeit untersucht; es wurde die Arbeitsbereitschaft der jugendlichen Arbeitslosen erforscht und die Wirksamkeit von Berufsberatung und Arbeitsvermittlung; und es wurden Detailprobleme – wie das eines betrieblichen oder nichtbetrieblichen Ausbildungswesens oder jenes des Einsatzes von Notstandarbeiten, Jugendwohnheimen und diversen anderen Förderungsmaßnahmen – erörtert.

Stärkere theoretische Akzente wies die Abhandlung über die *„Wandlungen der deutschen Familie in der Gegenwart“* (1954)[12] auf, welche an die amerikanischen Thesen (Ogburn, Groves u.a.) vom Funktionsverlust und den Auflösungserscheinungen der Familie, ihrer Desintegration und Desorganisation in der Industriegesellschaft, anknüpfte. Schelsky betonte demgegenüber, gestützt auf zahlreiche Einzeluntersuchungen, die gleichzeitige Existenz gegenläufiger Entwicklungstendenzen: In der Tat ließen sich die auch im Bereich der Familie wirksamen Entwurzelungs- und Mobilisierungsprozesse der modernen Gesellschaft nachweisen; ihnen stünden aber auch Prozesse der Stabilitätserhöhung, der „Einigelung“ der Individuen in der „kleinen Gruppe“, gegenüber. Die der geschrumpften Familie durchaus verbleibenden institutionellen Restfunktionen seien allemal von großer Bedeutung, ja könnten sogar, soweit sie in Verinnerlichungstendenzen Eingang fänden, zur Stabilisierung der Familie beitragen; diese Prozesse laufen allerdings in den sozialen Schichten sehr unterschiedlich ab. Für die Gesamtgesellschaft folgerte Schelsky, daß die sozialen Vorgänge nicht mehr nach den Gesetzlichkeiten abliefen, die für eine statische bürgerlich-proletarische Klassenstruktur typisch waren, sondern daß sie aus der Dynamik eines Nivellierungsprozesses mit den vorwiegend kleinbürgerlich-mittelständischen Verhaltensmustern und Leitbildern abzuleiten seien.

Dieser Arbeit folgte wenig später die *„Soziologie der Sexualität“* (1955), eine Auseinandersetzung mit den Kinsey-Reporten, in der Schelsky sich gegen deren weltweite Überfolgerung wendete, die darin bestand, daß statistische Mittelwerte zu einem normativ wirksamen „Normalverhalten“ erhoben wurden; eine eigenständig moralische Führung des sexuellen Lebens schien keinen Platz mehr einnehmen zu können. Schelsky versuchte demgegenüber, aus sozialanthropologischer und institutionentheoretischer Sicht die komplexen „Beziehungen zwischen Geschlecht, Moral und Gesellschaft“ zu klären[13].

Darauf folgte Schelskys Studie über die „skeptische Generation“, eine zeitgebundene, empirisch auf die bundesrepublikanische Gegenwart bezogene Betrach-

11 Der volle Titel lautet: Arbeitslosigkeit und Berufsnot der Jugend, hrsg. vom Deutschen Gewerkschaftsbund, erarbeitet von der Sozialwissenschaftlichen Arbeitsgemeinschaft zur Erforschung von Jugendfragen unter der wissenschaftlichen Leitung von Dr. Helmut Schelsky, ord. Professor für Soziologie an der Akademie für Gemeinwirtschaft, Hamburg; erschienen im Bund-Verlag, Köln 1952.

12 Helmut Schelsky: Wandlungen der deutschen Familie in der Gegenwart. Darstellung und Deutung einer empirisch-soziologischen Tatbestandsaufnahme, Dortmund 1953.

13 Helmut Schelsky: Soziologie und Sexualität. Über die Beziehungen zwischen Geschlecht, Moral und Gesellschaft, Hamburg 1955.

tung der Jugendgeneration der Nachkriegszeit, in der er – entgegen den „Subkultur"-Betrachtungen der Jugend – diese als bloße Übergangsphase zwischen Kindheit und Erwachsensein konzipierte und – entgegen den Prognosen über nationalsozialistische Untergrundbewegungen und Bandentum – eine Generation der konsum- und berufsorientierten Anpassung konstatierte. Diese jugendsoziologischen Hypothesen haben – im Hinblick auf den Studentenprotest wie auch neuerdings im Hinblick auf die Alternativ-, Ökologie- und Friedensbewegung – neue Aktualität gewonnen, so daß es angebracht ist, einen näheren Blick darauf zu werfen[14].

Bei der *„Skeptischen Generation"* (1957) handelt es sich um eine Soziologie der „westdeutschen Jugendlichen des Nachkriegsjahrzehnts von 1945 bis etwa 1955"[15], beruhend auf den zahlreichen empirischen Jugendbefragungen und -untersuchungen jener Generation, die unter der nationalsozialistischen Herrschaft aufgewachsen war. Schelsky wollte später lieber von der *„Jugend des deutschen Wiederaufbaus"*[16] sprechen, die von einem hohen Wirklichkeitssinn und einer pragmatischen Handlungseinstellung geprägt war. Aus ihrer Grunderfahrung der sozialen Unsicherheit resultierte nach Schelskys Meinung ihr entpolitisierter, entideologisierter Rückzug auf *Beruf* und *Konsum:* „Diese Generation", so skizzierte er ihre Haltung, „ist in ihrem sozialen Bewußtsein und Selbstbewußtsein kritischer, skeptischer, mißtrauischer, glaubens- oder wenigstens illusionsloser als alle Jugendgenerationen vorher, sie ist tolerant, wenn man die Voraussetzung und Hinnahme eigener und fremder Schwächen als Toleranz bezeichnen will, sie ist ohne Pathos, Programme und Parolen. Diese geistige Ernüchterung macht frei zu einer für die Jugend ungewöhnlichen Lebenstüchtigkeit. Die Generation ist im privaten und sozialen Verhalten angepaßter, wirklichkeitsnäher, zugriffsbereiter und erfolgssicherer als je eine Jugend vorher. Sie meistert das Leben in der Banalität, in der es sich dem Menschen stellt, und ist darauf stolz. In Anlehnung an eine in England zur Zeit gängige Formel könnte man diese Jugend die *Generation der vorsichtigen, aber erfolgreichen jungen Männer* nennen[17]." Diese Generation, so meinte Schelsky dazumal, wird nie revolutionär und nie elitär, sie findet aber auch an der Tradition keinen Halt mehr; sie verfügt über keine moralische Vision, ermangelt des Enthusiasmus, ist leidenschaftslos: es ist eine „stille Generation"[18]. Die berufliche Leistung werde sich steigern, die Pionierleistung zwar zurücktreten, aber ein ungeahnt gründlicher Ausbau des Erreichten einsetzen[19].

Nun scheinen die Ereignisse der 60er Jahre Schelsky rundum Unrecht gegeben zu haben: Der jugendliche Ansturm gegen die Institutionen der bürgerlichen Gesellschaft war laut, ideologisiert, unpragmatisch, leidenschaftlich; und die Kritiker warfen Schelsky prompt vor, eine vollständige Fehlprognose erstellt zu haben. Aber Schelsky konnte mit Recht kontern, daß diese quasirevolutionären

14 Helmut Schelsky: Die skeptische Generation. Eine Soziologie der deutschen Jugend, Düsseldorf-Köln 1957 (zit. nach der Taschenbuchausgabe 1975).
15 Ebd., S. 5.
16 Ebd., S. XV.
17 Ebd., S. 381.
18 Ebd., S. 382.
19 Ebd., S. 383.

Gruppen bereits zur *nachfolgenden* Generation zählten, daß er die von ihnen ja gerade vehement kritisierte „Macher"-Generation beschrieben habe. Im Vorwort zur Neuausgabe des Buches unterscheidet er in diesem Jahrhundert die „Generation der Jugendbewegung", jene der „politischen Jugend" und schließlich die „skeptische Generation"; die 60er und 70er Jahre hätten einen Rückfall in die „bürgerliche" Jugendproblematik der beiden erstgenannten Generationen gebracht, wobei sich der Zivilisationsprotest (wie in der Jugendbewegung) mit der politischen Ideologisierung (wie in der politischen Generation) vereinigte[20].

In der Tat hat Schelsky schon Ende der 50er Jahre von einer bereits spürbaren, aber noch schwer bestimmbaren „Veränderung der vitalen Grundbefindlichkeit"[21] gesprochen und in den Erscheinungen, die unter den Begriff der „Halbstarken" subsumiert wurden, Möglichkeiten einer neuen generationshaften Verhaltensgestalt der Jugendlichen erkannt, die sich im Protest gegen Langeweile und Konformitätsdruck der die Jugend in die Watte manipulierter Humanität verpakkenden Gesellschaft äußern könnte[22]. Allerdings mußte Schelsky rückblickend einen Irrtum bekennen: Während er eine privatistisch-sezessionistische Jugend erwartete, die ihre Aktivität aus den politischen und sozialen Handlungsfeldern in die privaten Lebensbereiche verlagern würde, kehrte diese neue Jugend „zum politisch Ideologischen und Utopischen" zurück, was „gerade aus ursprünglich moralischen Impulsen und mit einer Steigerung zum sozial-politischen Heilsglauben erfolgte[23]." Hier kommt bereits Schelskys scharfe Ablehnung der „protestierenden Generation" zum Ausdruck, der er in anderen Arbeiten nicht nur affektiven Protest, sondern gezielte Strategien zur Systemüberwindung und zum Ausbau eigener Herrschaftspositionen vorwarf. – Aber auch die von allgemeinen Gesellschaftsutopien getriebene ideologisiert-protestierende Generation scheint nur das Phänomen eines Jahrzehnts etwa von 1965 bis 1975 gewesen zu sein; den Abbruch dieses Klimas der „Systemfeindlichkeit" in den 70er Jahren hat Schelsky nicht zur Kenntnis genommen. Denn aus dem Blickwinkel der 80er Jahre könnte es vielmehr scheinen, daß sich die Generationsabfolge „rückwärts" bewegt. Erst *nach* der protestierenden „neopolitischen" Generation folgt jene lebensweltliche Privatisierung, die Schelsky als Erbgut der „Macher" erwartete: Die Alternativ-

20 Ebd., S. XVI.

21 Ebd., S. 386.

22 „Vor allem", so schreibt Schelsky (Ebd., S. 387f.), „scheint mir der emotional und momentan explosive Protestcharakter des Krawallverhaltens als eine ungeplante, aber in vitalen Bedürfnissen verwurzelte Ausbruchsreaktion der Jugendlichen gegen die manipulierte Befriedigung des modernen Lebens und gegen den unangreifbaren Konformitätsdruck der modernen Gesellschaft bemerkenswert. Man könnte, um auf die soziologisch wichtigste Wurzel dieser Erscheinungen hinzuweisen, den Titel der Schrift Bondys umdrehen: Die Ordnung stört die Jugendlichen. Diese vitalen, nicht programmierbaren Protestbedürfnisse der Jugend müssen sich gerade mit der Konsolidierung der industriellen Gesellschaft steigern. Ich erwarte eine *,sezessionistische' Jugendgeneration,* gekennzeichnet durch eine Welle ‚sinnloser' Ausbruchsversuche aus der in die Watte manipulierter Humanität, überzeugender Sicherheit und allgemeiner Wohlfahrt gewikkelten modernen Welt. Die Rolle des von der sozialen Erfüllung seiner eigenen Begehrlichkeit institutionell umstellten Menschen der modernen Gesellschaft kann für die Jugend, die in diese Situation als Erbe hineinwachsen soll, nicht ohne Provokationen übernommen werden."

23 Ebd., S. XX.

und Ökobewegung läßt jene Gedanken Verbreitung finden, die einer „Neo-Jugend-Bewegung" entsprechen würden. Schelsky hat demgegenüber gemeint, man müsse „die Dauergegenwart einer Protestgeneration in den nächsten dreißig Jahren in Rechnung stellen"; von einer „Tendenzwende" sei nichts zu entdecken, allenfalls „Verschleißerscheinungen" der utopischen Heilsvermittlung aufgrund „von ideologischen Anmaßungen, Regierungsfähigkeiten und wirtschaftlichen Abschwung"[24]. Diese Feststellung ist nur schwer vereinbar mit dem völligen Verschwinden jener Themenstellungen, welche den Protest um die Wende zu den 70er Jahren geprägt haben. Wenn es am Beginn der 80er Jahre vorherrschende Orientierungen gibt, so zeichnen sie sich nicht durch gesellschaftstheoretische Entwicklungs- und systemüberwindende Reformmodelle aus, sondern durch den Rückzug auf Existenzerfordernisse: Frieden, Atomenergie, Umwelt. Weniger von beherrschenden Ideologien, sondern eher von ideologischen Einzelargumenten, die sich zu einem Ganzen ohnehin nicht so recht fügen wollen, ist diese Jugend geprägt; aber möglicherweise muß man, will man ihr gerecht werden, noch weiter differenzieren und die eigentliche Generationsgestalt auflösen. So lassen sich mit einiger Deutlichkeit vor allem folgende Segmente der Jugendgeneration erkennen: politisch ideologisierte Gruppen, die sich allerdings auf „neue Themen" stützen; anpassungswillige „Neo-Macher", die sich dem Druck der Wirtschaftskrise beugen; „jugendbewegte" privatisierende Neoromantiker; engagierte Ökotechnokraten und noch einige weitere mehr. Diesen Differenzierungen der jüngeren Jahrgänge ist Schelsky nicht mehr nachgegangen; sein Bild der Jugend blieb geprägt von den intellektuellen Systemüberwindern, deren bewußtseinsdominierende Kraft wohl längstens bis zur Mitte der 70er Jahre geschwunden war.

In ganz anderem Zusammenhang – in seinem Aufsatz über den *„Menschen in der industriellen Zivilisation"* (1961)[25] – hat Schelsky allerdings eine ideologische Zukunftsentwicklung angedeutet, welche die in den 80er Jahren zu diagnostizierenden Tendenzen eher zu treffen scheint: Er spricht von einer Position des *metaphysischen Nihilismus,* die „in der metaphysischen Kraft bestehen (würde), den ganzen Prozeß der wissenschaftlich-technischen Selbstproduktion des Menschen und der Welt als nichtig anzusehen und dies zu dokumentieren." Diese Position bestünde darin, „sich in einer radikalen geistigen und sozialen Verneinung der aufkommenden Welt der wissenschaftlichen Zivilisation zu verwurzeln."[26] Auch die weltanschaulichen Bezugspunkte werden von Schelsky benannt; eine „radikale Weltflüchtigkeit, die also metaphysisch eher in Kontinuität zu frühchristlich-anachoretischen oder buddhistischen Positionen zu sehen wäre (. . .)". Allerdings scheint ihm die Position des sozialen „Außenseiters", der sich der Erfassung durch die wissenschaftlich-technischen Weltphänomene entzieht, schwer vorstellbar; vor allem auch deswegen, weil absehbar ist, „wie sie alle schnell mit den Mitteln der modernen Menschenführung und -behandlung wieder in das soziale Normalmaß ‚eingearbeitet' werden. Ob sich also", so fährt Schelsky fort, „ein solcher metaphysischer Nihilismus weiterhin in ‚sinnlosen

24 Ebd., S. XXI.

25 Der Mensch in der wissenschaftlichen Zivilisation, in: Helmut Schelsky: Auf der Suche nach Wirklichkeit, Düsseldorf-Köln 1965, S. 439–480, hier S. 470. (Der Aufsatz wurde erstmals 1961 veröffentlicht.)

26 Ebd.

Ausbruchsversuchen' aus der Welt von Watte, Nickel und Glas dokumentieren oder ob er etwa mit der Durchsetzung der wissenschaftlich-industriellen Weltzivilisation sich in einer konsequenten Bewahrung vorindustrieller Existenzweisen verkörpern wird – alle solche sozialen Konkretisierungen lassen sich nur vermuten, wogegen mir das grundsätzliche Aufkommen einer solchen metaphysischen Position doch so zwingend erscheint, daß ich hier ihre Voraussage gewagt habe."[27] Auch wenn wir derlei Tendenzen mittlerweile an der gesellschaftlichen Peripherie als zeitgenössische beobachten können, sind wir doch kaum in der Lage, über ihre vermutliche Entwicklung mehr zu sagen als Schelsky vor mehr als zwanzig Jahren.

Diese Arbeiten aus den 50er Jahren widmen sich in einem erheblichen Maße der Erarbeitung und Auswertung empirischen Materials, eine Aufgabe, der sich die Sozialwissenschaftler in einer im Aufbau befindlichen, fortschrittsgläubigen und wachstumsorientierten Gesellschaft weithin unterzogen. Die sozialen Erfordernisse des Alltags standen allen klar vor Augen, und die Sozialwissenschaften hatten Anteil und Interesse an der konkreten Umwelt der neu sich formierenden bundesdeutschen Gesellschaft: Sie erkundeten die sozialen Veränderungen in den Berufen und Industriebetrieben, in den Schulen und Krankenhäusern, den Wandel der Jugend und des Alters, der Schichtung und der religiösen Haltung[28]. Schelskys Arbeiten reihen sich in diesen Aufschwung einer gesellschaftlichen „Neugier", die zugleich keine Zweifel an ihrer sozialtechnologischen Kompetenz aufkommen ließ, zunächst ein; und dennoch werden da und dort Vorbehalte sichtbar, die einer bereits bei Schelsky früh einsetzenden, ja in Wahrheit aus seiner philosophischen Vorbildung resultierenden Reflexion über die empirischen Leistungen, die Aufgaben und die Entwicklung der sich erst etablierenden Soziologie entspringen. Schon am Ende der 50er Jahre schien Schelsky die Zeit reif für eine „Ortsbestimmung", in welcher er alle jene Themen bereits zur Sprache brachte, die ihn später noch weit intensiver beschäftigen und in seine „Anti-Soziologie" münden sollten. Am Ende des „empirischen Jahrzehnts" in Schelskys wissenschaftlichem Schaffen steht somit bereits die Artikulation der Sorge um die Freiheit des Menschen.

2. Der Soziologe als Anti-Soziologe

Schelskys kritische Betrachtung seiner wissenschaftlichen Fachdisziplin hat ihn dazu geführt, den recht publizitätswirksamen Begriff einer „Anti-Soziologie" zu benützen, um seine eigenen Arbeiten von denen seiner von ihm nicht recht geschätzten Zunftgenossen abzusetzen. Sein erster derartiger Entwurf stammt bereits aus dem Jahre 1959, als er in seiner „Ortsbestimmung der deutschen Sozio-

27 Ebd.

28 Vgl. auch Schelskys bildungspolitische Monographien: Schule und Erziehung in der industriellen Gesellschaft, Würzburg 1957; Anpassung oder Widerstand? Soziologische Bedenken zur Schulreform, Heidelberg 1961; Einsamkeit und Freiheit. Idee und Gestalt der deutschen Universität und ihrer Reformen, Reinbek b. Hamburg 1963. Später kommen hinzu: Grundzüge einer neuen Universität. Zur Planung einer Hochschulgründung in Ostwestfalen (zus. mit Paul Mikat), Gütersloh 1966; Abschied von der Hochschulpolitik oder die Universität im Fadenkreuz des Versagens, Bielefeld 1969. Dazu

logie" ein Programm vorlegte, das er erst zwei Jahrzehnte später deutlicher ausführte: Das Kapitel IV seines Buches „Die Arbeit tun die anderen" (1975) ist mit diesem Kampfbegriff „Anti-Soziologie" überschrieben, und 1981 verstärkte er seine Angriffe mit einem Aufsatzband „Rückblicke eines Anti-Soziologen"[29].

Es ist allerdings gar nicht leicht festzustellen, worin sich eigentlich Schelskys durchaus *soziologische Anti-Soziologie* von den Arbeiten seiner Fachgenossen unterscheidet: Sie nehmen sich im Kreise üblicher Arbeiten zur allgemeinen und speziellen Soziologie durchaus „passend" aus, und Schelsky selbst deklariert seine Erörterungen auch unentwegt als dem „soziologischen" Genre zugehörig. Nehmen wir als Beispiel sein Buch über die Intellektuellen: Es geht ihm – wie er schreibt – hierbei um eine „struktur-soziologische" Aussage über die Herausbildung einer neuen Herrschaftsgruppe (S. 9), die aus einer „soziologischen Zeitenanalyse" (S. 9) entstanden sei; es werden dazu Begriffe und Annahmen „sozialer Gesetzlichkeiten" angewendet (S. 10); als Grundlage dienen die „Herrschaftssoziologie" Max Webers (S. 10), aber auch die Lehren und Einsichten „älterer Soziologen" (S. 10); die Untersuchung verstehe sich in ihrer Wirkung selbst als politische Position, ein Tatbestand, der für jede „soziologische Analyse" unaufhebbar sei (S. 47); es gehe um eine „soziologisch-begriffliche Darstellung der Priesterherrschaft" (S. 99); man müsse „realsoziologische Einsichten" gegen Illusionen zur Geltung bringen (S. 46). Noch viele andere Bemerkungen dieser Art verkünden Schelskys wiederholtes Insistieren auf dem „Soziologischen" in seiner Arbeit.

Daß Schelsky aus der Fachdisziplin in dem Sinne ausgeschert sei, daß er mit Soziologie nichts mehr zu tun haben wolle, hat er allerdings nie behauptet; daß er sich mit seinen Attacken selbst außerhalb der „Zunft" stelle, haben ihm vielmehr eilfertig verärgerte Kritiker attestiert. Schelsky hat seine „Abwendung von der Fachsoziologie" zunächst als Verstärkung zweier Aspekte wissenschaftlich-politischen Wirkens verstanden: einerseits als Rückbesinnung auf „das Ganze der Wissenschaften" und somit als Wendung zur Interdisziplinarität, andererseits als Verpflichtung zur Verwirklichung der Folgerungen wissenschaftlicher Analysen für die Praxis unter Vermeidung eines „Wissenschaftsautismus."[30] Während die politischen Intentionen später behandelt werden, soll kurz auf die Erweiterung der fachwissenschaftlichen Perspektive durch andere Disziplinen – durch psychologische, ökonomische, politikwissenschaftliche, philosophische, anthropologische, historische Argumente u. dgl. – hingewiesen werden, von denen Schelsky insbesondere jene der Geschichte und der Jurisprudenz betont hat.

Die Abwanderung in die Interdisziplinarität war eine „Rückbesinnung" in zweierlei Hinsicht. Erstens stellte sie einen Rückgriff auf die Zwischenkriegszeit

kommen Schriften über recht verschiedene Themen wie etwa: Die sozialen Folgen der Automatisierung, Düsseldorf-Köln 1957; über Medizin-, Freizeit-, Jugend-, Berufs-, Betriebs-, Schichtungssoziologie u.v.a. Wichtig war auch das gemeinsam mit Arnold Gehlen herausgegebene Lehrbuch: Soziologie. Ein Lehr- und Handbuch zur modernen Gesellschaftskunde, Düsseldorf-Köln 1955.

29 Helmut Schelsky: Ortsbestimmung der deutschen Soziologie, Düsseldorf-Köln 1959; Ders.: Die Arbeit tun die anderen. Klassenkampf und Priesterherrschaft der Intellektuellen, Opladen 1975 (zit. nach der Taschenbuchausgabe München 1977); Ders.: Rückblicke eines „Anti-Soziologen", Opladen 1981.

30 Rückblicke, S. 92.

dar, als es – wie Schelsky meinte – gerade die Besonderheit der deutschen Sozialwissenschaft war, daß man sie als eine „universale" Disziplin, für deren Vorzüge die Person Max Webers namhaft zu machen sei, studierte: die in anderen Fächern verwurzelt war und *auch* soziologische Aspekte aufzuweisen hatte; die letztlich sogar eine Synthese von dichterischer und philosophischer, wissenschaftlicher und schriftstellerischer, politischer und literarischer polemischer „Ausdruckswelt" war. Zweitens handelte es sich um eine Rückbesinnung auf den eigenen wissenschaftlichen Beginn: auf das philosophische Studium in Leipzig, als die Philosophie der „Brennpunkt des Wissen- und Erkennenwollens der Welt und seiner Selbst" war, auf die Habilitation für Philosophie *und* Soziologie, auf die Jahre als „Privatgelehrter" (1946–48), von deren weitgespannten Studien Schelsky (seiner eigenen Einschätzung nach) Jahrzehnte zehren konnte[31]. Eine in diesem Sinne wohlverstandene Interdisziplinarität bedeutet nicht einen universalen Dilettantismus, sondern die Pflege der Kommunikation zwischen den Wissenschaften, wie dies in Schelskys Gründung, dem Zentrum für interdisziplinäre Forschung in Bielefeld, zum Ausdruck kommt.

Freilich sah Schelsky den Versuch, auf interdisziplinärem Wege zu einer *geschlossenen Gesamtaussage* über die Wirklichkeit zu kommen, von vornherein als absurd an[32]; als lehrreich erwiesen sich für ihn diesbezüglich die wissenschaftlichen Diskussionen in der Gründungsphase der Universität Bielefeld, als er die *Theorie der Institutionen* zum Verständigungsmittel zwischen den verschiedenen Disziplinen machen wollte: Die dabei gemachten Erfahrungen zeigten, „daß *Interdisziplinarität* einerseits vor allem als eine Verständigung über die jeweils verschiedenen Erkenntnisinteressen und Begriffssysteme der Fächer zu verstehen und als solche wohl notwendig ist, wenn zwar keine ‚Ganzheit' der Wissenschaft, wohl aber ihr Gedankenverkehr untereinander Bestand haben soll; sie zeigen aber andererseits, daß es aus eben den Gründen eine einheitliche interdisziplinäre ‚Theorie der Institution' nicht geben kann."[33]

Hinter dieser Auffassung verbirgt sich aber mehr als das auch ansonsten häufig vorgebrachte Bekenntnis zu den Vorzügen einer interdisziplinären wissenschaftlichen Kooperation; es steckt dahinter die grundsätzliche Vorstellung davon, was „Soziologie" leisten soll und wo die gegenwärtige sozialwissenschaftliche Forschung nach Schelskys Meinung in die Irre gegangen ist. Schon in seiner „Ortsbestimmung" hat Schelsky die Gefahren der empirischen Sozialforschung wie jene der philosophischen Soziologie klar formuliert: „Eine Soziologie, die sich in die Sache verliert, ist genau so auf einem Abweg wie diejenige, die vor Selbstreflexion nicht zur Sache kommt"[34]. Die Soziologie trägt jedoch – wie er mit ideengeschichtlichem Bewußtsein festhielt – das Erbe jener eigentümlichen Verbindung von *Ökonomie* und *Philosophie,* wie sie für die deutsche Lehre der Zwischenkriegszeit eigentümlich war: für Max und Alfred Weber, für Tönnies,

31 Vgl. Rückblicke, S. 92; vor allem auch der erste Beitrag in diesem Band: Zur Entstehungsgeschichte der bundesdeutschen Soziologie. Ein Brief an Rainer Lepsius, S. 11–69 (erstmals in KZfSS 32 (1980), S. 417–456).

32 Helmut Schelsky: Die Soziologen und das Recht. Abhandlungen und Vorträge zur Soziologie von Recht, Institution und Planung, Opladen 1980, S. 58.

33 Rückblicke, S. 96.

34 Ortsbestimmung, S. 8.

Sombart, Simmel, von Wiese, Freyer, Mannheim, Scheler; später noch für Rüstow, Mackenroth, Salin, Plessner, Adorno u. a. Dieses Erbe aber muß die Soziologie auch bewahren: Sie ist einerseits eine *funktionsanalytische Erfahrungswissenschaft,* empirisch und quantitativ orientiert, mit dem Anspruch auf praktische Wissensverwendung; sie hat andererseits eine *sozial-, kultur- und geschichtsphilosophische Deutungsaufgabe,* muß demgemäß Kulturanalyse und Zeitkritik betreiben und eine universale Welt- und Sozialorientierung liefern. – Über Kontinuität und Abbruch, Fruchtbarkeit oder Sterilität der Soziologie der 30er Jahre ist mittlerweile eine heftige Kontroverse entbrannt, die sich an Schelskys Behauptung, die deutsche Soziologie sei nicht durch das nationalsozialistische Regime, sondern vorher bereits durch eigene Erschöpfung zugrunde gegangen, entzündet hat – dieser wissenschaftssoziologischen Frage können wir hier nicht nachgehen[35]. Für die 50er Jahre jedoch ist Schelskys bereits recht distanzierte Feststellung eines allenthalben verbreiteten profunden Dilettantismus interessant, der sich selbst einer einheitlich empirischen oder philosophischen Orientierung versperre; durch die Umdeutung des *Dilettantismus* zum *Pluralismus* sah Schelsky jedoch auch darin eine Chance: „Gerade daß es in Deutschland noch die verschiedensten Arten der soziologischen Denkansätze beisammen gibt, von der Detailempirie bis zur Sozialphilosophie, vom marxistischen Klassenkampfdenken bis zur Meinungs- und Haltungsforschung, von der sozialgeschichtlichen Ergründung der Gegenwart bis zur ästhetischen Zeitkritik, gerade darin beruht gegenüber der funktionalisierten Empirie der USA-Soziologie und gegenüber der geronnenen Dogmatik der sowjetisch-marxistischen Ideenlehre die *eigentümliche Chance der gegenwärtigen deutschen Soziologie.*"[36] Diese Chance hat sie in den 60er Jahren wohl vertan, wenn wir den Beteuerungen Schelskys in seinen „antisoziologischen Schriften" der 70er und 80er Jahre Glauben schenken. Die Soziologie habe mitt-

35 Vgl. hiezu Mozetič in diesem Band, aber auch René König: Über das vermeintliche Ende der deutschen Soziologie vor der Machtergreifung des Nationalsozialismus, in: KZfSS 36 (1984), S. 1–42.

36 Ortsbestimmung, S.30f. – Dies hindert Schelsky nicht an einer deutlichen Kritik am Zustand des Faches in seiner „Ortsbestimmung". Die *empirische Soziologie* habe aus zwei Gründen nach 1945 einen wesentlichen Aufschwung erfahren: einerseits kam es im Sinne eines Aufhol- und Umerziehungsprozesses zu einer „breiten Rezeption westeuropäisch-amerikanischen Gedankengutes" (S. 54), andererseits wurde der Aufschwung durch ein „antiideologisches Realitäts- und Orientierungsbedürfnis" gefördert; die tiefe soziale Desorientiertheit habe in der Empirie ein Heilmittel gefunden. Schelsky warnt aber davor, daß sich mit der Wertschätzung der empirischen Forschung leicht eine Überschätzung der methodischen Fragen verbinde: „In dieser Herrschaft der Methode als eines entscheidenden Maßstabes der Kritik liegt eine außerordentliche Gefahr: Sich rückhaltlos ihren Wertungen zu unterwerfen, führt nämlich zum Schluß zur Exaktheit eines Wissens von Banalitäten." (S. 21). Daher sei darauf zu verweisen, daß empirische Soziologie nicht auf Zahlenfetischismus beschränkt sei, sondern auch die „phänomenologische Methode", jene „Anschauung des Ganzen", wie sie für die Kultur- oder Religionssoziologie kennzeichnend sei, einschließt. – Was die *theoretische Soziologie* anbelange, so müsse man die *soziologische Theorie* als verallgemeinerte Empirie und die *Theorie der Gesellschaft,* wobei letztere enge Beziehungen zur Geschichts- und Sozialphilosophie aufweise und demgemäß die Kennzeichen: phänomenologischer Ausgangspunkt, sozialethischer Impuls, universale Deutungsabsicht und geschichtsteleologisches Denken aufweise, unterscheiden. Hier sind bereits jene Konflikte angelegt, die sich später zwischen Schelskys „Orientierungslehre" und dem neuen „Heilsglauben" ergeben, wie sie in den 70er Jahren ausformuliert werden.

lerweile – so konstatierte er für diesen späteren Zeitraum – eine Bewußtseinsherrschaft erlangt, mittels derer sie alle anderen Wissenschaften dem partikulären Ideologieverdacht unterstelle und für sich allein einen allgemeinen Aufklärungsanspruch erhebe; die vorherrschende „Ideologie des Engagements" führe dazu, daß die an sich immer vieldeutige empirische Forschung ideologisch gesteuert werde; die Soziologie verdunkele den Aspekt der Person und überbelichte das Soziale; sie überschätze die Gruppe, predige ein autonomiefeindliches Rollendenken, löse die rechtsstaatliche Ordnung auf; deutlich werde ihr realitätsverzerrender Einfluß anhand der Dominanz der Konflikttheorien, deren Wirklichkeitsinterpretation alle sozialwissenschaftlich heilsgläubigen Lehrer, Pfarrer, Professoren und Journalisten unterliegen[37]. Die behauptete Fehlentwicklung der Soziologie verallgemeinerte Schelsky zur Hypothese der neuen Klassenherrschaft einer sozialwissenschaftlich verbildeten Reflexionselite; ehe wir uns dieser Erweiterung der wissenschaftssoziologischen Betrachtung zum gesellschaftstheoretischen Modell zuwenden, soll allerdings das für zahlreiche Arbeiten Schelskys zentrale Problem der Rekonstruktion menschlichen Handelns in sozialwissenschaftlichen Analysen skizziert werden.

3. Zwischen Freiheit und Sachzwang

Die interdisziplinäre Erweiterung des Blickfeldes erschien Schelsky schon deswegen erforderlich zu sein, weil er zwei unterschiedliche Wissenschaftsauffassungen aufeinanderprallen sah: einerseits die analytischen und normativen Verallgemeinerungswissenschaften, die in offenkundiger Präpotenz den Menschen für ein ausdefiniertes Wesen, das wissenschaftlich bis in seine letzten Nuancen erfaßbar sei, halten; andererseits die recht behutsam nach allgemeineren Aussagen tastenden Wissenschaften, die sich bescheiden geben angesichts der Komplexität der am menschlichen Leben beteiligten Faktoren und angesichts der Freiheit personaler Sinngebung und Lebensführung. Dieser letztere Aspekt – *die menschliche Freiheit der Entscheidung* – ist es, um den Schelskys Erörterungen immer wieder kreisen: ein wahrlich „klassisches" Problem, das in Formeln wie „Subjektivität" contra „äußerem Zwang" oder „Person" contra „Institution" gefaßt wurde und das sich in wissenschaftlichen Ansätzen individualistischer oder handlungsbezogener Art auf der einen, organologischer, universalistischer oder systemtheoretischer Art auf der anderen Seite niedergeschlagen hat. Schelsky wendet sich gegen die „Idealisten" und die „Vernunftdenker", die den Menschen als bloßes Exekutivorgan seiner biosomatischen, psychischen und sozialen Vorausbestimmtheit ansehen: Man müsse sein Leben auch *führen,* nicht nur ausleben, und zwar aufgrund einer personhaften Moral, aufgrund eines Wechselspiels zwischen subjektiver Verantwortung und außenstützenden Institutionen und Konventionen. Der Soziologie ist in Schelskys Sicht genau in dieser Frage ihr folgenschweres Versagen vorzuwerfen: weil sie bloß die Determinierung der Innenwelt durch außerhalb liegende Fakten betone, sodaß (bei Parsons etwa oder bei Luhmann) der Mensch zum „Hampelmann der sozialen Normen" degradiert werde.

37 Vgl. Die Arbeit tun die anderen. Kap. IV.

Die Soziologie entfaltet hiebei ihre bewußtseinsbeherrschenden Wirkungen gar nicht so sehr durch ihre Einsichten und Theorien, sondern bereits durch ihre Themenstellungen und begrifflichen Formeln[38]; es gibt eine „wissenschaftliche Primär-Wirkung der Soziologie“[39], sie prägt bereits die Wahrnehmung der Erscheinungen der Wirklichkeit im Hinblick auf verallgemeinerte, in den Bewußtseinshintergrund getretene sozialwissenschaftliche Begriffe und Vorstellungen[40]; dies aber geschieht gerade durch die Soziologie in einer ganz bestimmten Weise: *„Die Auflösung der Person und ihrer auf sich selbst gerichteten Verbindlichkeiten im Handeln ist die zeitbestimmende Wirkung der Soziologie.“*[41] Der einzelne Mensch werde nur noch aus seiner sozialen Bedingtheit und in seinen sozialen Verhältnissen begriffen; dadurch verfalle die Soziologie auch in den kuriosen Widerspruch, daß dieser von äußeren Einflüssen völlig abhängige Mensch zugleich dazu aufgerufen werde, zu planen und die Welt zu verändern. Menschen seien indessen *finale* Systeme, sie orientieren und führen sich an Zielen, die bloßen *Bestand* und *Funktion* übersteigen (und sie können allenfalls sogar die eigene Selbstvernichtung beschließen). Gerade darum gilt es nach Schelskys Auffassung auch eine transzendentale Theorie der Gesellschaft zu entwickeln.

Es ist jedoch schwierig, die bei Schelsky recht vagen Vorstellungen einer derartigen Theorie auf irgendeine Weise dingfest zu machen; die Grundidee ist in dem nachdrücklichen Hinweis zu sehen, es gelte, den „ganzen Menschen“ und sein Verhältnis zu den fachwissenschaftlichen Abstraktionen zu sehen; spezifisch für die Soziologie: sie müsse auch Sinn und Grenzen des Sozialen und des soziologischen Denkens bestimmen[42]. Die grundsätzliche Themenstellung lautet: „Welches ist der allgemeine Standpunkt des Menschen in unserer Gesellschaft, der ihn jenseits des sozialen Zwanges und damit der Gesellschaft gegenüber stellt? Zu antworten wäre darauf: die reflektierende Subjektivität, die sich in keine soziale Erfüllung endgültig entäußert oder von keiner sozialen Kraft endgültig determinieren läßt; das moralische Gewissen, das in der sozialen Wirklichkeit kein endgültiges Kriterium seiner Bestätigung oder Widerlegung findet; der religiöse Glaube, der sich an keine soziale Wirklichkeit, auch nicht seine eigene, letzthin gebunden fühlt.“[43] Diese Wahrnehmung menschlichen Handelns jenseits des Sozialen, dieses Reich der individuellen Freiheit *von* der Gesellschaft will Schelsky nicht aufgeben; so ist es letztlich nicht nur eine „Philosophie der Soziologie“, die er fordert[44], sondern wohl die Integration der Philosophie schlechthin, die er den Sozialwissenschaftlern zu ihrem theoretischen Wohle anrät, „wollen wir nicht zu bloßen Landmessern und Maschinenbauern des Sozialen werden.“[45]

38 Ebd., S. 354.
39 Ebd., S. 355.
40 In wissenschaftstheoretischer Hinsicht ist dies freilich eine Selbstverständlichkeit; daß es keine „theoriefreie“ Erfahrung, also keine „Empirie an sich“ geben kann, hat sich unter Wissenschaftlern relativ weit herumgesprochen, und das Erstaunen darüber, daß Philosophen sich mit Problemen der Präformierung oder der Situationsgebundenheit der Erkenntnis befassen, ist nur noch vereinzelt anzutreffen.
41 Die Arbeit tun die anderen, S. 359.
42 Vgl. Ortsbestimmung, S. 95.
43 Ebd., S. 105.
44 Ebd., S. 97.
45 Ebd., S. 101.

Die Erinnerung daran, daß es zuweilen ratsam ist, eine Position gleichsam „außerhalb“ oder „oberhalb“ seiner selbst einzunehmen, die fachliche Tätigkeit also zu transzendieren, ist zweifelsohne eine beherzigenswerte Mahnung, die jedoch gerade bei denen, die sie am nötigsten hätten, kaum auf fruchtbaren Boden fallen dürfte: bei jenen Soziologen etwa, die sich die Gesellschaft als „Marionettentheater“ vorstellen, in dem ausschließlich Kapitalisten oder revolutionäre Verschwörer an unsichtbaren Fäden ziehen; bei jenen Kriminologen beispielsweise, die unter vollständiger Exkulpierung des Delinquenten für jede strafbare Aktivität „die Gesellschaft“ als „wahren Schuldigen“ namhaft machen; bei jenen Wohlfahrtsperfektionisten, welche die Bewältigung des individuellen „Schicksals“ nur noch in Kategorien zuständiger Sozialorganisationen wahrzunehmen vermögen. Jeder vernünftige Sozialwissenschaftler wird aber der Schelskyschen Position vollstes Verständnis entgegenbringen und sie als Selbstverständlichkeit akzeptieren: Menschen sind nicht *nur* gesellschaftsdeterminierte Homunculi, sondern verfügen über Selbständigkeit, Autonomie, Freiheit, Sittlichkeit. Nur ist dies freilich – wenn wir ihn im Sinne Schelskys als „Reich der individuellen Freiheit“, der Unvorhersehbarkeit, der Unerklärbarkeit bezeichnen – jener Bereich, über den der Sozialwissenschaftler per definitionem *nichts* zu sagen hat: Dies mag nicht zuletzt erklären, warum die Soziologen so wenig darüber sagen. Wenn die Sozialwissenschaftler sich umgekehrt mit erklärbaren und vorhersagbaren Phänomenen befassen (ohne deswegen Handlungsfreiheiten ignorieren zu wollen), so scheint es durchaus zweckmäßig zu sein, das Augenmerk auf die gesellschaftlichen Einflüsse, die das Handeln der Individuen bestimmen, zu legen, also in idealtypischem Sinne *homines sociologici* zu konstruieren. Daß hierbei die salvatorische Klausel, daß nicht *alles* gesellschaftlich erklärt werden könne, nicht jedesmal aufs neue hinzugesetzt wird, dürfte kaum das entscheidende Problem sein.

Prinzipiell muß die Soziologie eine *„Sozialvermutung“* aussprechen, d.h. sich von dem Verdacht leiten lassen, ein wahrgenommenes Phänomen oder eine vorgetragene Idee lasse sich aus gesellschaftlichen Einflüssen erklären: Prüft sie nicht von vornherein die Wirklichkeit unter diesem leitenden Gesichtspunkt, sitzt sie selbst allzu rasch rechtfertigenden Programmen oder Ideen auf. Gerade soziologisch interessante Einflüsse müssen erst ans Licht gebracht werden, zumeist gegen offizielle Beteuerungen oder rationalisierte Begründungen. Warum hat man etwa den Wohlfahrtsstaat in der zweiten Hälfte des 19. Jahrhunderts aufgebaut? Aus christlich-ethischen Überzeugungen im Hinblick auf die Besserung der Lebensverhältnisse des Proletariats? Soziologen werden angesichts einer solchen Erklärung mißtrauisch, versuchen andere Faktoren ausfindig zu machen und stoßen – *neben* ethischen Entscheidungen – allenfalls *auch* auf politische Stabilisierungsanstrengungen angesichts einer erstarkenden Arbeiterbewegung. Oder geben wir uns etwa damit zufrieden, daß wir die Entscheidung zum Selbstmord als individuell-autonomes Handeln des Menschen im Rahmen seiner sittlichen Verantwortung akzeptieren? Mitnichten, wenn uns deutlich gemacht wird, daß zwischen Nationen, Regionen, Schichten usw. deutliche und regelmäßige Unterschiede in der Häufigkeit solcher „freier Entschlüsse“ nachweisbar sind; wir suchen nach gesellschaftlichen Faktoren, die solche Unterschiede erklären könnten. – Dieser „methodologische Determinismus“ bedeutet keineswegs, daß nicht das Reich der

„wahren" persönlichen Freiheit, Individualität und Moral existiert, jenseits des noch nicht wissenschaftlich erkannten, aber vermutlich gleichfalls gesellschaftlich formierten Bereichs. Aber soziologische Erklärungen wären vorschnell beendet, würden wir bei den ersten Schwierigkeiten den Erklärungsanspruch mit Verweis auf die sozialwissenschaftlich nicht weiter explizierbare „Freiheit" des Menschen suspendieren.

Schelskys „Transzendieren" der Soziologie zielt auf die Berücksichtigung der anderen Wissenschaften, aber auch in den *außerwissenschaftlichen* Bereich. Freilich: Wer wollte sich dagegen verwahren, daß es für die Erkenntnis der Gesellschaft nützlich ist, wenn sich die Soziologie einer „aus dem Gesamtzusammenhang aller wissenschaftlichen Einsichten bestehenden Kritik und Überprüfung zu stellen hat"[46]? Und wer wollte bestreiten, daß – wie schon Kant sagte – die Notwendigkeit zu Handeln weiter gehe als die Möglichkeit des Erkennens, daß das „Handeln" des Menschen – die „Praxis" des Lebens – auch der reflektierenden Subjektivität bedürfe, die nicht mit der Wissenschaft das Auslangen finde, sondern auch in Vernunft, Gewissen und Glauben hineinreicht[47]? Daraus folgt sicher, daß der Sozialwissenschaftler das von ihm „Erkannte" nicht als gesellschaftliche Totalität ansehen darf, wie ihm das im Eifer für die Sache unterlaufen mag. Aber dennoch wird er sich im wesentlichen mit dem „Erkennbaren" befassen, nicht mit dem offenkundig „unergiebigen" Bereich des wissenschaftlich eben nicht Faßbaren[48].

46 Rückblicke, S. 89.

47 Ebd., S. 90. – Soziologen und Philosophen haben versucht, die Andeutungen Schelskys über eine transzendentale Theorie weiter aufzuschlüsseln; Volker Gerhardt: Transzendentale Theorie der Gesellschaft. Philosophische Anmerkungen zu einem soziologischen Programm, in: Zeitschrift für Soziologie 8 (1979); Bernhard Schäfers: Kant und die Entwicklung einer aufgeklärten Erkenntnistheorie und Sozialwissenschaft, in: G. Lührs/Th. Sarrazin/F. Spreer/M. Tietzel (Hg.): Theorie und Politik aus kritisch-rationaler Sicht, Berlin-Bonn 1978. – Schäfers beispielsweise formuliert das programmatische Anliegen, das auch Schelsky nirgendwo auch nur ein Stück weit theoretisch beantwortet hat, folgendermaßen; die Theorie müßte diese Leistungen erbringen:
- das Verhältnis zur empirischen Analyse (als Einzelforschung) zu reflektieren;
- Sinn und Grenzen des Sozialen zu bestimmen;
- ‚das gesamte Welt- und Seinsverständnis der soziologischen Denkprinzipien und Kategorien offenbar, einsichtig und damit kritisch distanzierbar' zu machen;
- den Verlust einer Erkenntnistheorie der Wissenschaften in der Philosophie auszugleichen;
- materielle Bezugspunkte ‚der Bestimmung der Freiheit des Menschen gegenüber der Gesellschaft' zu berücksichtigen.

48 Es mag angemessen sein, Schelsky hier mit Schelsky selbst zu konfrontieren. In seinem sehr bekannt gewordenen Aufsatz „Der Mensch in der wissenschaftlichen Zivilisation" (1961) (abgedruckt in dem Sammelband „Auf der Suche nach Wirklichkeit") knüpft Schelsky bei der Behandlung des Bildungsproblems an Max Schelers Unterscheidung von *„Bildungswissen"*, das dem Werden und der Entfaltung der Person dienen soll, und *„Leistungswissen"*, das auf die praktische Beherrschung und Umbildung der Welt für unsere menschlichen Ziele gerichtet ist, an; da die Wissenschaft heute in alle praktischen Lebensbereiche hineinwirke, sei sie zur Substanz des praktischen Lebens geworden. „ ‚Bildung' im alten Sinne läßt sich nur noch an den ‚historischen Wissenschaften' gewinnen (. . .) Wenn also ‚Bildung' eine geistige und sittliche Souveränität gegenüber den Zwängen der Welt und des praktischen Lebens ist (. . .), dann ist sie heute primär und unmittelbar nicht mehr über die Wissenschaft zu gewinnen. (. . .) Den Wissenschaften in ihren jeweiligen Aussagen, in ihren universalen Anwendungen, die das prak-

Für Schelsky führt die sozialwissenschaftlich-berufsbedingte Neigung, den gesellschaftlichen Determinanten besondere Aufmerksamkeit zu widmen, auch zu politischen Folgerungen – und hier dürfte ein Gutteil seiner Aversionen wurzeln. Die soziologische Perspektive legt in der Tat das Schwergewicht auf soziale Zustände und politische Reformen; daß man deswegen gleich Sozialist sein muß, scheint Schelskys persönliches Beispiel zu widerlegen. Dennoch schreibt er: „Wer soziologisch denkt, muß die soziale Gerechtigkeit überbewerten, muß die Grundrechte unserer Verfassung primär auf soziale Zustände, nicht aber auf den Handlungsraum der Person bezogen auslegen und landet folgerichtig in sozialistischen Vorstellungen."[49] Das freilich ist im besten Falle wissenschaftliche Holzhammer-Methode, eher aber politische Agitation; daß es soziologisch höchst kompetente Analysen kollektiven Handelns – etwa in der Tradition von Adam Smith – geben kann, die starke Argumente für marktwirtschaftliche Modelle darstellen, oder daß es scharfsinnige soziopolitische Analysen – etwa in der Art Burkes oder Tocquevilles – gibt, die zu einer konservativen Position hin drängen, scheint mir außer Frage zu stehen. Schelsky geht es denn auch letztlich nicht um *Methoden*, sondern um *Inhalte:* Er ist *gegen* die „Anpassung" des Individuums an das Kollektiv, weil dies – etwa durch Demokratisierung aller Lebensbereiche – Freiräume verletzt; er ist aber *für* diese „Anpassung", wenn es sich um die Übernahme moralisch-rechtlicher Anforderungen an die Person handelt, die mit Kategorien wie Dienst, Pflicht, Opfer verbunden sind[50]. Er ist *gegen* die Orientierungsleistungen einer Soziologie, welche die Abhängigkeit des Individuums von der Gesellschaft betont; er ist aber *für* die unbedingt notwendige Orientierungsleistung der „transzendentalen Gesellschaftstheorie", einer das Individuelle und Soziale „adäquat" gewichtenden Soziologie. Er ist *gegen* jene Formen der dauernden ethischen Reflexion, wie sie in einer „herrschaftsfreien Kommunikation" unterstellt werden, aber *für* das immer gegenwärtige Bewußtsein der ethischen Gebundenheit im Handeln.

4. Über Sinnstifter und Ausbeuter

Schelskys umfangreiches, erfolgreiches und heftig diskutiertes Buch *„Die Arbeit tun die anderen"* (1975) widmet sich einer umfangreichen Attacke auf die Gruppe der Intellektuellen, bei der er sowohl auf das theoretische Repertoire der Soziologie zurückgreift, wie auch aktuelle politische Kontroversen einbezieht. Die zentrale These des Buches, in dem sich Schelsky „seinen heiligen Zorn von

tische Leben und unsere Welt selbst sind, jeweils an geistiger ‚Offenheit und Reflexion' immer ein Stück voraus zu sein, das wäre dann ‚Bildung' in der wissenschaftlichen Zivilisation." (S. 464f.) – Diese Zitate machen deutlich, worum es Schelsky geht: um ein *Bildungsideal.* Was er damals jedoch noch einer historisch geprägten *außerwissenschaftlichen* Bildung als Aufgabe zuwies, ist ihm später offenbar zu einer *Aufgabe der Soziologie* geworden, die sie freilich so nicht erfüllen kann. Was er damals aus der Wissenschaft aus theoretisch-gesellschaftsstrukturellen Gründen *hinausdefinierte,* wird ihm später zum entscheidenden *Mangel* der Sozialwissenschaften.

49 Die Arbeit tun die anderen, S. 354.

50 Ebd., S. 366, 382.

der Seele geschrieben hat"[51], lautet: Es zeichne sich ein neuer Klassenkampf zwischen weltlicher und geistlicher Herrschaft ab, ein Klassenkampf, in dem die „neue Klasse" der politisch und ökonomisch sich durchsetzenden „Sinnvermittler" und „Heilslehrer" den „Produzenten von lebenswichtigen Gütern" gegenüberstehe. Die „Reflexionselite" dominiere in Bereichen wie Bildung, Öffentlichkeit und Information und beherrsche über diese wichtigen Positionen das Bewußtsein der Menschen; die Intellektuellen seien die „Sinndeuter" der Gegenwartsgesellschaft, die über ihre funktionalen Leistungen auch Herrschaftsgelüste befriedigen können. Sie predigen das Bewußtsein der „schlechthinnigen Abhängigkeit des einzelnen von der Gesellschaft" und unterhöhlen damit die Autonomie und Freiheit des Menschen; sie entwerten die Alltagsarbeit, die Arbeit der anderen, die Realpolitik zugunsten von diesseitigen utopischen Heils- und Glücksverheißungen; sie verunsichern die privaten Wohlfahrts- und Konsumbedürfnisse zugunsten der Verfestigung und Expansion eigener Positionsinteressen. Kurz: Sie monopolisieren Heilsbestimmung und Heilsdeutung, Weltorientierung und Lebenssinngebung und errichten eine „Priesterherrschaft", ein neues geistliches Herrschaftssystem, das auf einer säkularisierten, mit Rationalitätskategorien verschleierten Religiosität auf der Basis der Aufklärungsphilosophie beruhe[52].

51 Eine Formulierung aus einer Rezension, der Schelsky bescheinigt, sie komme in ihrer Einfachheit der Wahrheit wohl am nächsten (Die Arbeit tun die anderen, S. 516).

52 Schelsky hat 1979 eine „Fallstudie" zu der Beschreibung einer intellektuellen Sinnelite in der modernen Gesellschaft veröffentlicht, nämlich „Die Hoffnung Blochs. Kritik der marxistischen Existenzphilosophie eines Jugendbewegten", Stuttgart 1979. *Ernst Bloch* ist für ihn eine der prägenden Gestalten der Reflexionselite und des Jugendprotestes: „Ich habe", so Schelsky, „diese Auseinandersetzung mit Ernst Bloch nicht zuletzt deswegen geführt, weil ich ihn für den hervorragendsten Vertreter eines intellektuellen Sozialismus halte, der die öffentliche Szene in der Bundesrepublik im letzten Jahrzehnt weitgehend beherrscht hat." (S. 188). Schelsky zählt schließlich jene auf, die zur „Gemeinde Blochs" gehören; es ist eine präzise Auflistung der der sinnvermittelnden Elite zugehörigen Gruppen und ihrer psychologischen Situationsgegebenheiten, wie sie nach Schelskys Meinung vorherrschend sind. Die Philosophie Blochs wende sich in ihrer Wirkung
a) an diejenigen, die an einer diffusen Welt- und Zivilisationsangst leiden und in ihrem arbeitslosen Innenleben auf eine dogmatisierte Zukunftshoffnung bauen und darin ihr verunsichertes Selbstgefühl finden;
b) an diejenigen, die die Isoliertheit und den damit verbundenen Selbständigkeitsanspruch an die Person als zu belastend nicht aushalten, sondern in die Erfahrungen der ‚Kindheit', in die ‚enlargierte Familie' (Gehlen), in eine ‚Heimat' zurückflüchten möchten, in einer Situation, in der die soziale Welt in ihrer Mobilität und ihren Organisationsstrukturen den Charakter der ‚Heimat' und der ‚face-to-face-relations' (C. H. Cooley), der Nestwärme und der institutionalisierten christlich-hochbürgerlichen Innerlichkeit endgültig verloren hat;
c) an diejenigen, die ihr bloßes Denken, Vorstellen und Spekulieren auf eine optimale Zukunft zugleich als ‚Handlung' ausgeben möchten und sich in einer vermeintlich ‚konkreten Utopie', also einer ‚Gesellschaft im Kopfe', von der Arbeit der politisch-sozial-wirtschaftlichen Durchsetzung und damit vom ‚Sachzwang' der gesellschaftlich vorhandenen Verhältnisse entlasten, um sie als intellektuelle Vormünder um so ‚befreiter' kritisieren zu können;
d) an diejenigen, die ohne Erfahrung und produktive Arbeit, aber durch rein intellektuell-literarische Lernprozesse in ihrem vorläufigen Wissen der Welt desorientiert und voller Verhaltensunsicherheit sind, also vor allem die akademische Jugend;
e) an diejenigen, die im Westen sich als marxistische Revolutionäre und Systemüberwinder unserer öffentlichen Ordnung verstehen und betätigen, gleichzeitig aber den morali-

Vielleicht ist es symptomatisch für die Untersuchung, daß Schelsky schon mit seinen tragenden Begriffen – den „Intellektuellen", dem „Klassenkampf" und der „Priesterherrschaft" – in Schwierigkeiten gerät. Da es zu seinen Grunderkenntnissen gehört, daß die neuen Sinnvermittler ihre usurpierte Herrschaftsposition im wesentlichen über die „Sprachherrschaft" ausüben, muß eine derartige Begriffsanalyse auch gegen Schelsky gewendet werden.

Den ersten seiner Titelbegriffe – jenen der *„Intellektuellen"* – hält Schelsky selbst „nicht mehr für erkenntnisfördernd, sondern im Gegenteil für unwissenschaftlich und eine die polemisch-politische Auseinandersetzung taktisch ausbeutende oder mindestens aufweichende Begriffsverwendung"[53]; er dient allenfalls – und deshalb auch die Verwendung im Untertitel des Buches – zur Vorverständigung, als schnell lesbare Richtmarke zum Verständnis des Themas[54]. Nachdem eine Übersicht über verschiedene Versuche der sozialen Einordnung der intellektuellen Gruppen nicht sonderlich viel erbringt, greift Schelsky entschlossen zu einer Definition, die man wohl als zirkelhaft verstehen muß: zu den Intellektuellen gehören eben jene Gruppen, die er als neue Reflexionselite beschreibt, und sie lassen sich weder durch ihre Funktionen noch durch ihren Sozialstatus zureichend abgrenzen[55].

schen Überbau des Gegners, also die Vertretung der Menschenwürde, des Selbstbestimmungsrechts der Person, Toleranz usw. auf sich ziehen, ja sie für sich monopolisieren möchten;
f) an diejenigen, die aus irgendeinem Grund ein Interesse daran hatten und haben, ein grundsätzlich negatives Bild der Bundesrepublik zu propagieren; also die große Mehrheit der Intellektuellen, vor allem die große Gruppe derer, die links kritisieren und rechts verdienen wollen;
g) an die Künstler, insbesondere die Schreibenden, deren zwiespältigem Verhältnis zur sozialen Wirklichkeit diese Philosophie die benötigten Hochwert-Illusionen ihres Selbstgefühls vermittelt;
h) an die christlichen Theologen, für deren seit mehr als anderthalb Jahrhunderten geübte Praxis, die Erkenntnisse und ideellen Bewegungen der nicht christlich-kirchlichen Wissenschaft und Kunst als ‚säkularisiertes Erbmaterial' zur Stützung des christlichen Heilsglaubens ‚umzufunktionieren', Bloch ein unschätzbares ‚sozialistisches Kulturerbe' bedeutete. (S. 188–197). Schelsky faßt zusammen: „In der ‚Gemeinde Blochs' hat sich die ganze linke Misere in der Bundesrepublik der letzten Jahrzehnte versammelt." (S. 198). In bürgerlich-intellektuellen Kreisen sei vor allem seine Formel vom „Dunkel des gelebten Augenblicks" bekannt geworden – wobei Bloch diese Feststellung in die Forderung münden ließ, daß der Mensch seine Aufklärung nur in einer Deutung des „Weltprozesses", in einer Utopie der Zukunft, gewinnen könne; weiters die Formel von der „konkreten Utopie", die Bloch immer als Konkretisierung des „Klassenkampfes" gemeint hatte; und die Verheißung einer seelischen „Heimat" für eine „heimatlose Linke". Der marxistischen Linken gab die Lehre einen intellektuellen Hintergrund, führte ihr ein breites Sympathisantenfeld sozialistisch gesinnter Liberaler zu und schuf den Kern eines typisch deutschen Eurokommunismus. – Die politischen Äußerungen Blochs aber lassen Schelsky den Vorwurf der „geistigen Intoleranz" (S. 218) erheben: „Die Humanität Blochs trägt immer eine rote Brille." (S. 222) – Gegen das „Prinzip Hoffnung" hält Schelsky somit sein *„Prinzip Erfahrung"*: „Wir bekennen uns zu einer Pluralität persönlicher und politischer Ideale, die zu konkretisieren jeweils die personautonome Verpflichtung, Erfahrung und Freiheit des Einzelnen darstellt. Wir möchten sie auf die pluralistische Formel bringen: *Frieden, Recht und Freiheit, Leistung und Hilfe.*" (S. 227f.).

53 Die Arbeit tun die anderen, S. 132.
54 Ebd., S. 133.
55 Ebd., S. 139, 141.

Diese Loslösung vom sozialen Hintergrund erweist sich aber beim zweiten Begriff, dem des *„Klassenkampfes"*, deswegen als fatal, weil Schelsky zunächst richtigerweise zugeben muß, daß die Intellektuellen freilich keine „soziale Klasse" darstellen[56] und möglicherweise am ehesten mit dem Begriff der „freischwebenden Intelligenz" (nach Alfred Weber und Karl Mannheim) zu erfassen seien[57], daß er dann jedoch – möglicherweise ebenfalls aus Gründen der publizitären Wirksamkeit – die neuklerikale Heilsherrschaft entschlossen als „Klassenherrschaft der Sinnvermittler" bezeichnet[58]. Auch dieser Klassenbegriff wird allein durch Schelskys Definition der Reflexionselite zusammengehalten: In welchem Sinne sonst ein Zeitungsredakteur und ein Universitätsprofessor, ein Verlagschef und ein linksaktiver Student zur selben „sozialen Klasse" gehören sollten, muß unklar bleiben: Sie vereint allein der Vorwurf, das öffentliche Bewußtsein in einem bestimmten Sinne zu prägen.

Diese Beeinflussung des Denkens der Menschen ist nun auch für den dritten Begriff, für die *„Priesterherrschaft"*, konstituierend. Um die „Herrschafts"ausübung der Reflexionselite zu belegen, knüpft Schelsky an Max Webers Definition der „Macht" an: sie sei die Chance, innerhalb einer sozialen Beziehung den eigenen Willen auch gegen Widerstreben durchzusetzen, gleichviel worauf diese Chance beruhe. Das Mißverständnis, dem Schelsky bei dieser theoriegeschichtlichen Fundierung unterlegen ist, wird sofort deutlich, wenn er seinen nachfolgenden Beispielen gegenwärtiger Machtausübung auch den Professor zugesellt, der seinen Hörern seine Erkenntnisse verkündet; die Zeitung oder das Fernsehen, die Urteile oder Meinungen vermitteln und damit das Handeln der Leser, Zuhörer oder Zuseher beeinflussen; den Arzt, der seinen Patienten Verhaltensvorschriften zur Gesundung gibt. Die Vernachlässigung jenes Teils der Weberschen Definition, daß die Willensdurchsetzung „gegen Widerstreben" erfolgen muß, führt zur theoretisch nicht folgenlosen Verwechslung von „Einfluß" und „Macht": Jedem Redner, der Meinungen beeinflußt, schreibt Schelsky unumwunden Machtausübung und – im Falle institutionalisierter Varianten – „Herrschaft" zu. Die Machtdefinition aber deckt keineswegs die Fälle der Präferenzveränderung, bei der die Individuen ihr Verhalten ja nicht „widerstrebend" ändern, sondern weil sie dies „wollen"; freilich bleibt der ungemein schwierige Begriff der „Manipulation" zu klären, wobei die Kritik am „Wertwandel" nur durch die Postulierung „eigentlicher", durch die Meinungsmacher möglicherweise „entfremdeter" Bedürfnisse möglich erscheint. Dann aber ist Schelsky genau an jenem Platz gelandet, an dem sich auch viele Kapitalismuskritiker versammeln: beim „Wesen" des freien und entfalteten Menschen, der seiner Bedürfnisse nicht gewahr und in die Entfremdung getrieben werde, durch Systemzwänge oder durch herrschsüchtige Sinnproduzenten – eine solche Deutung freilich würde dem wiederholten Appell Schelskys an den gesunden pragmatischen Alltagsverstand widersprechen. – Nun findet sich auch der Begriff der „Priesterherrschaft" bei Max Weber, der darunter die Machtausübung in Form psychischen Zwanges verstanden hat, der durch Spendung oder Versagung von Heilsgütern ausgeübt wird. Was aber, so muß man fragen, können Sozialwissenschaftler, die den „harten Kern" der Reflexionselite

56 Ebd., S. 135.
57 Ebd., S. 137.
58 Ebd., S. 225.

stellen, tatsächlich „versagen“? Der intellektuelle Verrat der sinnvermittelnden Berufe besteht nach Schelskys Meinung darin, „daß sie ihre unentbehrlichen Dienstleistungen für die anderen offen an gruppenhafte Herrschaftsansprüche binden und, wenn diese nicht erfüllt werden, diese Leistungen verweigern.“[59] Ist das so? Lehrer, deren Weltauffassungen nicht goutiert werden, Sozialtherapeuten, denen ihre Klienten die Gefolgschaft verweigern, Universitätsprofessoren, deren Bücher nur minimale Auflagen erreichen: Hören sie auf, zu lehren, zu therapieren, zu schreiben? Welche „Versagungen“ könnten sie wirklich einer unbotmäßigen Gefolgschaft auferlegen, die sich ihrer „Herrschaft“ nicht unterwirft? Auch wenn die im Sozialisations- und Informationswesen tätigen Gruppen *„Einfluß“* auszuüben vermögen: unter den Begriff einer neuen „Herrschafts“kaste sind sie – gerade in Anknüpfung an Weber – nur mit einiger theoretischer Gewalt zu zwingen.

Schelsky ist, getrieben von der Stärke seiner theoretisch-politischen Aversionen, aber nicht nur einigen begrifflichen Schwierigkeiten, sondern auch inhaltlich einigen allzu wagemutigen Verallgemeinerungen aufgesessen: Bestimmte wissenschaftliche Strömungen werden in dieser generalisierenden Sichtweise zu „allen“, Gruppierungen der Wissenschaftsszene zur „Gesellschaft“ schlechthin, kurzfristige Trends zu säkularen Tendenzen.

Erstens werden „linke“ Sozialwissenschaftler, deren Arbeiten Schelsky ganz und gar nicht schätzt – so etwa Neomarxisten, „Frankfurter“ und linke Universitätsaktivisten –, zusammengefaßt und mit „allen“ Sozialwissenschaftlern gleichgesetzt: um die „Erkenntnistyrannei“ der Heilsvermittlung zu beschreiben, nimmt er eingestandenermaßen Kategorien und denkerische Grundpositionen der Frankfurter Schule der Philosophie und Soziologie und „wendet sie ins Allgemeine“[60]. Diese Zuordnung erleichtert die Kritik freilich entscheidend, muß doch das ganze linksliberale bis kommunistische Lager allemal gegen sich gelten lassen, was jemals einzelne an überzogenen Forderungen geäußert haben: die „herrschaftsfreie Kommunikation“ geht einher mit der „Demokratisierung aller Lebensbereiche“, überspannte „sozialtechnologische“ Vorstellungen werden mit „Selbstentfaltungsideen“ auf einen Nenner gebracht, Rationalität und Expressivität vereint. Der theoretische Rundumschlag ordnet alles Mißliebige, das es in dieser Gesellschaft zu entdecken gibt, der Manipulation der neuen Priesterklasse zu – und erinnert damit frappant an die dergestalt bekämpften „Gegner“, für welche die Wurzel allen Übels in gleichfalls monokausaler Weise das kapitalistische Wirtschaftssystem darstellt.

Zweitens werden die Auffassungen dieser Sozialwissenschaftler als jene „der Intellektuellen“ schlechthin präsentiert: Journalisten, Lehrer aller Stufen, Schriftsteller gehören zur neuen Klasse, ja selbst die „alte Reflexionselite“, die Theologen, sind bereits schwer angekränkelt vom verderblichen Weltbild der die Bedeutung der Gesellschaft übersteigernden Freiheitsvernichter. Aber Schelsky unterschätzt die Konkurrenzsituation und die Pluralität der Werteliten; auch die Gegner der von ihm apostrophierten Reflexionselite, die er im Bereich der empirischen Wissenschaft (!) und Technik, in der politischen Herrschaft und bei den

59 Ebd., S. 339.
60 Ebd., S. 126.

christlichen Kirchen ortet, sind nicht untätig und verfügen über hinlänglich fundierte und dotierte Bastionen, von denen aus ihr Einfluß geltend gemacht werden kann. Sollte man sich zwischen den beiden weltanschaulichen Polen im Sinne einer deskriptiven Gewichtung entscheiden müssen, so zeigen die Sozialisations- und Informationsgruppen noch allemal ein eher liberal-konservatives Gepräge als ein „linkes" (wobei unter letzterem sowohl die marxistische Orthodoxie als auch eine „Frankfurter"-Orientierung oder eine linkssozialistische Ideologie irgendeiner „Neo"-Spielart zu verstehen wäre).

Damit landen wir bei der *dritten* Generalisierung: Die Intellektuellen können bereits mit den entscheidenden gesellschaftlichen Tendenzen identifiziert werden, sie prägen ihnen die geschilderte Orientierung in allen Lebensbereichen auf, diskreditieren Leistung und Arbeit und beherrschen zunehmend Freizeit und Konsum. Die Grundthemenstellungen der Sozialwissenschaften, so Schelsky, bleiben nämlich niemals nur analytisch-neutral, sondern verhelfen der von ihnen analysierten politischen Wirklichkeit auch zur Wirkung[61]. Angemessener wäre es wohl zu sagen, daß diese Themen *auch* einen Einfluß auf den geschichtlichen Prozeß ausüben, der aber zudem von anderen Einflüssen begleitet wird und auch Gegeninteressen manifest werden läßt. Die neuen Herrschaftsgruppen stellen, wie Schelsky sagt, den *Anspruch,* daß Politik und alle Praxis sich ihren Maßstäben und Zielen unterwirft, und sie gewinnen damit ein kommandierendes, allenfalls patronisierendes Verhältnis zu anderen Sozial- und Herrschaftsgruppen[62]: Welch gravierende Überschätzung der Sozialwissenschaften, daß aus dem „Anspruch" allein bereits das „Herrschaftsverhältnis" erwächst.

Nun finden sich in diesem Buch, mit dem Schelsky den intellektuellen Cliquen des Sozialisations- und Informationsgetriebes seinen Fehdehandschuh hingeworfen hat, zahlreiche *berechtigte Kritiken,* die – assoziativ und skizzenhaft in kraftvoller Sprache hingeworfen – das spontane Gefühl der Zustimmung auslösen. Mit Befriedigung liest man die Attacken gegen übersteigerte politische Vorstellungen: gegen die Forderungen nach dem Ausbau von Staats- und insbesondere Wohlfahrtsleistungen ohne Rücksicht auf Funktionsmechanismen des Wirtschaftssystems und unter gleichzeitiger Diskreditierung der Leistungsorientierung; gegen die mit anarchistischem Drall vorgebrachte Herabsetzung der grundlegenden Staatsaufgaben als bloßen „law and order"-Denkens; gegen die allseitigen Demokratisierungs- und Mitbestimmungsvorschläge, die in den totalen Herrschaftsanspruch von „unten" münden. Mit Genugtuung vermerkt man die Polemiken gegen die Elendspropagandisten, welche die Industriegesellschaften als Jammertal kapitalistischer Repression, als von Entbehrung und Unfreiheit gekennzeichnete Ordnungen darstellen, ohne jedwede historische Reflexion der eigenen Lebensumstände. Mit grundlegender Zustimmung nimmt man die Kritik an Vorstellungen, Ethik und Wissenschaft zu verschmelzen, wahr, welche nicht selten zur Forcierung der „Parteilichkeit" als eines neuen Wissenschaftskriteriums, zum Ersatz von Kompetenz und „Wahrheit" durch Engagement, zur Abwertung „objektiver Gesetzmäßigkeiten" als einer bloß „technischen Rationalität" oder als eines „Herrschaftswissens" führt. Mit Berechtigung kritisiert Schels-

61 Ebd., S. 30.
62 Ebd., S. 101.

ky auch die aus einer Sinnkrise erwachsende Nichtbewältigung der Situationen individuellen Leids, des Schicksals, der Ohnmacht, der Schuld, des Todes in der modernen Gesellschaft, die in ihrem Wesen ausgeblendet werden und bloß noch als Ansprüche an soziale Organisationen und an wohlfahrtsstaatliche Betreuung zutage treten.

In diesen und vielen anderen Kritiken schillern Einsichten in Entwicklungen der Industriegesellschaft durch, die ein wohlbegründetes Alltagsverständnis mit dem scharfen Blick des Sozialanalytikers vereinen: jenseits theorieloser Empirie und diesseits kühner Abstraktionen, deren Konnex zur Realität nur mühsam herzustellen ist. Das Mosaik wertvoller Einsichten macht dieses Buch lesenswert, auch wenn sich die tragenden Thesen schwerlich in der behaupteten Allgemeinheit halten lassen.

Die Zweifel werden vor allem angesichts des Umstands virulent, daß die bewegenden Themen ein Jahrzehnt später ganz andere sind. Schelsky aber wollte keineswegs nur eine zeitpunktbezogene Diagnose stellen, nicht bloß gegenwartsbezogene soziologische Empirie liefern[63], denn die Entstehung des Heilsglaubens erstreckt sich seines Erachtens über Jahrzehnte, wenn nicht über mehrere Generationen hinweg; seine Thesen, so meinte er, werden nicht so schnell veralten, sondern wahrscheinlich Generationen überdauern[64]. Aber schon in den 80er Jahren tut man sich schwer, Schelskys Attacken nicht als *historischen Kreuzzug* abzutun. Denn von dem unaufhaltsamen Vormarsch linkssozialistischer Gesellschaftsinterpretationen ist nirgendwo mehr viel zu spüren; die wirtschaftlichen Krisenerscheinungen haben die Vorzüge der reichen Wohlfahrtsstaaten wieder ins rechte Licht gerückt, sozialistische Utopien sind durch den Realitätsdruck verblaßt, die Erben der Frankfurter Schule „verbürgerlichen“ zusehends. Die Demokratisierungs- und Mitbestimmungsdiskussion, zentrales Thema am Beginn der 70er Jahre, ist völlig passé; heute dominieren Themen wie Ökologie, Nuklearenergie und Atomkrieg, denen man in der Zeit der Studentenbewegung kaum einen Gedanken gegönnt hat. Gegen die sozialwissenschaftlich definierte Rationalität, die zugleich jede Innerlichkeit lächerlich gemacht hat[65], branden die Wellen eines neuen Irrationalismus – auf wissenschaftstheoretischer Ebene (Feyerabend), auf philosophischer Ebene (Sloterdijk), auf naturwissenschaftlich-metaphysischer Ebene (Capra). Selbstentfaltung wird keineswegs mehr strikt an die Gestaltung entsprechender gesamtgesellschaftlicher Umstände gebunden, sondern am Wochenende in einer blühenden gruppendynamischen Bildungshaussubkultur zelebriert. Die Verheißung einer „Transzendenz im Diesseits“, einer Gesellschaft ohne Leiden und Sorgen, ohne Erniedrigung und Beleidigung, ohne Armut und Krankheit, ohne Beherrschung und Ausbeutung, ist eher den Katastrophenszenarien gewichen, unter denen man sich die globale Vernichtung aussuchen kann; wo sie aufrechterhalten wird, richtet sie sich nicht auf eine soziale Utopie, sondern befindet sich auf dem Rückzug in Kleingruppen und auf Bauernhöfe. – Schelskys Prognose beruht auf einer Extrapolation unleugbar signifikanter Tendenzen an der Wende zu den 70er Jahren; die Jahre darnach brachten jedoch in vielen der beschriebenen Entwicklungen „Umschwünge“, „Ten-

63 Ebd., S. 99.
64 Ebd., S. 12.
65 Ebd., S. 176.

denzwenden", „Entwicklungsbrüche": Wir haben einen jener Pendelschwünge erlebt, den Sozialwissenschaftler kaum jemals prognostizieren können.

Kommen wir aber nochmals auf Schelskys Grundanliegen zurück: auf seine Kritik an einer Intellektuellenschicht, welche die Sinndeutung und die Orientierungsleistung einer Gesellschaft übernimmt. Das Verwirrende dieser Kritik ist ja gerade der Umstand, daß Schelsky immer wieder die *sozial-, kultur-* und *geschichtsphilosophische Deutungsaufgabe* als *unverzichtbare Aufgabe der Soziologie* – neben dem Anspruch auf die praktische Anwendung des Wissens – hervorgehoben hat, nun aber den Gruppen, welche diese Deutungsaufgaben vollbringen, schärfste Angriffe widmet. Diesem Dilemma sucht er allerdings dadurch zu entkommen, daß er die intellektuellen Leistungen – in Schelerscher Tradition – dreifach aufgliedert: in *Arbeitswissen,* das die Voraussetzung für die gesellschaftlich unabdingbaren qualifizierten Funktionen darstellt; in *Orientierungswissen,* das bereits philosophisch-ethnische Komponenten einschließt, aber immer noch an das Machbare, an die pragmatische Alltagswelt gebunden ist; und in das *Heilswissen,* das sich von dieser Realität löst und von den neuen Bekenntnis- und Gesinnungsgruppen propagiert wird. Folgen wir dieser Differenzierung, so wird Schelskys Großangriff gegen die Intellektuellen zu einem Scharmützel gegen den Sozialutopismus, der freilich auf Anhängerschaft rechnen, aber schwerlich als gesellschaftsdominierende geistige Strömung gewertet werden kann. Das positive Gegenbild ist für Schelsky das liberale Bildungsbürgertum, das – bei allen Schwächen im einzelnen – einen praktisch ausgerichteten Funktionalismus mit einer geistlich-moralischen Führung (unter den Leitideen der idealistisch-neuhumanistischen Philosophie) vereinte und für das Pflicht, Amtsethos und Staatsdienertum noch bedeutsame Kategorien der Lebensführung waren. So sehr man Schelsky auch in der Kritik an Utopismen beipflichten kann, so kann man sich doch des Eindrucks nicht erwehren, daß er sich die Wirklichkeit, um sie seinem Modell des geistlichen Herrschaftsanspruchs unterlegen zu können, hinlänglich „zurechtbürstet". Die Wirklichkeit, die Sphären der Politik, der Technik und der Ökonomie werden ihm zu den Bastionen der „Sachlichkeit", eine Verzerrung, die am anderen Extrem jener der „Elendspropheten" entspricht: den Intellektuellen sei vorzuwerfen, daß sie nicht bereit seien, „sich dienend irgendwelchen politischen, wirtschaftlichen oder sonstwie sachliche Ziele verfolgenden Führungen oder Autoritäten zu unterwerfen."[66] Daß jene „Amoralität" in ihrer Ambivalenz zuweilen auch zur Instrumentalisierung das Sachverstandes führen und damit noch ganz anderen „Heilsherrschaften" (als der „harmlosen" Herrschaft der Intellektuellen) den Weg ebnen kann, wird von Schelsky verdrängt: Die Wirklichkeit ist die Sachlichkeit, ihre Verzerrung stammt von den neuen Heilsverkündern. Was offen bleibt, ist jedoch nach wie vor die Frage, wie sich die *notwendige ethische Orientierungsleistung* von der *Heilsverkündigung* scheiden läßt: Warum sollte Schelsky selbst kein „Intellektueller" in dem von ihm beschriebenen Sinne, kein Heilsdeuter, kein Angehöriger der Reflexionselite sein? Er war es in der Tat, und im Hinblick auf seine Skizzierung der sozialwissenschaftlichen Aufgabenstellung ist dies durchaus sinnvoll und anders kaum möglich. Schelsky war im Herzen Sozialethiker und Philosoph; und nach den ersten Jahren seiner soziologischen Laufbahn, in denen ihn das ideologische Schockerlebnis in die Empirie drängte,

66 Ebd., S. 100.

tummelte er sich mit sichtlich größerem Wohlgefühl in anthropologisch-philosophischen Gefilden, welche er mit gesellschaftlichen Deutungen in engste Verbindung brachte. Daß auch er ein Prediger ethisch geleiteten Handelns auf der Grundlage eines „individualistisch-liberalen Erkenntnisinteresses" war, mußte sein Unbehagen an der soziologischen Kultur verstärken; konsequenterweise reklamierte er Anthropologie, Philosophie und Moral in die Soziologie hinein. Seine Denkschrift ist ein Manifest des *einen* Lagers in einem Schulenstreit, in welchem alternative Orientierungspropheten um die Seelen der Menschen ringen. Es ist die „*falsche*" Deutung – die der „anderen", der „Linken" – die Schelsky bekämpft; und daß die Schemata des Kampfes gegen die politischen Widersacher durchaus ebensolchen „Heilscharakter" tragen, dafür mag ein Zitat stehen, in dem die bekämpfte Gruppe in aller Direktheit den „Teufeln" gleichgesetzt wird. Schelsky schreibt beiläufig über eine „erschreckende persönliche Erfahrung": „Wenn man einmal das Fernsehen oder den Rundfunk so anstellt, daß man ungewollt mitten in eine Sendung hineinfällt, die ‚sozialaufklärerisch' sein will (. . .), und es hallen einem dann die Wortfetzen der stereotypen klassenherrschaftlichen Verdummung durch die intellektuelle Sozialvormundschaft entgegen, mit denen ja aufgrund ihrer Sendegewalt nicht mehr zu ‚kommunizieren' oder zu ‚argumentieren' ist, dann wird einem der unvermeidbare Glaube früher Kulturen an die ‚Dämonen' oder an den ‚Teufel' völlig verständlich. Der neue Teufel, das ist vor allem der unfaßbare Sprachverderber, der dadurch herrscht, daß er die Menschen ‚sprachlos' macht."[67] Man müßte solche Worte in einer „Streitschrift" nicht dergestalt auf die philosophische Waagschale legen, stünden sie nicht in jenem Kapitel, in dem Schelsky sehr subtil das wichtigste Herrschaftsmittel der Reflexionselite analysiert: im Kapitel über „Sprachherrschaft", in dem hintergründige ideologische Strategien anhand des Gebrauchs von Begriffen aufgedeckt werden.

Die Reflexionselite vermag ihre privilegierte Position – wie es dem Charakter des „Klassenkampfes" mit neuen Fronten entspricht – nach Schelskys Meinung auch in klingende Münze umzusetzen: Während die Intellektuellen ihre theoretischen Deutungen produzieren, müssen die anderen für sie arbeiten. Die *Sinn-Produzenten* stellen die unproduktive Klasse dar, sie beuten die *Güter-Produzenten* aus[68]. Die Möglichkeit hierzu erhalten die Heilsdenker dadurch, daß sie *auch* notwendige gesellschaftliche Funktionen erfüllen und diese dazu benutzen, sich die Klasse der Güterproduzenten unterzuordnen. Kennzeichnend für ihre Bewußtseinshegemonie ist die Diffamierung der Leistung, die durch die „Freizeitherrschaft" der Sinnproduzenten ergänzt wird.

Die Leistungsdiffamierung, die Klage über menschlichen „Leistungsstreß" und die Schattenseiten der „Leistungsgesellschaft", stellt zunächst eine für die herrschende Klasse überraschende Wertung dar: Warum sollte ausgerechnet die Herrschaftsklasse ihren Unterworfenen, von deren Mehrprodukt sie ihren Lebensunterhalt abschöpft, einreden, weniger zu arbeiten? (Auch „Kapitalisten" machen – im Sinne der Marxschen Tradition gesprochen – ihren Arbeitern gegenüber ja das Gegenteil.) Aber es geht gar nicht um echte Leistungsminderung, meint Schelsky, sondern nur um eine Abwertung der Leistung der anderen und um die

67 Ebd., S. 334.
68 Ebd., S. 242.

Abwehr von Leistungskriterien, die auf die Tätigkeiten der Reflexionselite angewendet werden könnten. Man ist ja auf das „moralisch abgeurteilte, ökonomisch aber abgesahnte System“[69] angewiesen; die Sinnstifter wollen die Vorteile der eigenen sozialen Position bewahren, aber den Leistungsanspruch für die eigenen Berufsfelder ablehnen; sie wollen das Konkurrenzprinzip eliminieren und das Risiko des Scheiterns meiden. Aus diesem Grunde erst wird die Leistungsdiffamierung zur Rechtfertigung einer nichtleistenden Klasse und zur „wertsetzenden Ausbeutungsideologie“[70]. Denn diese Klasse der Sinnproduzenten trachtet umso mehr Einfluß zu gewinnen auf die Freiheit der Bürger, denen der Konsum vermiest und die dauernde Bildung zur Bürgerpflicht erklärt werde; Schelsky hält dagegen: „Das Glück braucht keinen Vormund!“[71]

Diese „Ausbeutungstheorie“ bedürfte in manchen Punkten einer Erhärtung und Präzisierung. Ist es beispielsweise konsistent, daß die Reflexionselite den „produktiven“ Individuen einzureden versucht, daß zwar ihre Arbeit nichts wert sei, daß sie sie jedoch fortsetzen müßten oder höchstens ein wenig vermindern dürften? Müßten auf ihre Herrschaftsinteressen bedachte Sinnproduzenten nicht geradewegs das Umgekehrte tun, den Leuten nämlich einzureden versuchen, wie sinnvoll, wertvoll und selbstverwirklichend ihre Arbeit sei, um desto größere Erträge „abschöpfen“ zu können? Selbst wenn die Leistungskritik in einer Abwehr von „eigenen“ Leistungskriterien bestehen sollte: Kann diese Absicht auch realisiert werden? Gibt es, wie dies für eine „Ausbeutungstheorie“ vonnöten ist, Indizien dafür, daß die Sinnproduzenten tatsächlich relativ immer weniger arbeiten? In welchem Sinne schließlich kann wohl davon gesprochen werden, daß die Intellektuellen im Besitz entscheidender „Produktionsmittel“ seien, nämlich der Sinnsetzung und der Sprachherrschaft? Inwieweit ist die „Sprache“ ein knapper Produktionsfaktor, oder handelt es sich bei dieser Terminologie nur noch um eine metaphorische Übertragung zum Zwecke der Begründung von „Ausbeutungs“-Positionen (und welche Spielart von „Sprachherrschaft“ liegt in diesem Fall vor)?

Ein entscheidender Kritikpunkt aber ist der Umstand, daß – selbst wenn „Herrschaft“ zugestanden wird – die „Ausbeutung“ selbst nicht hinreichend begründet werden kann. Denn Schelsky gesteht zu, daß die Sinn-Produktion immer auch zur Produktion des sozialen Lebens, ja auch zur Güter-Produktion hinzugehört, und daß auch Information, Ausbildungswesen, moralische und geistige Überzeugungen und Normen „Güter“ sind, die für das Funktionieren der Gesellschaft notwendig sind. Die Sinn-Produzenten, so muß man Schelsky dann wohl deuten, üben einerseits unentbehrliche *sachliche* Funktionen für die Gesellschaft aus – d.h. Funktionen im Bereiche der Sozialisation und Information, der sozialen Betreuung und der wissenschaftlichen Planung, der Singebung und Norminterpretation –, andererseits aber auch *„überflüssige“*, sozusagen ursurpierte Funktionen, die allein auf ihren Herrschaftsdrang zurückzuführen sind. Von „Ausbeutung“ aber kann erst gesprochen werden, wenn der Nachweis erbracht werden kann, daß das Entgelt für diese „Kuppelproduktion“ größer ist als jenes, das für die „notwendigen Funktionen“ allein gezahlt werden müßte, wenn also

69 Ebd., S. 252.
70 Ebd., S. 259.
71 Ebd., S. 286.

zusätzliche Ressourcen, die ansonsten den Bürgern zugute kämen, für Tätigkeiten, die ohne Schaden wegfallen könnten, abgeschöpft werden: ein Nachweis, der schwerfallen dürfte. Angesichts der Anerkennung „notwendiger Funktionen" jedoch wird die Bezeichnung der Sinn-Produzenten als „unproduktive" Klasse jedenfalls zu einem Diffamierungsbegriff, der weniger auf ökonomischem Gehalt beruht als auf publizistische Wirkung berechnet ist.

Gerade die polemische Formulierung der Einsichten macht natürlich Schelskys Manifest zu einem Werk, an dem man sich in vielen Abschnitten mit Gewinn vergnügen kann; zudem steht ein *ernstes und durchaus berechtigtes Anliegen* dahinter, bestimmte sozialwissenschaftliche „Verzerrungen" der Weltsicht mit aller Kraft zu bekämpfen. Die eigentliche Stoßrichtung aber, so möchte ich behaupten, liegt nicht im wissenschaftlich-gesellschaftstheoretischen Bereich, sondern im Versuch, das jenseits der Wissenschaft liegende Terrain menschlichen Lebens in die rechte Beziehung zu den Sozialwissenschaften zu setzen. Freilich bedeutet dies nicht eine Vermischung von Leben und Wissenschaft, eine Aufwertung gefühliger Subjektivität, welche mit szientistischen Überlegungen zusammenzufließen hätte; Schelsky will allerdings das legitime Terrain des „Lebens" als Grenze sozialwissenschaftlicher Erörterungen berücksichtigt wissen. Die deutliche Kennzeichnung des Unterschieds zwischen *Leben* und *Wissenschaft* scheint in der heutigen Gesellschaft – zumal im sozialwissenschaftlich am ehesten geprägten oberen Mittelstand – unter dem Einfluß der Reflexionselite tatsächlich verloren zu gehen: Der fatale Effekt sozialwissenschaftlicher Verkündungs-Dominanz liegt nicht in der Eroberung der Herrschaftspositionen und in der Ausbeutung durch intellektuelle Heilsverkünder, sondern in dem Umstand, daß sich töriche Bürger ihre Lebensführung von quasiwissenschaftlichen Prinzipien bestimmen lassen. Durch diese „Verwissenschaftlichung" des Lebens geraten die sozialen Alltagsbeziehungen in eine sozialinstrumentelle Perspektive, sie werden psychologisch-soziologischen Analysen unterzogen und in der einschlägigen Terminologie beschrieben. *Selbstdistanzierung,* zentral für jede wissenschaftliche Arbeit, wird zur Quelle der *Selbstentfremdung,* wenn sie in jede Alltagshandlung einsickert, wenn „wissenschaftliche Objektivität" die menschlichen Beziehungen zueinander bestimmt. Die experimentell-technische Haltung zu sich selbst wird durch den Jargon der sozialwissenschaftlichen Eigentlichkeit gefördert, das Psycho-Labor in den Alltag transferiert: Man muß sich „ausprobieren", einander „ausprobieren", die Beziehungen „planen", das Ergebnis dieser „Tests" kalkulieren . . .

Es ist immer nur die „schlechte" Sozialwissenschaft, ihre simplifizierte, vulgarisierte, zurechtgestutzte Form, die sich als Massenhaltung verbreitet. Man beobachte liberale Eltern der oberen Mittelschicht, denen man beigebracht hat, daß jedes bei den Kindern durchgesetzte Verbot zu neurotischen Störungen der Persönlichkeitsentwicklung führen kann, bei ihrer hilflosen Planung der „Sozialisation" ihrer Kinder, die ohnehin zumeist ins konfuse „laissez-faire" mündet. Man bedenke die Tragikomödie, die darin zum Vorschein kommt, daß ein junges Mädchen darüber klagt, daß es mit seiner derzeitigen „Primärbeziehung" nicht gut läuft. Man vergegenwärtige sich die Situation von mit geschulten Therapeuten besetzten „Beratungsstellen", welche die unvermeidlich auftretenden Lebensprobleme in eine alle Banalitäten verdeckende Sprache übersetzen und damit den Eindruck erwecken, sie könnten die Schwierigkeiten ihrer Klienten in den Griff bekommen. Man wende seine Aufmerksamkeit den gruppendynamisch versierten „Seelenenthüllern" zu, die wohldotierte Hilfestellung leisten bei der Suche nach dem eigenen Ich, das in den Turbulenzen der kulturellen Krise angeblich verloren gegangen ist. – Freilich zeigt das sozialwissenschaftlich durchleuchtete und behandelte Individuum auch „Wirkung": Wenn es sozialwissenschaftlich feststeht, daß ein normaler Mensch in einer bestimmten Situation in die „Krise" zu geraten hat, wird sich ein jeder – zur Wahrung seiner „Normalität" – um die Krise „bemühen". Der Familienexperte stellt fest, daß die Gatten eigentlich keine Chance haben, harmonisches Zusammenleben und individuelle Selbstentfaltung zu vereinen; der Pädagoge verkündet, daß Lernen unter Anwendung geeigneter Didaktik ein ausschließlich lustvolles Beginnen sei; der Psychologe tut kund, daß jeder „normale" Jugendliche den Generationskonflikt mit seinen Eltern austragen müsse; und die Soziologen übermitteln die Botschaft, daß der Durchschnittsmensch schleunigst bestimmte sexuelle Praktiken zu erlernen habe und daß er zumindest am Anfang, in der Mitte und auch am Schluß seines Lebens in die Identitätskrise geraten müsse. – Dabei handelt es sich um sozialwissenschaftlich angeleiteten „Realitätsverlust".

Die *spezifischen Probleme* ganz *spezifischer Gruppen* sind es, die Schelsky ins Auge gefaßt hat; und er hat recht daran getan, sie mit Verve zu bekämpfen. Daß er diese Tendenzen kräftig überzeichnet hat, mag an verschiedenen Gründen liegen: am Charakter des Buches als einer „Streitschrift"; an einer Extrapolation von Entwicklungen, die nur über einige Jahre hinweg gültig waren; oder auch an dem Umstand, daß die Intellektuellen allemal glauben, die Perspektiven ihrer Subkultur seien jene aller Menschen: Auch Schelsky war natürlich ein Angehöriger der intellektuellen Reflexionselite.

5. Leistung und Dynamik sozialer Institutionen

In der bereits erwähnten Theorie der Institution fließen die wichtigsten Interessen Schelskys zusammen: seine Verteidigung der individuellen Autonomie gegenüber den gesellschaftlichen Zwängen; seine Kritik an einer verengten, anthropologische Argumente ausschließenden Soziologie; sein Versuch, ein liberal-demokratisches Paradigma für die westlichen Gesellschaften zu entwerfen. Es drükken sich darin – in der anthropologischen Grundlegung einerseits und in der juristischen Orientierung andererseits – gleichermaßen seine ersten wissenschaftlichen Interessen als Gehlens Schüler wie auch seine Lehr- und Forschungsorientierung in den letzten universitären Jahren an der Rechtswissenschaftlichen Fakultät in Münster aus.

Schelsky knüpft in seiner Skizze sozialer Institutionen[72] an den amerikanischen Pragmatismus und die vergleichende Ethnologie, an die deutsche philoso-

72 Zur Institutionstheorie Schelskys wären insbesondere die folgenden Arbeiten zu nennen: der 1949 veröffentlichte Aufsatz „Über die Stabilität von Institutionen, besonders Verfassungen. Kulturanthropologische Gedanken zu einem rechtssoziologischen Thema", jetzt abgedruckt in „Auf der Suche nach Wirklichkeit", S. 33–55; weiters die Arbeit „Zur soziologischen Theorie der Institution", abgedruckt in „Die Soziologen und das Recht", S. 215–231; sowie die zwei weiteren Aufsätze in diesem Band: „Der behavioristische Ansatz der Institutionenlehre (Floyd Henry Allport)" und „Die Institutionenlehre Herbert Spencers und ihre Nachfolger"; von Interesse sind diesbezüglich auch einige in dem Band enthaltene Aufsätze über das Recht.

phische Anthropologie (Scheler, Gehlen, Plessner) und an die juristische Institutionenlehre (Hauriou) an. Die wichtigsten Schritte seiner Rekonstruktion der Funktionsbestimmung sozialer Institutionen sind die folgenden:

(1) Bronislav Malinowski, dem bereits Theoretiker wie Herbert Spencer, William Graham Sumner, Albion Small u.a. vorangegangen waren, gründet seine institutionentheoretische Betrachtung auf die *Funktionen,* welche diese Einrichtungen erfüllen: Ein gesellschaftliches Phänomen hat eine Funktion, wenn es zur Befriedigung von Bedürfnissen der Individuen dient; um alle bedürfnisbedingten Funktionen und Aktivitäten bilden sich *Institutionen* als organisierte Gruppenstützung des Verhaltens. Die Untersuchung von Institutionen muß also – insoweit stimmt Schelsky zu – zunächst auf eine funktionale oder *sozioanthropologische Analyse* gegründet werden.

(2) Auch die zweite Ebene der Analyse liegt für Schelsky auf der Hand. Jede Institution verfügt über einen materiellen Apparat, ein Normsystem und Personal, ist also einer *organisations-soziologischen* Analyse zu unterziehen.

(3) Worauf Schelsky aber besonders Wert legt, ist der Umstand, daß jenseits der systemtheoretischen und biologisch-anthropologischen Betrachtung die „Charter", die Leitidee, das Ziel, die Basis-Ideologie von Institutionen betrachtet werden müsse: Die menschliche Vorstellung begründet – als eigenwirksamer Faktor – eine Institution mit, so daß die individuelle Subjektivität, der Mensch als Schöpfer und Träger von Ideen, als autonomer Faktor zur Erklärung von Institutionen im Sinne einer *sozialphilosophischen Analyse* herangezogen werden muß.

(4) Unter Zugrundelegung dieser Erweiterung der Analyse ist es folgerichtig, daß Schelsky einfache Gegenüberstellungen soziobiologischer und institutioneller Phänomene kritisiert: so hält er die zuweilen vorgelegten Versuche, Grundbedürfnisse zu klassifizieren und diesen entsprechende Sozialinstitutionen zuzuordnen, deswegen für irreführend, weil jede Institution mehrere Bedürfnisse befriedigt und umgekehrt bei der Befriedigung jedes Bedürfnisses mehrere Institutionen beteiligt sind.

(5) Schon Malinowski hat schließlich auch einen *dynamischen* Aspekt in dieses Modell gebracht: Biologisch bedingte Grundbedürfnisse erfüllen sich in Primärinstitutionen, die in der Folge in endogener Weise neuartige Folgebedürfnisse entwickeln, die wiederum in neuen Institutionen befriedigt werden und zu neuen abgeleiteten Bedürfnissen führen usw. Die kulturelle Aktivität wirkt also selbst auf die Bedürfnisstruktur zurück, sie gewinnt eine eigenständige Wirklichkeit und Gesetzlichkeit; es entsteht ein Prozeß von Wechselwirkungen zwischen Bedürfnissen und Institutionen, in dem sich Kultur aufbaut.

(6) In Anwendung dieses Modells hat Schelsky bereits in einem Aufsatz 1949 Erwägungen über die *Stabilität von Institutionen* angestellt. Deren Stabilität kann man seines Erachtens bestimmen „1. als die relative Konstanz der Quantität der in ihr befriedigten Bedürfniskorrelationen und Antriebskombinationen, 2. als die Aufrechterhaltung der wechselseitigen Leistungsabhängigkeit des hierarchischen Bedürfnisaufbaus, und 3. als die Fortführung der hierarchischen Entwicklungsrichtung der Kultur dadurch, daß die sich aus jeder Institution ergebenden Folgebedürfnisse jeweils ihre neue institutionelle Lösung finden."[73]

73 Über die Stabilität von Institutionen, besonders Verfassungen, S. 40, vgl. auch Die Soziologen und das Recht, S. 224ff.

Die erste Bedingung kann man offensichtlich als These der *Substitutierbarkeit* stabilisierender Elemente in einem gesellschaftlichen System verstehen: „was an Energien durch den Wandel, sei es nun eine Schwächung oder eine Steigerung, eines Bedürfnisses ihr entzogen oder zusätzlich aufgebürdet wird, kann durch den entsprechenden Gegenvorgang eines oder mehrerer Antriebe dieses Systems so ausgeglichen werden, daß die Stabilität der Institution als solche gewahrt bleibt oder sogar noch gefestigt wird."[74] Auch die zweite Bedingung schließt an dieses Interdependenzverhältnis an, schränkt aber die *Substitutionsmöglichkeiten* ein: Der Wegfall bedürfnisbefriedigender Institutionen könne andere überlasten, wie dies am Beispiel der Monarchie in Deutschland 1918 sichtbar sei. – Diese beiden ersten Feststellungen sind nichts weiter als quasi-systemtheoretische Bedingungen, wie sie häufig formuliert werden. Die dritte Bedingung führt uns zu *Instabilitätspotentialen,* die auf zwei Weisen manifest werden können: „einmal durch eine Veränderung der die Institution tragenden Bedürfnisse und Antriebe, der kein zugeordneter Wandel der Institution oder ihrer Formen entspricht, zum anderen durch eine Veränderung der Institution bei gleichbleibendem Bestand der Bedürfnisse und Antriebe."[75] Der Eintritt solcher Ungleichgewichte ist umso wahrscheinlicher, als die Eigendynamik der Bedürfnisentwicklung derartige „lags" zwangsläufig produziert: Sozialer Wandel besteht für Schelsky in der Hervorbringung neuer Bedürfnisse, die ihre neuerliche institutionelle Erfüllung verlangen, durch das Wirken der Institutionen.

(7) Zu einer wesentlichen Erweiterung seiner institutionentheoretischen Überlegungen gelangt Schelsky dadurch, daß er die *Analyse des Rechts* mit jener der sozialen Institutionen zu verbinden trachtet; damit stößt er unmittelbar wieder auf die Freiheitsthematik. Er wirft verschiedenen Theoretikern vor, das Recht zugunsten der Institution (Gehlen), zugunsten des Machtinteresses (Dahrendorf) und zugunsten der Politik als Moral (Habermas) ausgeblendet oder es zum gesellschaftlichen Steuerungsmechanismus (Luhmann) vereinseitigt zu haben. Er kritisiert insbesondere eine *systemfunktionale Analyse* des Rechts, die seines Erachtens nur untersuche, welche Leistung das Recht für das Funktionieren der Gesellschaft als eines ganzen Systems erbringe, wodurch das Recht dem Individuum bloß äußerlich entgegentrete; und eine *anthropologisch-funktionale Analyse,* welche die Leistung der Institutionen ausschließlich unter dem Gesichtspunkt eines Instinktersatzes – als Mittel der Verhaltensorientierung, der Entlastung, der Motivationsstützung usw. angesichts einer extremen menschlichen Verhaltensunsicherheit – betrachte. Gerade das *Recht* ist nach Schelskys Meinung aber nicht mit den Institutionen identisch, sondern schafft *in* den Institutionen den Bereich des bewußten Zweckhandelns. Es sei daher ein heute selten gewordener *personfunktionaler* Ansatz zu wählen, der sich mit dem „Bedürfnis nach Recht" – einem „abgeleiteten Kulturbedürfnis" im Sinne Malinowskis – befasse und den Verhaltensbereich des subjektiv freien und bewußten Handelns anerkenne.

74 Über die Stabilität, S. 41. – Daneben gibt es die grundsätzliche Unterschreitung der notwendigen Intensität aller oder einzelner Faktoren des Systems, und die Institution erlischt an Antriebsentzug; andererseits könnte eine Intensitätsübersteigerung eintreten, eine Überlastung der Leistungsfähigkeit der Institution durch eine Hyperthropie einzelner oder gar des ganzen Systems der Bedürfnisse. (S. 41f.).

75 Ebd., S. 44.

(8) Das Recht ist also innerhalb der Institutionen jener Bereich, in dem Planung und Gestaltung vonstatten gehen, der die Voraussetzungen für Anpassungsfähigkeit und Veränderung bietet, in dem Zukunftsdimensionen greifbar werden und letztlich Freiheit und Verantwortung ihren Platz haben. Die rechtliche Gestaltung beruht auf „leitenden Ideen", auf Endzielen, auf Vorstellungen über den Lebenssinn (die nicht identisch sind mit dem „Normensystem" der Institution). Jede adäquate Analyse der sozialen Wirklichkeit muß die daraus resultierenden normativen Vorgaben berücksichtigen, von denen Schelsky insbesondere drei hervorhebt: die Gegenseitigkeit auf Dauer, die Gleichheit bei Verschiedenheit und die Integrität und Autonomie der Person gegenüber der Organisation.

Im Recht läßt sich die Verknüpfung äußerer Gegebenheiten und Einflüsse mit der kritisch-reflektierenden Subjektivität und der Moral der Person am deutlichsten zeigen.

Diese Darstellung des institutionellen und rechtlichen Aufbaus der Welt liefert ein abstraktes Modell, gegen dessen Grundaussagen sich schwerlich Einwände erheben lassen. Der Mensch produziert seine Welt aufgrund seiner Bedürfnisse, die nicht nur als biologische verstanden werden dürfen, sondern die im Zuge der sozialen Entwicklung modifiziert werden. Die unüberschreitbare Hürde, an der Bedürfnistheoretiker – wie Maslow, Rokeach oder Inglehart – ohne spekulative Akzente nicht auskommen, liegt erst bei der konkreten Festlegung von Bedürfnishierarchien oder Abfolgen des Differenzierungsprozesses der Bedürfnishaushalte. Schelsky begibt sich allerdings nicht in die Niederungen solcher Konkretisierungen, was sein Modell vor Schaden bewahrt: Denn über das prinzipiell dialektische Verhältnis von subjektiven Wertungen und äußeren Lebensbedingungen wird man sich wohl einigen können.

Aus diesem Wechselverhältnis resultiert auch die soziale Dynamik: Der Mensch schafft sich seine Welt, die ihm sodann als äußere Umwelt entgegentritt und ihm Lebensverhältnisse bietet, welche seine Werte und Wünsche wiederum verändern und ihn zu Anstrengungen veranlassen, die Umwelt den veränderten Präferenzen anzupassen. Wenn man nicht krude biologistische Vorstellungen über historisch generell unveränderliche Bedürfniskataloge vorbringen oder simple monokausale Modelle ökonomistischer Überbauformierung propagieren will, ist die gegenseitige Beeinflussung institutioneller Gegebenheiten und subjektiver Werte wohl kaum kritisierbar.

Es gibt allerdings einen konkreten Anwendungsfall dieser Bedürfnisentwicklung; als eines der letzten Ergebnisse dieses Bedürfnisproduktionsprozesses sieht Schelsky die Reflexionssubjektivität des Individuums: „Gegenüber den religiösen und quasi-religiösen Glaubensformen des Selbstbewußtseins taucht in der Moderne immer stärker ein *Bewußtseinsbedürfnis der kritischen Selbstreflexion und des sachlich-konstatierenden Selbstbezuges des Menschen zu sich auf.*"[76] Schelsky glaubt aber nicht daraus die Schlußfolgerung Gehlens ziehen zu müssen, der gemeint hatte, daß durch die rationale Prüfung der Institutionen unter dem Gesichtspunkt ihres Zweckes und ihres lebensdienlichen Nutzens der Glaubenswert ihrer Leitideen schwinde, sie daher den Charakter technischer, funktionaler Mittel erhalten und die „Geschichte" ihr „Ende" finde; Schelskys Gegenargu-

76 Zur soziologischen Theorie der Institution, in: Die Soziologen und das Recht, S. 226.

ment lautet: „Man kann (. . .) die Ansprüche der individuellen Subjektivität und der Funktionssachlichkeit selbst als eine neue Ideenebene, als ein Bewußtseinsbedürfnis wie das des ‚Glaubens', auffassen, die in neuen Institutionen oder im institutionellen Wandel der alten Institutionen ihre Erfüllung und Absättigung finden können, ohne damit die alte Institutions- und Kulturstruktur zu zerstören."[77] Dies ist freilich insofern richtig, als hiermit ein Anpassungsproblem zwischen subjektiven Forderungen und institutionellen Gegebenheiten benannt ist, dessen Lösung Gehlen pessimistisch und Schelsky (zumindest in diesem Kontext) eher optimistisch beantwortet hat. Aber Schelsky erweckt ein wenig den Eindruck, daß der Entfaltungs- und Gestaltungsprozeß von Bedürfnissen und Institutionen eine recht unproblematische Abfolge darstelle; denn die zwangsläufig sich anschließende Frage, die konkreter und interessanter ist, mag wohl die sein, welche kulturellen Entwicklungen (Bedürfnisse) mit welchen Systemmechanismen (Institutionen) vereinbar sind: Gibt es Widersprüche, die nicht in einer neuen institutionellen Innovation aufgefangen werden können? Und darüber hinaus: Gibt es eine Eigendynamik der institutionellen Entwicklung? Wo sind die „Fallen" einer sozialen Entwicklung, in denen sich erwartete institutionelle Leistungen in ihr Gegenteil verkehren? Welche Probleme ergeben sich bei den Aggregierungsvorgängen individueller Bedürfnisse; zu welchen unintendierten Konsequenzen, unkalkulierten Nebenfolgen, „Spiel"-Situationen kann es hierbei kommen? Löst das Reflexionsbedürfnis nicht doch jene unhinterfragten Traditionen, die nur als solche wirksam werden können, auf, und führt es nicht trotz seiner Institutionalisierung in eine Orientierungskrise? Ist nicht die Reflexionselite heilsdeuterischer Prägung Ergebnis jener Institutionalisierung der Dauerreflexion, die Schelsky hier als ungefährlich, in seiner Intellektuellenkritik jedoch als recht fatal ansieht?

Für Schelsky reicht es hin, wenn er Indizien der Gegenwartsgesellschaft findet, die seine These von der Institutionalisierung der Reflexionssubjektivität bestätigen. „Wer sehen will", so stellt er fest, „kann heute das Vorhandensein zahlreicher Institutionen feststellen, in denen sich speziell die moderne Subjektivität als Bedürfnis absättigt, befriedigt und ritualisiert: von speziellen neuen Formen der Presse angefangen über den Literatur- und Kunstbetrieb bis hin zu dem Tagungswesen und den vielen Formen der ‚Gesprächs'-Institutionalisierung."[78]

Der Zusammenhang von Recht und Institution ist aber noch wichtiger und für Rechtstheoretiker ein interessantes Problem: Schelsky hat sich schon in seinen ersten institutionstheoretischen Erörterungen auf das Recht (insbesondere auf das Verfassungsrecht), das für ihn – bei entsprechender Betrachtung – den Aspekt der Freiheit der Person so trefflich mit jenem einer planmäßigen Umweltgestaltung vereinte, bezogen, und diese Akzentuierung ist später durch biographische Gegebenheiten verstärkt worden[79]. Zweifelsohne bietet sich eine Theorie der In-

77 Ebd., S. 229.

78 Ebd.

79 Schelsky schreibt in seinen „Rückblicken" (S. 98): In einer der „Notsituationen" seiner Laufbahn, nach dem „Zerwürfnis" mit seiner Bielefelder Fakultät, fand er eine Rückzugsposition auf der Juristischen Fakultät der Universität Münster. Dies „hat mir zu Anfang der siebziger Jahre eine neue wissenschaftliche Aufgabe gestellt und so neue Impulse für wissenschaftliche Lehr- und Forschungstätigkeit ausgelöst, die sonst im

stitution, deren Bezüge zum Rechtssystem schon im ersten Aufsatz vom Ende der 40er Jahre deutlich waren, zur rechtstheoretischen Erweiterung an: „In der von mir immer wieder thematisierten Spannung zwischen freiheitlicher Selbstbestimmung des Subjekts und den institutionell gesetzten gesellschaftlichen Zwängen ist mir das praktische Ordnungsprinzip des Rechts, wie es bereits Kant und die Aufklärung verstand, zur letzten zu vertretenden geistigen Position geworden. *Recht* verbindet nicht nur ererbte Stabilität mit dauerndem sozialen Wandel, sondern es ist in dieser institutionellen Spannung zwischen subjektiver Freiheit und sozialem Sachzwang der einzige politische Mechanismus, der zwischen unaufhebbarer Fremdbestimmung und immer erstrebter Selbstbestimmung der einzelnen Person politisch und sozial vermitteln kann."[80] Damit münden auch die Überlegungen zur Theorie der sozialen Institution und zur Funktion des Rechts in die Antinomie von Individuum und Gesellschaft: „So scheint mir im Recht jene ‚Praxis' begründet zu sein, die subjektive Freiheit und Selbständigkeit mit sozialen Zwängen, die ‚Person' und ‚Institution' versöhnt."[81]

Schelsky, der das „Recht" als Stätte der menschlichen Kreativität und Innovation „freikämpfen" will, hält die Untersuchungen, die sich auf die Prägung des sozialen und individuellen Bewußtseins durch soziale Tatbestände richten, für einseitig und will demzufolge der umgekehrten Einflußrichtung, der Gestaltung sozialer Sachverhalte durch rechtsförmig geronnene Ideen, stärker nachgehen. Auch wenn dies ein legitimes Anliegen ist, so wundert man sich doch, daß die durchaus richtige Feststellung, daß einerseits die Gesellschaft in mannigfacher Weise das Recht, andererseits aber auch das unter dem Einfluß menschlicher Gestaltungsfreiheit geschaffene Recht die Gesellschaft präge, von einer derart zentralen Bedeutung sein soll. Wir stoßen zudem hier auf das gleiche Dilemma, das bereits anhand von Schelskys Soziologie-Kritik erörtert wurde: Menschliches Handeln geht genau so wenig wie juristisches Gestalten in der gesellschaftlichen Determination auf, sondern besitzt eine eigene Potenz. Aber wiederum kann sich eine sozialwissenschaftliche Betrachtung nicht darauf beschränken, politisch-rechtliche Absichtserklärungen in quasi naiver Weise als Triebkräfte der Gesetzgebung hinzunehmen; auch wenn die Rechtsgestaltung nicht als Derivat gesellschaftlicher Prozesse „abgeleitet" werden kann – so wie es eine Zeitlang modern war, den Staat aus politisch-ökonomischen Verhältnissen „abzuleiten" –, müssen doch auch politische Programme und juristische Leitvorstellungen auf ihre „Funktion" hin befragt werden, auf ihre gesellschaftliche Herkunft und soziale Prägung: Das Ergebnis kann möglicherweise auch jenes sein, daß sich keinerlei derartige Determinanten ausfindig machen lassen, sondern daß die Wurzel eines Gesetzes im individuellen ethischen Engagement weniger Politiker zu finden sein mag. (Und selbst dabei mag der Soziologe weiterfragen, wie es denn dazu gekommen ist, daß sich ausgerechnet diese Politiker dafür engagierten und

sechzigsten Lebensjahrzehnt selten auftreten. Doch der geistige Ertrag dieser institutionell ‚zufälligen' Einflüsse auf meine wissenschaftliche Arbeit bestand in einer unter Soziologen wohl recht seltenen *Aufwertung des Rechts als Grundlage unseres Gemeinwesens ‚Bundesrepublik'.*"

80 Ebd., S. 98.

81 Ebd., S. 99. Die Fragen, die mit den rechtssoziologischen Auffassungen Schelskys verbunden sind (sowie die Beziehung zu anderen Elementen seines Werks) können hier nicht behandelt werden: Dieser Aufgabe widmet sich Werner Krawietz in diesem Band.

Erfolg haben konnten.) „Ideen" und „Endziele" sind nicht a priori exempte Gebiete im Bereich der sozialwissenschaftlichen Analyse.

6. *Über Intellektuelle, Journalisten und Politiker*

Die institutionentheoretische Betrachtung, die in der soziologischen Theorienlandschaft wohl den Platz einer umfassenden Gesellschaftstheorie einzunehmen geeignet ist – von der Schelsky in anderen Zusammenhängen des öfteren meinte, daß sie unmöglich sei und daß man sich mit einem Pluralismus von hinsichtlich ihrer Reichweite weniger anspruchsvollen Theorien begnügen müsse –, stellt den abstrakten Endpunkt der Freiheitsthematik dar, die sich durch Schelskys Werk zieht; auf dem anderen Pol der realsoziologischen Konkretion liegen dagegen jene Arbeiten aus den letzten Jahren, die sich in eine weitverbreitete Kritik an Wohlfahrtsinstitutionen, Medien, bürokratischen Organisationen und Funktionären einreihen. In diesen institutionellen Bastionen versammeln sich ja letztlich auch die Angehörigen der Reflexionselite; da deren professionelle Sinnvermittlung im wesentlichen über die Medien erfolgt, hat sich Schelsky der veränderten Rolle der Massenmedien zugewandt, einer Entwicklung, der er ähnliche Bedeutung zuschrieb wie der Industrialisierung vor allem des 19. Jahrhunderts. In seinem Buch über „*Politik und Publizität*" (1983)[82] betreibt er nicht nur konventionelle Medienkritik, sondern versucht, bestimmte Charakteristiken des gegenwärtigen medienzentrierten Politikmachens anhand einer Konfrontation mit Carl Schmitt herauszuarbeiten, der seinerzeit als Wesen des „Politischen" das „Freund-Feind-Verhältnis" bestimmt und damit klare Fronten und transparente Entscheidungen vorausgesetzt hatte. Unter dem Einfluß der neuen Medientechnik entsteht nach Schelskys Meinung jedoch ein neuer Typ des Politikers und eine andere Form, „Politik" zu treiben. Jede politische Handlungsabsicht sei von vornherein nicht unmittelbar auf die Veränderung, sondern zunächst auf die Wirkung in den Medien abgezielt; sowohl die klassische Fiktion, daß Sachargumente zu vernünftigen Ergebnissen führen müßten, als auch das Wesen der Politik als eines des Kompromisse-Schließens müsse verhüllt werden, wenn die Ergebnisse des Prozesses von jeder Seite als „Siege" verkauft werden müßten; jeder Politiker müsse daher grundsätzlich auf „zwei Gleisen" fahren: „einerseits auf der Schiene der publizistischen Macht- und Zustimmungsgewinnung, andererseits auf der realistischen Schiene der kompromißhaften Bewältigung der vorhandenen Konflikte."[83]

82 Helmut Schelsky: Politik und Publizität, Stuttgart-Degerloch 1983.

83 Ebd., S. 63. – „Der Kern dieser Art von ‚Politik' wird die Verhüllung der nach wie vor grundlegenden internationalen und nationalen Interessengegensätze, der ‚offenen Freund-Feind-Verhältnisse', durch die verschleiernde Macht der Publizität sowohl in der ‚Weltmeinungsbildung' als auch in der innerpolitischen staatlichen ‚Willensbildung'. (. . .) Die Politiker sind gezwungen, im Medium der ‚Publizität' mit Sachargumenten, oft personifiziert, die Meinungsbildung auf allen Ebenen zu beeinflussen, aber *sie können diese öffentliche Argumentation nur bis zu der Grenze führen, wie sie ihren Macht- und Einflußinteressen entspricht, und müssen das sachliche Argument in dem Punkt abbrechen und verschweigen, wo es sich gegen sie selbst zugunsten der politischen Gegner wenden würde.* – Ich halte dies für die entscheidende Begriffsbestimmung ‚des Politischen' heute." (S. 63f.).

Das aber hat nach Schelskys Meinung zumindest die folgenden Konsequenzen. Erstens ist damit ein *Zwang zur Unehrlichkeit* geschaffen: Das Politische werde zur veröffentlichten Halbwahrheit erniedrigt, die Politiker werden zu „Halb-Lügnern“ oder „öffentlichen Halbdenkern“[84]. „*Der publizistische Wahlbetrug gehört zu den Kennzeichen ‚des Politischen‘ in Ost und West.*“[85] Die logische Folge, daß das „Volk“ den verkündigten Versprechen der Regierenden nicht mehr glaube, zeichne sich auch in den westlichen Demokratien bereits ab. – Zweitens aber wird der Bürger über die *Mechanismen der Politik* getäuscht, was sich langfristig noch weit fataler auswirken kann: Was ist konsensfähig, was ein Grundsatzkonflikt? Was ist ein politischer Erfolg, was konnte nicht erreicht werden? Was ein Sieg, was ein Kompromiß? Das demokratische Verständnis wird durch die „Medienpolitik“ abgebaut.

Aber die Medien sind nach Schelskys Auffassung heute auch zum wichtigsten Herrschaftsmittel geworden: Das NS-Regime machte das erste Mal durch die Medien (die „Volksempfänger“) aus einer nationalen Gesinnungsgemeinschaft eine ideologische Meinungsgemeinschaft[86]; der „Volkswille“ ist heute der publizitätsgesteuerte Meinungswille der Staatsbürger geworden[87].

Die Manipulierbarkeit der öffentlichen Meinung soll freilich nicht übertrieben werden – denn es gibt ja auch den für die Medien durch die Konkurrenzsituation institutionalisierten Zwang, aus Gründen der Absatzerhöhung oder Hörer/Seheranteilssteigerung dem „Zeitgeist“ möglichst auf der Spur zu bleiben, also den Willen der Staatsbürger publizistisch zu spiegeln; Präferenzen werden in den meisten Fällen modifiziert oder verstärkt, selten aber „umgedreht“. Dennoch läßt sich die Bedeutung der Medien für ein verändertes Politikmachen kaum überschätzen: der Zwang zum Neuen, der Aktualitätsdruck, die Reduzierung politischer Entscheidungen auf schlichte Dichotomien, die Präsentation komplexer Überlegungen in wenigen kurzen Sätzen, die Wichtigkeit griffiger Slogans, die Orientierung an Aktionen und Gags – all dies entwickelt sich im Wechselspiel zwischen Medien und Politik. Politik ohne „Medienpolitik“ ist bei allen relevanten Themen nicht mehr möglich; und nicht so selten wird sie durch medialen Aktivismus völlig ersetzt.

Schelsky hat wichtige Aspekte dieser Situation beschrieben, sie letztlich aber in einer für ihn typischen Schärfe wohl übertrieben formuliert. So wird man seiner These: „Je weniger Einfluß der Publizistik, um so mehr die Wirkung des politischen Sachverstandes und der politischen Generationserfahrungen“[88], wohl einige Vorbehalte entgegenbringen müssen – etwa im Hinblick auf den Zusammenhang von freier Information und demokratischer Öffentlichkeit –, und dies

84 Ebd., S. 66.
85 Ebd., S. 68.
86 Ebd., S. 60.
87 Schelsky schreibt: „So haben in der Entwicklung der modernen Gesellschaft Presse und öffentliche Meinung ihre Stellung zueinander vertauscht: Während in der klassischen Demokratie die öffentliche Meinung als politisches Subjekt vermittels der Presse die politische Kontrolle ausübte, ist heute die Publizistik selbst zum Träger, die mit ihren Organen hergestellte Öffentlichkeit zum Mittel dieser Kontrolle geworden.“ Helmut Schelsky: Systemüberwindung, Demokratisierung und Gewaltenteilung. Grundsatzkonflikte der Bundesrepublik, München 1973, S. 121.
88 Politik und Publizität, S. 79.

gilt auch für die folgende Feststellung: „In einer Bilanz der außen-, aber vor allem innenpolitischen Tatbestände verstärkt das Machtmittel ‚Publizistik' die Konflikte, die Meinungsgegnerschaften in der Bevölkerung und in der internationalen Auseinandersetzung; sie trägt summarisch weniger zur Friedenssicherung als dazu bei, politische Gegensätze zu verschärfen."[89]

Nun läßt es Schelsky nicht bei der Feststellung dieser tristen Situation bewenden, sondern wendet sich auch der Erörterung möglicher Abhilfen zu; seine Vorschläge erweisen sich allerdings kaum als so praktikabel, wie sie vermutlich gemeint waren. *Erstens* plädiert er für einen partiellen Rückzug der Politik aus den Medien: „Politische Entscheidungen als Absichtserklärungen sollten in publizitätsabgeschirmten Gremien als Vorschläge oder Wahlmöglichkeiten (‚Alternativen') handlungs- und wirkungsfähig so weit aufgearbeitet werden, daß sie dann den jeweiligen Wahlbürgern realistisch in ihren Vorteilen und Nachteilen für sie, und zwar durchaus dann mit Hilfe der Medien, dargestellt werden können, und diesen ‚Wählern' mindestens die Wahl zwischen Ja und Nein, am besten aber die Auswahl zwischen konkreten politischen Verwirklichungen (Gesetzen, Verträgen usw.) bieten, die sie sich dann auch als Verantwortung zurechnen lassen müssen."[90] Demokratiepolitische Bedenken kann man angesichts dieses Vorschlags einer Rücknahme der Transparenz nicht ganz unterdrücken; es sei denn, man versteht ihn als die Minimalvariante einer Nichtöffentlichkeit, wie sie in den parlamentarischen Ausschüssen ohnehin gepflogen wird. Sollte damit jedoch ein verallgemeinerungsfähiges Prinzip angesprochen sein, so kann man sich über diesen plötzlichen Durchbruch einer unvermuteten Naivität nur wundern: Welche Regierung könnte alternative politische Programme „objektiv" in ihren Vorzügen und Nachteilen den Wählern zur Disposition stellen?

Ein *zweiter* Vorschlag Schelskys richtet sich auf die *Trennung der „politischen" von der „vierten" Gewalt:* „Schon, wenn man die elektronische Vollpublizität aus den Sitzungen der Parlamente aller Art ausschlösse, wäre dies ein Gewinn für die liberale Demokratie und den liberalen Rechtsstaat."[91] Dies wäre eine überlegenswerte Reform, würde sie doch das permanente Schielen der Redner nach der Kamera und die zeitliche Orientierung parlamentarischer Verhandlungen an den Terminen der Nachrichtensendungen mildern; aber Schelsky geht noch weiter, indem er folgerichtig die Frage stellt: „Aber fordert diese Freiheit der Publizistik nicht längst eine fällige Festlegung ihrer Rechte und Pflichten?"[92] Schelsky hat diese Frage schon früher in positivem Sinne beantwortet: Information sei ein Machtmittel, das – wie jede andere Herrschaft – kontrolliert und legitimiert werden müsse; da der normale Konsument nicht in der Lage sei, Informationsquellen zu vergleichen und abzuschwächen, könne nicht die Pluralität der Informationsquellen die freie Meinungsbildung garantieren, sondern nur die *Sachlichkeitsbindung* jedes einzelnen Publikationsmittels[93]. Hiermit begibt sich Schelsky freilich auf ein gefährliches Terrain: Er spricht von der „Sozialbindung

89 Ebd.
90 Ebd., S. 82.
91 Ebd., S. 94f.
92 Ebd., S. 95.
93 Systemüberwindung, S. 83ff., S. 109ff.

der Meinungsfreiheit"[94] und davon, daß man die Angst vor der „Zensur" ablegen, ja eine nachträgliche Kritik institutionalisieren müsse[95]. Seine Überlegungen zur verfassungsgesetzlichen Absicherung und Einbindung der Medien gipfeln in der „Einsetzung einer neutralen Sachlichkeits-Kontrollinstanz"[96], einer beratenden, kontrollierenden, beeinflussenden Körperschaft[97]. Es ist schwer vorstellbar, daß ein solches Gremium in der Weise als unabhängige Instanz fungieren könnte, wie sich Schelsky das vorstellt, zumal Erfahrungen mit ähnlichen Beiräten, die eher zu einer stärkeren Verflechtung mit dem Bereich der Politik geführt haben, bereits vorliegen; die Überlegungen zur *„Sozialbindung"* der Medien erfahren gerade durch die gegenwärtige Diskussion, welche durch das Auftreten „neuer Medien" hinsichtlich der Bedingungen ihrer „Zulassung" ausgelöst wurde, eine neue Aktualität.

7. Die Selbständigen und die Betreuten

Nicht nur mit den Intellektuellen und nicht nur mit den Journalisten hat sich Schelsky angelegt, sondern auch mit den „Funktionären", den Gewerkschaftsfunktionären insbesondere. Sie seien die konkreten Betreiber jener Entmündigung, der die Menschen in einem System des „Funktionärsprotektionismus"[98] heute ausgesetzt würden. Aber der Katalog der Vorwürfe, die Schelsky in seinem Buch *„Funktionäre"* (1982) gegen diese erhebt, ist noch reichhaltiger: Sie seien die restaurativen Kräfte des sozialen Geschehens[99] und Kapitalisten neuen Stils[100], sie brächten eine totalitäre Grundeinstellung zum Ausdruck[101] und trü-

94 Ebd., S. 94.
95 Ebd., S. 106.
96 Ebd., S. 107.
97 Die Vorteile einer solchen Einrichtung sieht Schelsky in folgendem: „Die Publizistik hätte eine beratende Körperschaft neben sich, die aus Fachleuten verschiedenster Art, Politikern, Wissenschaftlern, Wirtschaftlern und auch Publizisten selbst bestände; die durch ihre Geschlossenheit und das Sachverständnis ihrer Mitglieder in einer echten, von keinerlei Rücksichten auf Massenwirkung beeinflußten Diskussion zu Stellungnahmen fähig wäre, die noch am ehesten dem klassisch-demokratischen Ideale einer ‚öffentlichen Meinung' entsprächen; die, spontan entstanden und sich aus eigener Wahl ergänzend, einen vorhandenen Willen zur politischen Unabhängigkeit und Neutralität sehr wohl durchzusetzen vermöchte; deren Verantwortlichkeit und Kontakt mit der Öffentlichkeit dadurch gesichert wäre, daß ihre Mitglieder auf Grund ihrer Leistungen und Verdienste an anderen Stellen des öffentlichen Lebens ausgewählt werden, wo sie den Beweis, verantwortlicher öffentlicher Tätigkeit fähig und öffentlichen Vertrauens würdig zu sein, erbracht haben und noch beständig erbringen müssen." (Systemüberwindung, S. 127f.). Dieser Vorschlag richtet sich offenkundig zunächst nur auf „Presseräte" freiwilliger Art; aber Schelskys Ansicht einer verfassungsgesetzlichen Einbindung der Pressefreiheit, für die er weitere „unabhängige Kontrollkörperschaften" (S. 129) mit weitgehend ungeklärter Aufgabe vorsieht, muß wohl weitere Kompetenzen nach sich ziehen. – Ein anderer Vorschlag Schelskys bezieht sich auf die Trennung von freier Presse und Parteipresse; er soll (als unrealisierbar) hier nicht weiter diskutiert werden.
98 Helmut Schelsky: Funktionäre. Gefährden sie das Gemeinwohl?, Stuttgart-Degerloch 1982, S. 46.
99 Ebd., S. 25.
100 Ebd., S. 31.
101 Ebd., S. 50.

gen zu einem sozialen Klima des Kampfes und der Rechtsverachtung bei[102], sie hätten keine Zukunftsideen[103] und verachteten den Sachverstand[104]. Schelskys „Manifest“ schließt – in bewußter Anlehnung an ein großes Vorbild – mit dem Aufruf: „Arbeiter, macht Eure Funktionäre arbeitslos und Ihr habt mehr Arbeit! Arbeiter in Ost und West, wehrt Euch gegen Eure Funktionäre!“[105]

Die Entmachtung der Gewerkschaftsfunktionäre, deren gemeinwohlschädliche Wirkung Schelsky eher an vielen Zitaten und „Geschichten“ als am Versuch einer politiktheoretischen Einschätzung greifbar zu machen sucht, ist aber nur ein Aspekt des Weges zur Renaissance einer neuen „Selbständigkeit“, die er in den westlichen Demokratien wiederzubeleben hofft. Denn darum geht es, wie er in dem Sammelband *„Der selbständige und der betreute Mensch“* (1976)[106] deutlich zu machen sucht, auch im Hinblick auf den gegenwärtigen Sozial- und Wohlfahrtsstaat: „ ‚Wovon werden wir morgen leben?‘ Immer noch von der über Jahrhunderte erworbenen moralischen Substanz der individuellen Verantwortung, der Selbständigkeit der Person *oder* von der entlastenden Anonymität der im günstigsten Falle wohlgemeinten Kollektivbeschlüsse?“[107] Denn auch bei den „Selbständigen“ und den „Betreuten“ handelt es sich nach Schelskys Auffassung nicht um unaufhebbare funktionale Produktionsgruppen, sondern um Zielgruppen sozialer Verhaltensmuster, zwischen denen eine langfristige Politik wählen kann und wählen muß[108]. „Solidarität“ heißt heute immer auch sehr bald Massenorganisationen mit einer Betreuungs- und Verwaltungselite[109], die allzu rasch der „verborgenen Herrschaftsgier“ der Betreuer anheimfallen[110]. Dagegen gelte es die Selbständigkeit im Leben und im Beruf zu fördern: die individuelle Verfügungsfreiheit in der beruflichen Arbeit, die Möglichkeit zur Entwicklung einer

102 Ebd., S. 141.
103 Ebd., S. 14.
104 Ebd., S. 165. – Zentral sind drei Thesen, die Schelsky vorträgt. (1) „Die Gewerkschaftsfunktionäre nützen die Vorteile des Rechtsstaates und der durchgehenden Justiziabilität bis zum Äußersten aus, verweigern aber ihren jeweiligen Kontrahenten oft deren Rechtsansprüche bis hin zur Diffamierung der Justiz und der offenen oder verdeckten Unterstützung rechtsausbeutenden oder sogar rechtswidrigen Verhaltens.“ (2) „Die Funktionäre polemisieren gegen die im Grundgesetz festgelegten bürgerlichen Pflichten und Verbindlichkeiten nicht nur in Form einer meinungspolitischen Willensbildung im Interesse der Mitglieder, sondern unterstützen offen praktische Verstöße gegen Grundgesetzbestimmungen und gegen die grundgesetzlich festgelegte Rolle, die den Gewerkschaften im Geist des Grundgesetzes zugeordnet wurde.“ (3) „Die Gewerkschaftsfunktionäre sind somit keine Garanten des liberalen, parteipluralistischen Rechtsstaates, sondern sie unterlaufen den Rechtsstaat und die demokratisch-parteipluralistischen Regierungen zugunsten ihrer Funktionärsmacht. Diese immer verdeckte, das heißt für den Arbeitnehmer aller Ränge kaum durchschaubare Zerstörung der politisch-rechtsstaatlichen Regierungen der Bundesrepublik folgt aus der gemeinwohlwidrigen Auslegung der Tarifautonomie und aus der Verkehrung der Mitbestimmung als Instrument einer Friedensordnung zu einem Kampfmittel der Gewerkschaftsfunktionäre.“ (S. 82f.).
105 Ebd., S. 307.
106 Helmut Schelsky: Der selbständige und der betreute Mensch. Politische Schriften und Kommentare, Frankfurt-Berlin-Wien 1978.
107 Ebd., S. 39.
108 Ebd., S. 17.
109 Ebd., S. 18.
110 Ebd., S. 21.

beruflichen Tätigkeitsfreude und die Chance zur individuellen Lebensplanung[111].

Schelsky vermeidet jene manichäischen Alternativen, wie sie heute im politischen Bereich als Grundsatzentscheidungen zwischen Freiheit und Bevormundung, zwischen einer liberalen Gesellschaft und einer Wohlfahrtsdiktatur, zwischen Marktwirtschaft und Taschengeldgesellschaft stilisiert werden, obwohl er gerade solche Dichotomien als Grundfrage der Zukunftspolitik apostrophiert. Er ist vorsichtig genug, die Alternative als Grenzentscheidung zu formulieren, die in der Frage liege, „*ob die Bewahrung der Freiheit der Person oder die Vervollkommnung der sozialen Gerechtigkeit als wichtiger oder dringlicher* angesehen werden muß."[112] Und er fügt noch hinzu: „Kein vernünftiger Mensch wird auf den Gedanken kommen, daß irgendeine Gesellschaftsordnung und damit irgendeine praktische Politik in unseren Breiten möglich sei, die personale Freiheit und soziale Gerechtigkeit als einander sich ausschließende politische Ziele behandelt; selbstverständlich will man stets beides."[113]

Aber auch wenn es nicht um Freiheit und Regulierung schlechthin, sondern um die jeweils historisch sinnvolle Akzentsetzung geht, muß einer derartigen politischen Wegweisung, wie sie Schelsky – durchaus im Einklang mit dominierenden Tendenzen am Ende der 70er Jahre – vorgenommen hat, vorgehalten werden, daß sie noch immer zu undifferenziert vorgeht, indem sie prinzipiell den *Regulierungs-* und *Versorgungs*abbau propagiert. Ist es nicht vielmehr so, daß im Hinblick auf die Interventionsnotwendigkeiten höchst unterschiedliche Bereiche politischen Handelns unterschieden werden müssen, die über einen Kamm zu scheren nur Anlaß zu verstärkter Ineffizienz und verschärfter Ungerechtigkeit gibt? Sollten wir nicht zumindest unterscheiden: (1) Bereiche, in denen ein *Übermaß* an Regulierung oder Versorgung besteht und in denen daher die Rückkehr zu „mehr Selbständigkeit" – im Schelskyschen Sinne – angebracht ist (man denke an verschiedene Produktionsaktivitäten des Staates oder an bestimmte Bereiche sozialstaatlicher Überversorgung); (2) Bereiche, in denen ein *Defizit* an Regulierung oder Versorgung besteht und in denen ein stärkeres Engagement des Staates vonnöten ist (man denke an den ökologischen Problemkomplex, an die kommunale Ver- und Entsorgung, an eine umfassende Energiepolitik u. dgl.); und schließlich (3) Bereiche, in denen das staatliche Aktivitätsniveau – wie möglicherweise im Bildungsbereich – angemessen erscheint. Erst wenn man die Staatsfunktionen im Hinblick auf solche Überschuß- oder Defizitbereiche durchgeprüft hat, wird man feststellen können, ob „insgesamt" – über den geeigneten Indikator ließe sich natürlich streiten – staatliche Interventionen forciert oder vermindert werden müssen.

111 Ebd., S. 28ff.

112 Ebd., S. 19.

113 Ebd. – Die realistischen Fragen, so bekräftigt Schelsky, lauten: „Hält man bei uns die soziale Gerechtigkeit für gefährdeter oder die freie Selbstbestimmung der Person? Nach welcher Seite ist die immer notwendige Balance des freiheitlichen Sozialstaates verschoben und welches Gewicht muß man in den Wahlen verstärken: das der gerechteren Verteilung des Sozialprodukts oder das der selbständigeren Bestimmung des eigenen Lebens gegenüber bürokratischen und sonstigen sozialen Vormundschaften? Ist mehr Selbständigkeit oder mehr Betreuung erforderlich, wobei das erste mehr persönliches Risiko, das zweite mehr obrigkeitliche oder vorgesetzte Reglementierung als Nachteile mit sich bringt?" (S. 20).

Eine andere Frage verbindet sich mit dem staatlichen *Instrumentarium,* mithilfe dessen gewünschte Ziele erreicht werden können. So können etwa regulative Strategien, Anreizprogramme oder Leistungsprogramme des Staates eingesetzt werden, durch welche jeweils dieselben Ziele mit einem höchst variablen Maß an „Zwang“ angesteuert werden können. Auch wenn sich über die „Marktkonformität“ von Maßnahmen immer rechten ließe, so finden sich doch die interessantesten theoretischen Probleme und praktischen Vorschläge in jenem Bereich, wo sich staatliches und privates, kollektives und individuelles Handeln verflechten. – Schelsky hat mit seiner Kritik am daseinsvorsorgenden Staat einen der zentralen Problembereiche finanzwirtschaftlicher, aber auch weltanschaulicher Art benannt; und auf jener recht allgemeinen Ebene, auf der er das Problem dargelegt hat, ist man durchaus willens, ihm zuzustimmen. Die Kontroversen aber beginnen erst, wenn es um Detailprobleme geht.

8. Über die Philosophie und die Politik der Freiheit

Schelskys soziologische Selbstreflexion, seine Arbeiten über Institutionen und Rechtssysteme, seine Intellektuellen- und Funktionärsschelten, seine Medien- und Politikuntersuchungen laufen immer wieder auf die Grundfrage zu, auf welche Weise in einer modernen Gesellschaft und in einem modernen Wissenschaftsbetrieb der *Freiheit des Menschen* gebührend Rechnung getragen werden kann. Seine nicht unberechtigte Sorge richtete sich auf die wissenschaftliche Hinweg-Definition der individuellen Handlungsfreiheit, auf die Prägung des gesellschaftlichen Selbstverständnisses im Sinne eines alle menschlichen Initiativen überwölbenden sozialen Determinismus, auf den durch utopische Heilslehren beförderten Realitätsverlust, auf den durch bürokratische Apparate und deren Oligarchien vergewaltigten Einzelnen. Der mündige und seiner selbst gewisse Mensch schien ihm von allen Seiten her in die Zange genommen, und Schelsky fühlte sich gedrängt, ihm wissenschaftlich, politisch und publizistisch immer wieder zu Hilfe zu eilen.

Schelskys Arbeiten – auch die meisten seiner soziologischen Untersuchungen – sind demgemäß im Kern *philosophische* Werke; der von ihm durchaus richtig gesehene Umstand, daß bei der Untersuchung der Wirklichkeit theoretische Vorentscheidungen gefällt werden müssen, ermöglichte es ihm, trotz eines sozialwissenschaftlichen Wertfreiheitspostulats sein spezifisch wertgebundenes, nämlich individualistisch-liberales Erkenntnisinteresse zum Tragen zu bringen. Die „Suche nach der Wirklichkeit“ wurde damit zwingend zur „Suche nach der menschlichen Freiheit“, wobei diese schon immer als existent vorausgesetzt werden muß, will man sie in der sozialen Wirklichkeit auch tatsächlich auffinden.

Um jenen wissenschaftlichen Freiraum, in dem das subjektive Wollen seinen Platz finden kann, sicherzustellen, forderte Schelsky, daß die Soziologie auch ausgreifen müsse in den metatheoretischen Raum, zumindest in den Bereich einer *„Philosophie der Soziologie“,* um einen theoretischen Rahmen zu entwerfen, welcher den einzelnen wissenschaftlichen Disziplinen ihre Aufgabe zuweist und zugleich Raum läßt für das wissenschaftlich nicht mehr Erfaßbare, für Leben, Glauben und Denken jenseits der disziplingebundenen Programmatik. Nicht zuletzt ist es ein erkenntnistheoretischer Omnipotenzanspruch der Soziologie, den Schelsky zusammen mit den entsprechenden Ansprüchen des sozialwissenschaftlichen Personals zurückwies; erst die Demontage dieser Ansprüche läßt die Spielräume individuellen Wollens und Gestaltens bewußt werden.

Damit hat Schelsky auch ein *moralphilosophisches* Anliegen verbunden: In einer Zeit, in der so häufig die bequeme Entlastung des Individuums durch das Abschieben der individuellen Verantwortung auf gesellschaftliche Zwänge erreicht wird, insistierte er hartnäckig auf der Freiheit der Person, auf der subjektiven Reflexion, auf individuellen Zielsetzungen und personalen Sinngebungen. Damit wird einer in Orientierungsschwierigkeiten befindlichen Gesellschaft zu Bewußtsein gebracht, daß die Bequemlichkeit einer allzu weitgehenden kurzfristigen Entlastung langfristig zur Unfreiheit und zur Abhängigkeit, zur Aufgabe der Person und der historisch gewachsenen Freiheit führen muß.

Denn es gibt wohl die von ihm attackierte sozialwissenschaftliche Deformation der Weltbetrachtung, gerade weil in der gesellschaftlichen Analyse die methodologische Vorannahme sozialer Determinierung vonnöten ist: eine „professionelle Deformation", welche sich zu Freiheit und Autonomie nur spöttisch oder ironisch zu äußern vermag. Und es gibt unzweifelhaft die freiheitsbedrohende Einbindung des Individuums in das eiserne Gehäuse der modernen Rationalität, dessen Entwicklung Weber, Schumpeter, Elias und andere Gesellschaftstheoretiker schon überzeugend beschrieben haben: ein Prozeß, der freilich gerade ob seiner akklamierten wohlfahrtssteigernden Wirkungen so rasch vorangeschritten ist. Diese Entwicklungen weisen somit eine Ambivalenz auf, die nicht so leicht auf der Ebene von gesellschaftstheoretischen Patentrezepten zu durchbrechen ist. Zuweilen aber ist es nicht nur Zeit für differenzierende Analysen, sondern auch für Paukenschläge und Parolen; Schelskys öffentlichkeitswirksame Schriften und Auftritte waren vielfach von dem Wunsch getragen, gerade durch die Überzeichnung bestimmter Entwicklungen zur politisch-sozialen „Gegensteuerung" beizutragen und einer von ihm als verhängnisvoll betrachteten Tendenz die Thematik der „Wende" vorzugeben.

Um dies zu leisten, hat er sich von jenen Elfenbeintürmen, von denen aus man bekanntlich weiter sieht, immer stärker hinabbegeben in die Ebene der politischen Feldschlachten; er hat, indem er seine Thesen über die „selbständigen" und „betreuten" Menschen etwa vor Parteitagen der CSU und der ÖVP vorgetragen hat, bewußt versucht, politische Wirksamkeit zu entfalten; er hat sich in zahlreichen Zeitungsartikeln, Reden und auch Büchern als begabter Polemiker erwiesen[114]. Aber seine politischen Bezüge reichen schon bis in die Nachkriegszeit

114 Im Nachwort zu „Die Arbeit tun die anderen" bekennt sich Schelsky zu dieser politischen Absicht und zur wertorientierten Subjektivität: „Daß (. . .) mein Buch eine ‚interessengeleitete Erkenntnisabsicht' hat, also eine politische und sozial bedingte und zugleich darauf abzielende Wirkungsabsicht im gesellschaftlich-politischen Zeitzusammenhang verfolgt, ist offensichtlich; so stoßen Einwände dagegen ins Leere: Ich mache nur diese subjektive Wirkungsansicht durch ebenso subjektive Stilmittel ganz offenkundig und will damit eben jene in Verlegenheit setzen, die zwar das subjektive politische und moralische Wertungsengagement abstrakt begünstigen und begründen, aber sich nicht zur zeitpolitischen Aussage entschließen können, sondern sich in die Abstraktion, zum Teil nur in die flottierende Oberfläche vermeintlich reiner Wissenschaftlichkeit zurückziehen. Denn nichts ist für den Sozialwissenschaftler leichter, als Werturteile analytisch zu verkleiden; er tut es fast unbewußt." (S. 510).

zurück, und sie verweigern sich allzu raschen Etikettierungen. So hat er in seinen Anfangsjahren enge Beziehungen zu den Gewerkschaften gepflogen, ihnen aber in seinem letzten Buch über „Funktionäre" schwerste Vorwürfe gemacht; so hat er in den letzten Jahren die Entwicklung der bundesrepublikanischen Soziologie beklagt und doch zeit seines Lebens mehr für ihre Förderung getan als die meisten anderen[115].

In den 70er Jahren wurde Schelsky noch „politiknäher", bewegt vor allem von der Meinung, daß in diesen Jahren einmal mehr die liberal-rechtsstaatliche Grundordnung der Bundesrepublik, die ihm das freie wissenschaftliche Arbeiten garantiere, bedroht sei; sie wollte er verteidigen, indem er sich kräftiger auch im politischen Getriebe zu Wort meldete. Zahlreiche Bemerkungen über das Verhältnis von Wissenschaft und Politik gerieten ihm allerdings zu einer Attacke gegen alle Handlungsmöglichkeiten: wider die in den Elfenbeintürmen hockenden, die Wirklichkeit aus dem Blick verlierenden theoretischen Phantasten; wider die karriereopportunistisch sich der Politik andienenden wissenschaftlichen Politikgehilfen und gekauften Gutachtenproduzenten; wider die Abwanderer von der Wissenschaft zur aktiven Politik; wider die lautstarken, sich auf dem Markt der Medien tummelnden publizitätsinteressierten Wissenschaftler. Zumindest mit der letzten Gruppe hat Schelsky wohl auch ein wenig die eigene Position beleuchtet: denn Publizität und politische Wirkung hat auch er angestrebt, und dies ist keineswegs etwas Schlechtes[116].

Schelskys weltanschaulicher Standort wurde in den letzten Jahren verschiedentlich als konservativ, reaktionär, liberal u. dgl. eingeschätzt; wenn gemeinsam mit dem seinen die Namen anderer Wissenschaftler im Versuch einer weltanschaulichen Zuordnung genannt wurden, so zählte man Schelsky – mit seiner Zustimmung – zu einer Gruppe, in der sich etwa auch Lübbe, Scheuch, Topitsch, Steinbuch und Hennis befanden. Zu den ideologischen Etikettierungen sagte er selbst: „Von denjenigen, die über das Parteipolitische hinaus noch auf den geistigen und geschichtlichen Inhalt von Gedanken und Ideen zu sehen vermögen, bin ich in letzter Zeit verschiedentlich als ‚Altliberaler' eingestuft worden. Ich habe mich gegen diese Kasuistik durch Eigenschaftswörter – Nationalliberaler, Sozialliberaler, Neoliberaler oder Altliberaler – zunächst gewehrt, weil damit der

115 Seine entsprechenden Aktivitäten bezogen sich nicht nur auf die von ihm aufgebaute Bielefelder Universität, sondern auch auf die *Etablierung der Soziologie* als eines wissenschaftlichen Faches: Schelsky hat in den Jahrzehnten nach dem Zweiten Weltkrieg die meisten Soziologen habilitiert und sich kritisch über jene geäußert, die den nachwachsenden Jüngeren keine Arbeitsmöglichkeiten eröffnen und sich autokratisch gerieren.

116 Aber natürlich werfen solche Allerweltsattacken auch die Frage auf, was denn nun in Schelskys Sicht das adäquate Terrain für den praktisch engagierten Wissenschaftler wäre. Offenkundig schwebte ihm, wie er in einem Aufsatz über „juridische Rationalität" ausführte, eine autonome Institutionalisierung des wissenschaftlichen Sachverstandes vor, „etwa in Form einer unter Gesichtspunkten der Sach- und Fachzuständigkeit ausgewählten selbständigen ‚Kammer' neben dem nach politischen Meinungsurteilen und heutzutage immer mehr aus emotionell manipulierten Werbungskampagnen entspringenden Parteiparlament." Damit verbindet sich die Hoffnung, daß der Prozeß verfahrensförmig (im gewaltenteiligen „Rollenspiel") hergestellter Rationalität durch die Vermehrung unabhängiger Instanzen wirksamer gemacht werden könnte. Vgl. hiezu Die juridische Rationalität, in: Die Soziologen und das Recht, S. 34–76.

Kern der Idee durch die Schale oder Verpackung ihres Verkaufs entwertet wird (. . .). Inzwischen habe ich an dieser Kennzeichnung Geschmack gewonnen: Wenn man schon dem etikettierenden Denken Beschilderungen anbieten muß, dann fühle ich mich in der Absicht, die klassischen Überzeugungen des Liberalismus von Kant und Wilhelm von Humboldt, von Adam Smith und J. S. Mill für die Gegenwart und innerhalb der modernen Gesellschaftsstruktur wieder zu aktualisieren, am wenigsten mißverstanden."[117]

Angesichts von Schelskys Wertschätzung einer informierten politischen Publizistik mag es angemessen sein, hiezu den Hinweis einer Wochenzeitschrift in Erinnerung zu rufen: „In einem von sozialdemokratischen Regierungen dominierten Europa steht . . . (Schelsky) bei Freunden – und vor allem Feinden – im Geruch eines konservativen Rechten . . . in einem von christlich-sozialen Regierungen dominierten Europa stand Helmut Schelsky im Geruch eines progressiven Linken. Man kann es auch so sagen: die, die jeweils an der Macht waren, konnten ihn jeweils nicht riechen."[118] Dies ist wohl richtig; und es verrät eine Honorigkeit des Widerspruchs gegen die Modeströmungen der Zeit, wie man sie manchen anderen Sozialwissenschaftlern nicht nachsagen kann.

117 Der selbständige und der betreute Mensch, S. 10.
118 Peter Michael Lingens im „profil".

Das Glück braucht keinen Vormund[1]

Von
Christian Seidl, Graz

Ein Ökonom, der sich mit dem Schaffen Helmut Schelskys auseinandersetzt, fühlt sich ganz besonders von seinem Werk „Die Arbeit tun die anderen. Klassenkampf und Priesterherrschaft der Intellektuellen" fasziniert, handelt es sich hiebei doch um eine von der Soziologie her kommende *ökonomische Ausbeutungstheorie. „Heute"*, so meinte Schelsky, *„ist nichts leichter, als sich mit Hilfe der Steuergelder der Arbeitenden zu ihren geistlichen Herrschern aufzuschwingen.* [170]"

1. Die neue Sozialreligion

Während jedoch die herkömmlichen ökonomischen Ausbeutungstheorien, vom Marxismus bis hin zu den rein ökonomischen preistheoretischen Ausbeutungstheorien[2], generell unterstellen, daß den Ausgebeuteten die Tatsache ihrer Ausbeutung *bewußt* ist, ist die Schelskysche Ausbeutungstheorie demgegenüber wesentlich subtiler, da sie unterstellt, daß die Ausgebeuteten quasi einer Gehirnwäsche unterzogen würden, d.h. einen Bewußtseinswandel durchmachten, welcher die Tatsache ihrer Ausbeutung ihrem *Bewußtsein entrücke:* Die Ausbeutung geschieht nach Schelskys Auffassung mit voller innerer Billigung der Ausgebeuteten, die ihre Ausbeutung selbst bestreiten würden – eine Sicht, die sich *cum grano salis* bereits in George Orwells „1984" in Umrissen abzeichnete, von Schelsky jedoch zu voller theoretischer Entfaltung mit Gegenwartsbezug gebracht wurde.

Sein Analyseinstrument konnte Schelsky daher auch nicht aus traditionellen ökonomischen Ausbeutungsrelationen deduzieren, sondern er fand es – in der *Religionssoziologie* [54ff.]! Dies weist Helmut Schelsky einmal mehr als mutigen Mann aus, besagt doch die Wahl dieses Analyseinstruments im Klartext nichts anderes als „Die Religionsgemeinschaften beuten die Gläubigen aus", doch richtet sich die Spitze seines Buches nicht gegen die Religion als Ausbeutungsinstitution, sondern gegen die, im wesentlichen von der Neuen Linken inspirierte, *neue „so-*

1 Helmut *Schelsky,* Die Arbeit tun die anderen. Klassenkampf und Priesterherrschaft der Intellektuellen, Westdeutscher Verlag, Opladen 1975, 2. Aufl., Deutscher Taschenbuch-Verlag, München 1977, S. 286. Alle Zahlen in eckigen Klammern sind Seitenangaben dieses Buches.

2 Vgl. z.B. Richard *Gerster,* Ausbeutung - Ausbeutung - Ausbeutung, Agonie eines wirtschaftswissenschaftlichen Begriffs, Schulthess Polygraphischer Verlag, Zürich 1973; Konrad *Löw,* Ausbeutung des Menschen durch den Menschen, 2. Aufl., Deutscher Instituts-Verlag, Köln 1977; Walter *Wittmann,* Die neuen Ausbeuter, Seewald-Verlag, Stuttgart 1980.

ziale" Heilslehre, gegen die neue Sozialreligion. Dies nicht etwa, weil Schelsky die Religion als Ausbeutungsinstitution gebilligt hätte, sondern weil er ihre Zeit als überwunden glaubte. Renaissance, Humanismus, Aufklärung und – last, but not least – der Liberalismus hätten den alten transzendenten Religionen den Boden entzogen und sie ihrer charismatischen Heilsherrschaft beraubt; anders als ein Jahrhundert früher noch Ludwig Feuerbach, meint Schelsky, daß aus dieser Ecke gewissermaßen keine Gefahr mehr drohe[3]. „An die Stelle der alten transzendenten Erlösungsreligion, also in unserem kulturellen Zusammenhang des Christentums, treten in der Gegenwart immer mehr neue Sozialreligionen, die die jenseitige Heilsverheißung durch eine diesseitige Heilsverheißung ersetzen.[100]" „Das Christentum versprach die Erlösung von den Leiden und Ängsten der Welt in einem ‚Endzustande' des Friedens und der Glückseligkeit im Jenseits, heute verspricht die Sozialreligion einen Endzustand der ‚Gesellschaft', in dem Furcht und Leiden, Gewalt und Schicksalsschläge, Erniedrigung und Beleidigung, Armut und Krankheit, Beherrschung und Ausbeutung nicht mehr vorhanden sind oder stattfinden (wobei das Faktum des unvermeidlichen Todes systematisch ausgeblendet wird). . . . Das Ziel dieser Heilsbekehrung ist erreicht, wenn der Mensch sich im Glauben an ein zukünftiges Ganzes einer ‚neuen Gesellschaft' gegen seine konkreten, zeitlich und sozial beschränkten Interessen wendet . . . [102]"

Nicht ganz leicht fällt jedoch Schelsky die Antwort auf die Frage, „wo und von wem denn diese Heilsherrschaft im sozialen Zusammenhang unserer Gesellschaft ausgeübt wird. [131]" Wer sind die neuen Ausbeuter, die von Schelsky auch als *Reflexionselite* oder als Klasse der *Sinnproduzenten* (im ökonomischen Gegensatz zur Klasse der Güterproduzenten) bezeichnet werden? Bilden sie angesichts der Tatsache, daß sie, im Gegensatz zu den alten Erlösungsreligionen, nicht in einer sich auf Gehorsam gründenden straffen Organisation zusammengefaßt sind, überhaupt eine soziale Klasse mit klassenspezifisch homogenen Präferenzen und Zielartikulierungen? Schelsky meinte die Antworten auf diese Fragen zu kennen. Die neuen Ausbeuter seien die *Intellektuellen,* ein Begriff, den er zwar nicht für sehr glücklich hielt, der jedoch als grobes Etikett für die Klasse der Sinnproduzenten dienen könne, die sich aus Fachintelligenz, Kulturschaffenden, sozialwissenschaftlicher Intelligenz, Analytikern der Zeitsituation, lehrender Intelligenz, informierender Intelligenz und schließlich der heilsverkündenden Intelligenz alter Art zusammensetze [Für Details vgl. 139f.]. Ihr (homogenes) Klasseninteresse werde durch ihre Existenzrechtfertigung als Reflexionselite geprägt, weshalb sie auch „zu dieser Durchsetzung von Herrschaft . . . ohne Ausweg verdammt [305]" sei. [Man stellt hier eine erstaunliche Parallelität zu Schumpeter

3 Angesichts des in den letzten Jahren gespenstisch erstarkten islamischen Fundamentalismus erkennt man, daß Schelsky hier einem schweren Irrtum unterlag. Religionen mit Universalitätsanspruch im Sinne der Ausübung absoluter Heilsherrschaft auch über das Rechtssystem und über die Gesellschaft als ganze sind höchstens zu schwach, um diesen universellen Herrschaftsanspruch verwirklichen zu können. Ihre Giftzähne haben sie keineswegs verloren. Sobald sie Morgenluft wittern, bricht ihre durch Jahrtausende hindurch anschaulich bezeugte Intoleranz, die vor Gesinnungsterror, abscheulichen Grausamkeiten und selbst vor sakral verbrämtem Mord nicht zurückschreckt, wieder ungehemmt hervor. Vertrauen in ihre – zweifellos vorhandene – Humanität ist gut, Wachsamkeit und Kontrolle sind jedoch allemal besser.

fest, welcher in den Intellektuellen ebenfalls eine entscheidende Ursache des Wandels unserer Gesellschaft erblickte[4].] Dennoch kann dies nicht darüber hinwegtäuschen, daß der schwächste Punkt wohl aller Ausbeutungstheorien in der *Klassenabgrenzung* und der Behauptung *antagonistischer, in sich jedoch jeweils homogener Klasseninteressen* liegt, obwohl sich Schelsky hierüber keinen Illusionen hingab und – etwa zum Unterschied von Marx – die Postulate einer Klassengesellschaft klar herausarbeitete [225f.]: Postulat einer *dualistischen* Gesellschaft, Postulat der *Ausbeutung der produktiven Arbeit,* Postulat des *herrschaftsbegründenden Funktionsmonopols,* und schließlich das Postulat der *wertenden Parteinahme im Klassenkampf.*

2. Die Herrschaft der Sinnproduzenten

Doch folgen wir Schelsky in seiner Analyse des „*neuen Klassengegensatz*[*es*] *von Güterproduzenten und Sinnproduzenten* in den Gesellschaften der westlichen Zivilisation [227]", in welchen die „*Sinn-Produzenten . . . die unproduktive, ihrerseits die Güter-Produzenten ausbeutende Klasse dar*[*stellen*]. [242]" Nach Schelsky ist die Herrschaft durch Sinnproduktion einer Herrschaft durch die materiellen Produktionsmittel materiell überlegen [161]. Wir haben oben gesehen, daß die Herrschaft der Sinnproduzenten *technokratisch* einfach durch Besteuerung der Güterproduzenten und Transfer des Steueraufkommens zu den Sinnproduzenten erfolgt. Wie manifestiert sich jedoch diese Herrschaft der Sinnproduzenten auf der *intellektuellen* Ebene, die ja schließlich die Voraussetzung der allgemeinen *Billigung* dieser Alimentierung der Sinnproduzenten aus Steuermitteln darstellt? Schelskys Buch ist überwiegend solchen Instrumenten der intellektuellen Herrschaftsausübung gewidmet. Wir wollen hier lediglich die wichtigsten davon illustrativ betrachten.

(1) *Das Elend der Wirklichkeit*

„Im Heilsglauben soll ein bedrückender Alltag überwunden werden. Daher verkündigen diese Lehren auch in der Gegenwart niemals nur das Heil, sondern sie predigen und fördern zugleich das Bewußtsein des Elends, ja werden zu Elendspropagandisten. [109]" – Verständlich, wer immer zu einer *besseren Zukunft* aufruft, muß dies vor dem Hintergrund einer *schlechten* oder jedenfalls erheblich verbesserungsbedürftigen Gegenwart tun.

Ist nun aber unsere Gegenwart nicht die beste Situation, in der wir historisch je gelebt haben? Deshalb, so Schelsky, werden die Sinnproduzenten nicht müde, das Elend der Gegenwart zu predigen, da „den Menschen um der Glaubenspropaganda willen die Not und das vermeintliche Elend, in denen sie sich befinden, andemonstriert werden [muß]. Es müssen die Bedürfnisse zum sozialen Heilsglauben erst geschaffen und dauernd aktualisiert werden, um die Grundlage für die Lehren der ‚Nothelfer' aufzubereiten. So werden in Wohlfahrtsstaaten soziale Unsicherheit und Ausbeutung gepredigt, in demokratischen Regierungssystemen

4 Joseph A. *Schumpeter,* Kapitalismus, Sozialismus und Demokratie, dt. Übers., 4. Aufl., UTB-Franke Verlag, München 1975.

Herrschaftsdruck und Machtmißbrauch aufgewiesen, hohe rechtsstaatliche Zustände als Willkür und Klassenjustiz verleumdet, normale Arbeitsanforderungen als inhumaner Leistungsdruck interpretiert usw., und dies keineswegs mit der Absicht, die immer vorhandenen Mißbräuche und Schwächen dieser sozialen Institutionen aufzuheben und zu verbessern, sondern um die Überzeugung von der grundsätzlichen Verderbtheit und Inhumanität des ganzen ‚Systems' durchzusetzen. [110]"

Dies wird noch durch den genialen Trick ergänzt, dem kritisierten eigenen System ein fremdes Erfahrungsobjekt quasi als Kuckucksei zu unterschieben: „Die in den westlichen Gesellschaften zur Zeit aber gebräuchlichste Methode der Elendspropaganda besteht in der Praxis des *‚geborgten Elends'*. Man benutzt die neuen Möglichkeiten weltweiter Information und Kommunikation dazu, das wirkliche Elend außerhalb der eigenen Gesellchaft in diese selbst zu übertragen. . . . wirkliche oder erfundene Macht- oder Willkürmaßnahmen von Regierungen, die nicht der westeuropäischen Rechtsstaatlichkeit entsprechen – die man übrigens bekämpft – werden benutzt, um die Herrschenden des eigenen Staates damit zu identifizieren und zu verketzern . . . [111]" Die Auswahl des geborgten Elends findet hiebei nach dem *Maßstab der Heilsverwendung* statt; die Demonstrierer gegen den Schah demonstrieren i.a. nicht gegen die Gewaltherrschaft der iranischen Fundamentalisten[5], der Protest gegen das amerikanische Vietnam-Engagement verstummt vor den Greueltaten eines Pol Pot, verstummt vor Afghanistan, usw.

Zur Schaffung einer Illusion des Elends der Wirklichkeit gehört natürlich auch die *Verketzerung des Konsums,* der „zur neuen Selbstentfremdung des Menschen erklärt [115]" und zum Ausbeutungsinstrument der geheimen Verführer[6] hochstilisiert wird. Die erfreuliche Tatsache, daß es wohl erstmals in der Geschichte der Menschheit in den westlichen Industriestaaten gelungen ist, die alte Geißel der Menschheit, den materiellen Mangel, zu überwinden, wird hiebei systematisch ausgeblendet.

(2) *Die Bevormundung der Güterproduzenten*

Schelsky erinnert an die berühmte Definition der Aufklärung durch Immanuel Kant: „Aufklärung ist der Ausgang des Menschen aus seiner selbstverschuldeten Unmündigkeit. Unmündigkeit ist das Unvermögen, sich seines Verstandes ohne Leitung eines anderen zu bedienen. [296]" Ein zentrales Herrschaftsinstrument der Sinnproduzenten bestehe nun darin, die Güterproduzenten in Unmündigkeit im Sinne Kants zu halten.

Dazu muß die neue Heilslehre im Gewande der *Wissenschaft* auftreten, um deren Sozialprestige zu usurpieren und für eigene Zwecke umzumünzen: „Die Heilslehre nimmt die Verkleidung der unter der zu missionierenden Bevölkerung tief verwurzelten Werte und Sozialvorstellungen an, um überhaupt überzeugen zu können . . . [210f.]" Auch die christlichen Missionare erzielten in Indien erst dann Erfolge, als sie als Brahmanen auftraten.

5 Mit tiefem Respekt muß ich anerkennen, daß es ein Häuflein Aufrechter gibt, die auch hierin konsequent sind, doch handelt es sich leider bloß um eine sehr kleine Minorität.

6 Vgl. z.B. Vance *Packard,* Die geheimen Verführer. Der Griff nach dem Unbewußten in jedermann, deutsche Übers., Econ Verlag, Düsseldorf 1970.

Dadurch gelinge den Sinnproduzenten die *Monopolisierung der Sinngebung* [158f.] und die *Beherrschung der Wahrheit. „Die Reflexionselite beansprucht die Heilsherrschaft über alle Wirklichkeit, insbesondere über die Arbeit und Verantwortung der praktisch Tätigen.* [126]" „Diese ‚Beherrschung der Wahrheit' geschieht, indem man ihre Kriterien moralisiert und monopolisiert. [128]" Die Beherrschung der Wahrheit als entscheidende Voraussetzung jeder intellektuellen Herrschaft ist nicht zuletzt bereits von George Orwell erkannt worden. In seinem Werk „1984" kommt dem *„Miniwahr"*, dem Wahrheitsministerium, eine tragende Rolle als Herrschaftsinstrument zu. Während aber Orwell neben der Beherrschung der *gegenwärtigen* Wahrheit die Beherrschung der *Vergangenheit* als essentiell anerkannte, schenkte Schelsky der Beherrschung der *vergangenen* Wahrheit, ungeachtet zahlreicher Fälle von Geschichtsklitterung (die vielfach bereits im 19. Jahrhundert begangen wurden), keine Aufmerksamkeit.

Solcherart im Besitze unanfechtbaren Sozialprestiges und der Beherrschung der Wahrheit, üben die Sinnproduzenten im Gegensatz zu anderen Ausbeutern, die sich mit der Ausbeutung in der *Produktionssphäre* begnügt hatten, auch die Herrschaft über die *Freizeit,* d.h. über die *Privatsphäre* der Güterproduzenten aus. Die Produktivitätsfortschritte in der Produktion haben durch Arbeitszeitverkürzung und Erleichterung der Arbeitsmühe das „Reich der Freiheit" für die Güterproduzenten näher gerückt. Diese vermehrte Freizeit kann zu mehr *Konsum* und zu vermehrter *Bildung* verwendet werden. „Dieses Glück der Wohlfahrt und des Wohllebens soll" aber, so Schelsky, „nicht der Eigenbeurteilung der Verbraucher überlassen, sondern der Vormundschaft derer überantwortet werden, die nicht nur den ‚eigentlichen Sinn' des Lebens, sondern von dort her vor allem den ‚eigentlichen Sinn der Freiheit' verbindlich für die anderen feststellen. Hinter dieser Kritik der Konsumausbeutung der Verbraucher durch die Produzenten steht ganz einfach der Anspruch der Gegenherrschaft über die Freizeit: die Forderung der *‚Bildungsherrscher'* als Klasse der Sinnproduzenten auf die vormundschaftliche Bestimmung des Lebenssinns für die Arbeiter, konkret auf ihre Tätigkeit im ‚Reich der Freiheit', d.h. in der Freizeit. Der Verbraucher wird mit den Bildungsargumenten wiederum zu eben jener Unmündigkeit verurteilt, die zu bekämpfen die Aufklärung bei *Kant* angetreten war. [286]" Dem stellt Schelsky seine als Leitmotiv dieses Beitrages gewählte These, *„Das Glück braucht keinen Vormund* [286]" gegenüber. Für ihn „liegt die Freiheit des Menschen in der *Abwehr der Erziehung als Herrschaft.* [303]"

(3) *Die Verleumdung der Leistung*

In Anschluß an C.T. Wagner charakterisiert Schelsky eine Leistung dadurch, daß [254]

(a) die Tätigkeit in einer Wettbewerbssituation, d.h. unter Konkurrenzdruck erfolgt;

(b) sie das Ziel der Leistungssteigerung gegenüber den bisher erbrachten Leistungen verfolgt und

(c) die Bedingungen, unter denen die jeweilige Leistung erbracht und beurteilt wird, das ‚Risiko des Scheiterns', d.h. die Feststellung des Versagens, einschließt.

Schelsky meint nun, eine Diffamierung der Leistung schlechthin und der Leistungsgesellschaft im allgemeinen durch die Sinnproduzenten feststellen zu können, die sich bei näherem Hinsehen in Wahrheit jedoch nicht auf die Klasse der Güterproduzenten, sondern allein auf die eigene Klasse der Sinnproduzenten erstreckt: „Sie wollen die Vorteile, ja Privilegien, die das jeweilige ‚Leistungssystem' in ihrem Tätigkeitsbereich hervorgebracht hat, selbstverständlich bewahren . . . , aber sie wollen die dafür erforderliche Konkurrenz, den Leistungssteigerungsnachweis und das Risiko des Scheiterns dabei ausschalten, d.h. sie fordern die Vorteile der jeweiligen sozialen Leistungsposition, ohne die Leistungen weiter erbringen zu wollen. Das ist nur möglich, wenn man den ‚Leistungsanspruch' als solchen diffamiert und diese Abwertung mindestens in den eigenen beruflichen Tätigkeitsfeldern weitgehend durchsetzt. [258]"

Der Klasse der Sinnproduzenten gehe es um nicht weniger als „um die Rechtfertigung eines Lebens ohne Leistungsdruck und eines Einkommens ohne Leistungskontrolle. [281]" Es herrsche eine „Selbstherrlichkeit der Selbstbedienung mit öffentlichen Mitteln [310]" im Wege einer *„Ausbeutung von öffentlichen Mitteln zugunsten einer Klasse,* die über die Verwendung dieser Mittel entscheidet, ja ihre dauernde Steigerung verlangt [310]", wobei hiebei auch noch eine *„Sanktionsfreiheit gegenüber der Wirklichkeit* [162]" bestünde, d.h. die Sinnproduzenten selbst trügen keinerlei Verantwortung [256f.] für die Konsequenzen ihres Handelns.

(4) *Die Sprachherrschaft*

Die subtilste Art der intellektuellen Herrschaft ist zweifellos die Herrschaft über die Sprache. Fehlen sprachliche Begriffe, kann Kritik an herrschenden Zuständen nicht nur nicht artikuliert werden, schlimmer noch, sie kann gar nicht erst gedacht werden. Sprachherrschaft impliziert somit Gedankenherrschaft. Sprachliche Entrückung des Herrschaftswissens erstickt jede Kritik, ja jede Reflexion seitens beherrschter Klassen. Nicht umsonst bedienten sich Religionen so gerne eigener Sakralsprachen, in denen die Riten stattfanden und die heiligen Bücher geschrieben waren. Für George Orwell war die Sprachherrschaft eine zentrale Säule intellektueller Herrschaft, da die Neusprache gegen jede Kritik am herrschenden System immunisierte. Aber auch zahlreiche Berufsgruppen verdanken ihr hohes Sozialprestige und ihr hohes Einkommen zu einem Gutteil der sorgfältigsten Pflege artifizieller Fachjargons.

So hat natürlich auch Schelsky sein Augenmerk der „Übernahme der Sprachgewalt [320]" durch die Ausbeuterklasse der Sinnproduzenten zugewandt[7]: „Eine klassenkämpferische Sprachpolitik hat also ein Herrschaftsinteresse daran, daß es zwei ‚Sprachklassen' gibt, oder deutlicher: daß es eine politische Sprache gibt, über die nur die herrschende Klasse verfügt und der sich derjenige einfügen muß, der mitherrschen will, und daß die ‚Beherrschten', die breiten arbeitenden Schichten des Volkes, in ihrer politisch ohnmächtigen Sprache gehalten werden. [321]" Schelsky illustrierte seine Feststellung an einigen Beispielen, auf die hier

7 Vgl. auch den populär gehaltenen Aufsatz „Herrschaft durch Sprache" in: Helmut Schelsky, Der selbständige und der betreute Mensch, Politische Schriften und Kommentare, Ullstein, Frankfurt/Main-Berlin-Wien 1978, S. 116–120.

nicht eingegangen werden kann [327–336], doch wenn man einmal einem Vortrag eines führenden Vertreters der Soziologie als der bewußtseinsführenden Schlüsselwissenschaft[8] unserer Zeit gelauscht hat, wird man Schelsky wohl verstehen[9].

3. Liberalismus – ein Selbstzerstörungsmechanismus?

Soweit eine kurze Skizze von Schelskys beeindruckendem Werk. Helmut Schelsky war ein *Liberaler* im besten Sinne dieses Wortes[10], vielleicht neben Ralf Dahrendorf der einzige bedeutende liberale Soziologe der Gegenwart[11]. Bei der Lektüre dieses Buches kann man sich des Eindrucks nicht erwehren, daß darin Schelskys grenzenlose Enttäuschung und Resignation zum Ausdruck kommt, daß der *Liberalismus versagt habe,* genauer, daß dem Liberalismus inhärente *Selbstzerstörungstendenzen* innewohnten. Der Liberalismus hatte (nach Meinung Schelskys) die alte Sinnherrschaft gebrochen. Sein Anliegen war es gewesen, die Sinngebung des Lebens in die Sphäre des *Individuums* zurückzuführen. Statt dies zu erreichen, hatte er jedoch lediglich ein Vakuum geschaffen, in welches die neuen sozialreligiösen Heilslehren eindringen und sich ausbreiten konnten. In letzter Instanz bedeutete dies einen Zusammenbruch des zentralen liberalen credos, nämlich des der *autonomen Sinngebungsfähigkeit des Individuums,* genauer, seine Fähigkeit, sein Glück auch ohne Vormund finden zu können.

An einzelnen Stellen bricht diese Verzweiflung Schelskys deutlich durch: „Der einzelne, die unverwechselbare Person, wird in ihren sozialen Status überführt und damit in der Sozialgruppe ‚aufgehoben'; da aber diese Sozial- oder Statusgruppen keine rechtlichen Institutionen mit handelnden Organen sind, brauchen sie Vormünder, die diese abstrakten Freiheitsansprüche vertreten; dies sind

8 Helmut *Schelsky,* Die metawissenschaftliche Wirkung der Soziologie, in: Ernst *Helmstätter* (Hrsg.), Neuere Entwicklungen in den Wirtschaftswissenschaften, Bd. 98 der Schriften des Vereins für Socialpolitik NF, Duncker & Humblot, Berlin 1978, S. 903–913 (hier S. 903).

9 Ich möchte betonen, daß es sich hiebei um Eindrücke eines naiven Ökonomen handelt, der stets um Probleme eiferte, deren Verpackung ihm weitgehend egal war (und ist).

10 Dies mögen u.a. folgende Zitate aus Schelskys „Der selbständige und der betreute Mensch" zu dokumentieren: „Wenn man schon dem etikettierten Denken Beschilderungen anbieten muß, dann fühle ich mich in der Absicht, die klassischen Überzeugungen des Liberalismus von Kant und Wilhelm von Humboldt, von Adam Smith und J. St. Mill für die Gegenwart und innerhalb der modernen Gesellschaftsstruktur wieder zu aktualisieren, am wenigsten mißverstanden. [10]" bzw.: „Da die geschichtlich-traditionellen Kräfte des Konservativismus auch im westlichen Europa fast zur Bedeutungslosigkeit herabgesunken sind, wird der prinzipielle Liberalismus auch bei uns mehr und mehr zu der politischen Kraft, der das wichtigste politische Erbe unserer Kultur, den personalen Freiheitsgedanken der Aufklärung, zu bewahren aufgetragen ist, eine Einsicht, die übrigens seit langem zu den Überzeugungen führender nordamerikanischer Denker und Schriftsteller gehört. [110]"
Demgegenüber sind unzweifelhaft auch stockkonservative Facetten in Schelskys Werk auszumachen, insbesondere wohl seine „Soziologie der Sexualität", Rowolt, Hamburg 1955, demgegenüber selbst Karl Marx mit seinem bekannten Hang zum Küchenpersonal – in diesem Bereich wenigstens – als aufgeklärter Liberaler erscheint.

11 Schelsky selbst nannte insbesondere [z.T. keine Soziologen]: Hennis, Lübbe, Ortlieb, Scheuch, Schieck, Steinbuch, Topitsch (Der selbständige und der betreute Mensch, S. 107).

die selbsternannten Gesinnungsvormünder für Gesinnungsrechte, deren Definition sie selbst vornehmen. [371]“ Schelsky wehrt sich gegen die „sozialwissenschaftlich beherrschte Intelligenz und Sinnvermittlung“, die da meint: „Alle Aussagen sind sozial determiniert, durch parteiische Interessen bedingt; wer also für das Individuum als Letztwert eintritt, ist nur vordergründig liberal, human und rechtsstaatlich und in Wirklichkeit Agent der hinter dieser Individualideologie stehenden politisch-sozialen, werthaft selbstverständlich reaktionären Kräfte. [374]“ Er wendet dagegen ein: „Ein Freiheitsbegriff wie der des modernen Rechtsstaates und der pluralistischen Institutionen, der die Freiheit des Menschen gerade darin anerkennt, daß dieser niemals mehr als ‚ganzer Mensch‘ für Staats- und Gesellschaftszwecke in Anspruch genommen werden darf, ist der strikte Gegensatz zu jeder Art von Heilsvergemeinschaftung. [59]“

Schelsky erkennt den Liberalismus als *Selbstvernichtungsmechanismus* [116; vgl. auch 218], doch will er dies m.E. nicht wahrhaben. War der jahrhundertelange Kampf um die geistigen individuellen Freiheiten, „die als Glaubens-, Bekenntnis- und Gewissensfreiheit, als Meinungsfreiheit und Freiheit von Forschung und Lehre, als Gleichberechtigung, Koalitionsfreiheit und Versammlungsfreiheit samt den daran hängenden ‚sozialen Freiheiten‘ wie z.B. freier Berufswahl, Freizügigkeit usw. die Grundlagen der freiheitlichen Staats- und Gesellschaftsordnung westlicher Prägung ausmachen [148; vgl. auch 312]“, wirklich umsonst? Wurde er nur geführt, um einer neuen Herrschaft einer parasitären Ausbeuterklasse von Sinnproduzenten bequem den Weg zu bereiten? Schelsky ist davon überzeugt; er sagt klipp und klar: „Das neue Mittelalter fängt im Westen an. [181; vgl. auch 363 und 368]“

Helmut Schelsky hat sich mit der ganzen Kraft seiner kämpferischen Natur dagegen aufgebäumt. Mit ungeheurem Arbeitsaufwand schmiedete er seine Waffe gegen die vermeintliche Bedrohung der von ihm über alles geliebten Freiheit, nämlich sein Buch *„Die Arbeit tun die anderen“.*

4. Was bleibt von der Vision?

Betrachtet man dieses Buch aus etwas größerer Distanz, geht es einem ähnlich wie bei anderen großen Werken, wie etwa bei Marx’ *Kapital,* Smith’ *Wealth of Nations,* oder bei Schumpeters *Kapitalismus, Sozialismus und Demokratie.* Die große Vision ist beeindruckend und faszinierend zugleich, wenngleich man im Detail vieles auszusetzen hat. Ich möchte im folgenden nur drei Gruppen von Einwänden artikulieren:

(1) *Bilden die Sinnproduzenten überhaupt eine Klasse?*

Bei der Klasse der Sinnproduzenten, wie Schelsky sie abgrenzt, liegt ohne Zweifel keine *organisierte Herrschaftsgruppe* vor, wie sie etwa der durch das Gehorsamgebot straff organisierte Klerus einer Religionsgemeinschaft, die innere Partei von Orwells „1984“ oder die Nomenklatura einer kommunistischen Partei[12] darstellen. Vielmehr gehen die sozialen Gruppen, wie Familie, Verwandt-

12 Michael S. *Voslenky,* Nomenklatura, Die herrschende Klasse der Sowjetunion, Verlag Fritz Molden, Wien-München-Zürich-Innsbruck 1980.

schaft und Bekanntenkreis quer durch Schelskys Klassenabgrenzung. Die Mehrheit der Sinnproduzenten fühlt sich auch durchaus als Werktätige und würden jede Unterstellung ihrer Zugehörigkeit zu einer Ausbeuterklasse ohne Mentalreservation zurückweisen. Die Ziele der einzelnen Sinnproduzenten scheinen mir auch viel zu heterogen als daß man von einer gemeinsamen Klassenzugehörigkeit aus gemeinsamen Interessenslagen heraus sprechen könnte.

(2) *Liegt überhaupt Ausbeutung vor?*

Schelsky hat natürlich anerkannt, daß jede Gesellschaft ein gewisses Maß an Sinnproduktion und damit auch Sinnproduzenten benötigt: „Jede Gesellschaft braucht Institutionen der moralischen Erziehung und der Aufrechterhaltung ethischer Verhaltensweisen als Voraussetzung des sozialen, politischen, wirtschaftlichen, kulturellen Lebens. Jede Gesellschaft braucht Erziehung zu den Wissenformen und Fähigkeiten, die sie erhalten und fortschreiten lassen. Jede Gesellschaft braucht sowohl politische wie soziale ‚Sinndeutungen', als auch ‚Sinngebungen' des persönlichen Lebens, das sich in die vorgegebenen Lebensaufgaben und -ordnungen einfügen, in ihnen behaupten oder ihnen widerstehen muß. Es geht also gar nicht um die Verdammung oder Verleumdung von ‚Sinngebungs'-Leistungen, von ‚Erziehung' schlechthin, sondern es geht darum, welche politischen und sozialen Herrschaftsrollen die mit diesen Sinn-Funktionen beauftragten Personen einnehmen. [301f.]"

Vordergründig könnte man das Problem in der Abgrenzung der *guten,* da gesellschaftlich wünschenswerten, Sinnproduktion, von der *schlechten,* da Ausbeutungs-Sinnproduktion, sehen, doch stellt sich das Problem weit differenzierter. Die Güterproduzenten billigen ja die Ausbeutung durch die Sinnproduzenten, d.h. *beide* Klassen ziehen die Ausbeutungssituation vor. Wenn nun ein einzelner, z.B. Helmut Schelsky, diese Ausbeutung abschaffen möchte, geriert er sich, streng genommen, als Diktator. Dies läuft auf ein sehr tiefliegendes Problem der Entscheidungstheorie bei variierenden Nutzenfunktionen hinaus: Wenn jemand zwischen den Alternativen A und B wählen kann und, wenn er sich einem bestimmten Einfluß aussetzt, A der Alternative B vorzieht, sonst jedoch B der Alternative A vorzieht – für welche Alternative soll er sich dann entscheiden? Für *„Einfluß und A"* oder für *„kein Einfluß und B"?*

Nebenbei bemerkt, tritt dieses Problem in jeder ökonomischen Nachfragesituation, in welcher *Information* gekauft werden soll, auf, z.B. immer dann, wenn man den Rat eines Anwaltes, Arztes, Steuerberaters usw. kauft und auf Basis dieser Information entsprechende Entscheidungen treffen will. Wieviel und welche Information soll man kaufen?

Da die Sinnproduzenten nach meinem Dafürhalten zudem auch keine Klasse bilden, meine ich, daß allein der *Wettbewerb* zwischen den Sinnproduzenten Ausbeutungsexzesse weitgehend unterbindet.

(3) *Ist das Streben nach Leben ohne Leistungsdruck und nach Einkommen ohne Leistungskontrolle eine Konstituende der Ausbeutung durch die Sinnproduzenten?*

Ich glaube nicht, sondern es scheint mir hiebei um ein allgemein menschlich, allzu-menschliches Bestreben zu gehen[13], welches allerdings Instabilität bedeutet, wenn der *Zugang zu den Pfründen offen* ist oder wenn *Leistungskonkurrenz zulässig* ist. In diesen Fällen werden nämlich entweder die Leistungen durch personellen Zustrom so lange unterboten, bis die Pfründe versiegt sind oder die Konkurrenz durch bessere Leistungen sie ausgetrocknet hat. Da mir die Klasse der Sinnproduzenten nicht genügend geschlossen zu sein scheint, meine ich daher, daß eine Ausbeutung durch Sinnproduzenten *kein permanentes,* sondern höchstens ein *temporäres* Phänomen sein kann.

Trotz dieser unzweifelhaften Überzeichnung, derer sich Schelsky auch bewußt war[14], bleibt die Vision dieses düsteren Gemäldes von „Die Arbeit tun die anderen" faszinierend und verdienstvoll. Schelsky hat den Herrschaftsanspruch der Soziologie als bewußtseinsführender Schlüsselwissenschaft unserer Zeit, gewissermaßen ihre Aspiration auf die Gottvaterrolle der obersten Wahrheits- und Richterinstanz, erbarmungslos entlarvt. Er ist in seinen letzten Lebensjahren zu einem „ehrlichen Renegaten" geworden, was m.E. für sich allein genommen schon einen wichtigen Dienst an der Sache der Wissenschaft darstellt. Nicht zuletzt stellte Schelsky eine unangenehme intellektuelle Herausforderung an die Frankfurter Schule dar, der es bestimmt nicht schlecht bekam, sich auch einmal den Spiegel scharfer Kritik vorhalten lassen zu müssen.

Zweifellos war „Die Arbeit tun die anderen" auch ein gutes Stück Zeitkritik, eine Reaktion auf 1968 und auf den Herrschaftsanspruch der Neuen Linken, Schelskys Antwort auf Entwicklungen, die ihm Sorge bereiteten und vor denen er warnen wollte, wobei Überzeichnungen zweifellos einen beabsichtigten Teil seiner Strategie darstellten. Es ist ihm zweifellos gelungen, uns sensibel für diese Entwicklungen zu machen und auch den Mut aufzubringen, ihnen entgegenzutreten und uns – Wertfreiheit hin, Wertfreiheit her – zu unseren eigenen Werten zu bekennen. Schelsky, der sich ja der Bedeutung der Sprachherrschaft sehr bewußt war, und für den Polemik ein Stilmittel darstellte, das er durchaus schätzte und bewußt einsetzte, mag seine Aufgabe auch darin gesehen haben, den Rahmen seines geschlossenen theoretischen Gebäudes in „Die Arbeit tun die anderen" zur Schaffung eines Gegenarsenals an Kampfbegriffen zu benutzen. Man kann nun jedem dummen akademischen Fatzken oder Faulpelz entgegenhalten, er sei ein Sinnproduzent, jeden Schwätzer, der noch nie in seinem Leben mit einem Arbeiter gesprochen hat, geschweige denn, je selbst manuelle Arbeit geleistet hat, doch seinen Mund über die Ausbeutung recht voll nimmt, als Mitglied

13 Schelsky hat dies z.T. auch gesehen, wenn er etwa in „Der selbständige und der betreute Mensch", S. 62, schreibt, „daß Unternehmer in Verfolgung ihres Eigeninteresses zunächst immer die Tendenz haben, Konkurrenz auszuschalten, Monopolisierungssituationen zu Gewinnerhöhungen herbeizuführen und Mangelsituationen und Angebotsverknappungen . . . gewinnträchtig auszunutzen. Dieses unaufhebbare Eigeninteresse beherrscht alle Unternehmer . . . "
Hingegen war sich Schelsky der Unbeständigkeit privilegierter Positionen in Situationen, die denen der Zugang prinzipiell offen ist, nicht so bewußt. Selbst akademische Berufe attrahieren im Falle überhöhter Gehälter entsprechend viele Studenten, die dann nach ein bis zwei Jahrzehnten für einen gewissen Abbau finanzieller Privilegien sorgen.

14 Als ich ihn einmal auf einen der oben geäußerten Einwände ansprach, sagte er: „. . . aber das ist doch zum Teil auch Polemik."

der ausbeuterischen Klasse der Reflexionselite klassifizieren, und jenen passionierten Demonstrierern, denen die Verhältnisse z.B. in Chile Vorwand genug sind, alles und jedes in unserer Gesellschaft durch den Dreck zu ziehen, das Kürzel des *geborgten Elends* an den Kopf werfen. Hier hat Schelsky gewissermaßen für linguistische Waffengleichheit gesorgt.

5. *Schelsky und die Ökonomie*

Nicht zuletzt verdanken wir Schelsky auch Erklärungsansätze für Dinge, die wir Ökonomen bislang nicht erklären konnten. Ich verweise etwa auf den Bereich der Sozialpolitik, wo wir immer verwundert die Frage stellten, warum ein so gewaltiger und kostspieliger volkswirtschaftlicher Umverteilungsapparat mit so kläglich geringem *Netto*umverteilungseffekt aufrechterhalten wird[15]. Schelsky hatte hierfür eine Erklärung: Die Sozialpolitik ist ein Herrschaftsinstrument, das die Staatsbürger in der Rolle entmündigter Bittsteller um ihr eigenes (umverteiltes) Geld politisch leichter beherrschbar macht[16].

Schelsky anerkennt durchaus, daß ein wesentlicher Teil der Steuern in den Sozialhaushalt fließt und auf diesem Wege wieder den Steuerzahlern zugute kommt, doch: „Das Entscheidende aber ist, daß diese Abschöpfung vor allem dem Machtgewinn der Herrschenden dient, denn je mehr sie von oben verteilen können, um so abhängiger werden die Begünstigten von ihnen. Und zweitens dient diese Abschöpfung der Finanzierung der Bürokratie, die die Gelder einzieht und verteilt. Und da die politisch Herrschenden jeweils ihre Anhänger mit den dadurch geschaffenen bürokratischen Stellen versorgen, wird der Sozialstaat zum wesentlichen Teil zu einer Apparatur der Machtgewinnung und der Postenverteilung. . . . Mit jeder Sozialleistung wächst die den Menschen verwaltend betreuende Bürokratie. . . . Diese Steigerung der Zuteilungsbürokratie ist die Ausbeutungsform jeder sozialistischen Gesellschaft; sie steht in den sozialistischen Systemen genau an der Stelle, wo Marx im Kapitalismus die Abschöpfung des Mehrwertes der Arbeitsleistung als kapitalistische Ausbeutung diagnostizierte.[17]"

Schelsky hat die Schwierigkeiten unserer Pensionsversicherungssysteme genau vorhergesehen, indem er bemerkte: „Der ‚Generationsvertrag' . . . ist längst gebrochen. Der Sozialstand produziert zuwenig Produktionskräfte, kann also die Kette der Generationsleistungen nicht stabil halten.[18]"

Doch während man noch zustimmend Schelskys analytisch kritischen Geist, der den Sozialstaat als Herrschaftsinstrument entlarvt, bewundert, regen sich

15 Vgl. etwa die Beiträge von *Seidl* und *Tichy/Steinhöfler* in Hans Georg *Ruppe* (Gesamtredaktion), Sozialpolitik und Umverteilung, Signum-Verlag, Wien o. J. (1981), sowie Karl-Dieter *Grüske*, Die personale Budgetinzidenz, Eine Analyse für die Bundesrepublik, Vandenhoeck & Ruprecht, Göttingen 1978, Uwe *Wartenberg*, Verteilungswirkungen staatlicher Aktivitäten, Ein Beitrag zur Untersuchung der personellen Budgetinzidenz, Duncker & Humblot, Berlin 1979.

16 Helmut *Schelsky*, Sozialpolitik als Herrschaftsinstrument, Wie der Staat die Menschen durch ein perfektes Verteilungssystem entmündigt, in: Die Presse (Wien), 13./14. Oktober 1979, S. 5–6.

17 Helmut *Schelsky*, Sozialpolitik als Herrschaftsinstrument, S. 5.

18 Helmut *Schelsky*, ebenda.

ernsthafte Zweifel, wenn er als Rezept der Rückkehr zum mündigen Menschen *vermehrte Selbsthilfe* im Krankheits- und Altersfall empfiehlt. Soll man riesige Summen in Reserve halten, um auch für das kleine Risiko einer sehr schweren und kostspieligen Krankheit gerüstet zu sein? Wie soll man sein Geld, das man für die eigene Altersvorsorge anspart, anlegen, um es *wertbeständig* zu erhalten? War es nicht stets Opfer von Inflation, Enteignung, horrender Besteuerung? Soll man Reserven für 20 Jahre Ruhestand ansparen und dies mit erheblichen Lebensstandardverlust erkaufen, wenn man dann vielleicht nur 10 Jahre Ruhestand erlebt und ungewollt ungeliebte Erben mit dem hart Ersparten füttert?

Meines Erachtens hat Schelsky hier zwar eine häßliche Seite des modernen Sozialstaates, speziell sein hypertrophes Auswuchern, schonungslos klargelegt und analysiert, doch hat er es sich mit der Remedur zu leicht gemacht. Vielmehr sollte nicht das Kind mit dem Bade ausgeschüttet werden; eine liberalistische Sozialpolitik ist möglich, doch kann sie auf risikoausgleichende Institutionen mit Zwangscharakter nicht verzichten[19].

Auch eine weitere Illustration ökonomischer Probleme, bei welchen wir von Schelsky lernen können, ist dem Bereich der Sozialpolitik entnommen. Wir wundern uns, warum es nicht Leitmaxime der Sozialpolitik ist, die Lage der schlechtestgestellten Mitglieder unserer Gesellschaft zu verbessern, ein Gerechtigkeitspostulat, für welches John Rawls überzeugende Begründungen geliefert hatte[20], sondern die Sozialpolitik statt dessen im wesentlichen danach strebt, das Los der gut gestellten Mitglieder unserer Gesellschaft möglichst zu verschlechtern. Stark progressive Einkommensteuern, differenzierte Umsatzsteuersätze, Ruhensbestimmungen bei Pensionen, Körperschaftssteuern, Vermögenssteuern, progressive Kraftfahrzeugsteuern legen dafür Zeugnis ab. Wir waren versucht, es mit gesellschaftlichen Neidkomplexen[21] zu erklären, eine Erklärung, die jedoch hinkt, da sie die Frage, warum die Mittel nicht für die Verbesserung des Loses der schlechtestgestellten Bürger bereitgestellt werden, nicht beantworten kann. Schelsky hat auch hier die bessere Antwort: Die Mittel mästen die Sinnproduzenten, sie dienen der Alimentierung der Reflexionselite, was m.E. so unrichtig nicht ist – die meisten empirischen Verteilungsstudien zeigen nämlich ziemlich deutlich die Tendenz, daß die Umverteilung nicht von den obersten zu den untersten Einkommenschichten geht, sondern von den obersten *und* untersten zu den *mittleren* Einkommenschichten.

Schließlich sind dem stets wachen Auge Schelskys auch zahlreiche Aspekte der Wirtschaftspolitik nicht entgangen, die er zuweilen sehr bissig und schlagfer-

19 Vgl. dazu im Detail: Christian *Seidl*, Theoretische Grundlagen der Sozialpolitik, in: Hans Georg *Ruppe* (Gesamtredaktion), Sozialpolitik und Umverteilung, Signum-Verlag, Wien o. J. (1981), S. 20–104.

20 Vgl. John *Rawls*, Eine Theorie der Gerechtigkeit, deutsche Übers., Suhrkamp, Frankfurt/Main 1975. – Vgl. dazu in größerem Rahmen insbesondere auch eine jüngste sorgfältige Studie von Peter *Koller*, Die Idee der sozialen Gerechtigkeit, Ihre Bedeutung und ihre moralische Rechtfertigung, in: Werner *Krawietz*, Theo *Mayer-Maly*, Ota *Weinberger* (Hrsg.), Objektivierung des Rechtsdenkens, Gedächtnisschrift für Ilmar Tammelo, Duncker & Humblot, Berlin 1984, S. 97–135.

21 Vgl. Dieter *Bös* und Georg *Tillmann*, Neid und progressive Besteuerung, in: Karl-Heinrich *Hansmayer*, Staatsfinanzierung im Wandel, Verhandlungen auf der Jahrestagung des Vereins für Socialpolitik 1982. Schriften des Vereins für Socialpolitik, Neue Folge Bd. 134, Duncker & Humblot, Berlin 1983, S. 637–660.

tig kommentierte. So stellte er den in der Ökonomie geläufigen (wohl von Galbraith geprägten) Spruch vom privaten Reichtum und der öffentlichen Armut seine These von der *privaten Sparsamkeit und der öffentlichen Verschwendung*[22] entgegen.

Auch sein Eindruck der wirtschaftlichen Landschaft Österreichs sei dem interessierten Leser nicht vorenthalten: „Wien ist das zentrale Beispiel eines Sozialversorgungsstaates. Private Initiativen sind kaum zu erkennen; geht man durch die Außenbezirke von Wien, dicht hinter dem Ring, so sieht man den Zerfall der Häuser, der auf dem jahrzehntelangen Mietstopp beruht. Der einzige Bauherr, der ständig in Erscheinung tritt, ist die Stadt Wien selbst, und die neuen Wohnungen werden an Parteigenossen verteilt, früher natürlich im Proporz, an dem die ÖVP teilgenommen hat. In Wien herrscht man, indem man sozial betreut und dadurch abhängig macht.[23]"

Diese Illustrationen vermögen nur einen kleinen Teil jener Anstöße anzudeuten, die auch ein Ökonom von Schelsky empfangen konnte. Helmut Schelsky hätte uns allen, nicht nur der Soziologie, noch vieles geben können. Ich hätte mir von ihm, dem großen Liberalen, z.B. noch sehr eine Auseinandersetzung mit Hayeks „The Constitution of Liberty"[24] gewünscht und mir davon wichtige eigene Anregungen erhofft.

Helmut Schelsky war stets ein aufrichtiger Mann. Und selbst wenn diese seine Aufrichtigkeit zuweilen etwas schockierte und wir auch von der Unrichtigkeit der einen oder anderen Auffassung Schelskys überzeugt waren, gab sie stets zu ernsthaftem Nachdenken und zu Skrupeln Anlaß. Ich entsinne mich noch sehr gut jener Frage, die Helmut Schelsky in seinem Plenumsreferat am Schluß der Tagung des Vereins für Socialpolitik im Jahre 1977 in Münster den versammelten Ökonomen gestellt hatte: „Sind Sie sicher, daß Sie in den nächsten Jahrzehnten wirklich noch die führenden Praktiker der Wirtschaft ausbilden oder nur noch Wirtschaftswissenschaftler nach akademischem Standard produzieren, mit denen die Welt der Wirtschaft und wirtschaftlich-sozialen Praxis genau so wenig anzufangen weiß wie mit der überflüssigsten, ja schädlichsten Ausbildungsgruppe der neueren deutschen Universität, den Diplomsoziologen?[25]"

Diese Frage machte mich sehr nachdenklich und gab zu einer, Schelskys Auffassung diametral entgegengesetzten Überzeugung Anlaß. Ebenso wie Adam Smith, John St. Mill, Edgeworth, Menger, Wieser, Böhm-Bawerk, Walras, Pareto, Marshall, usw. keine führenden Praktiker der Wirtschaft ausgebildet hatten, meine ich, daß dieses Postulat das wissenschaftliche Antlitz der sozial- und wirtschaftswissenschaftlichen Fakultäten unserer Universitäten untergräbt. Heute haben akademisierte Buchhalter dort die Herrschaft angetreten und *„hinterfragen"* alles, was nicht unmittelbar *„praxisrelevant"* ist. Grundlagenforscher im Bereiche der Wirtschaftswissenschaften werden im deutschen Sprachbereich in

22 Helmut *Schelsky,* Der selbständige und der betreute Mensch, S. 75.

23 Helmut *Schelsky,* ebenda, S. 155.

24 Natürlich gilt dies noch mehr von *Hayeks* beeindruckendem dreibändigen Alterswerk „Law, Legislation and Liberty". – Hier kann lediglich auf die anregende kritische Auseinandersetzung von Peter *Koller,* Die Idee der sozialen Gerechtigkeit, S. 119–135, mit dem Gedankengut Hayeks verwiesen werden.

25 Helmut *Schelsky,* Die metawissenschaftliche Wirkung der Soziologie, S. 913.

dem Maße als Spinner „*stigmatisiert*“, wie dies in früheren Jahrzehnten undenkbar gewesen wäre. Dies geht so weit, daß ich es nicht mehr wage, international renommierte Gelehrte zu Gastvorträgen über theoretische Themen an die Universität Graz einzuladen, da diese, wie schon mehrfach gehabt, vor leeren Bänken dastehen. Nicht einmal die Assistenten des Instituts für Volkswirtschaftslehre fühlen sich zu einem Besuch bemüßigt, von den Studenten ganz zu schweigen. – Wenn es nicht gelingt, das Überwiegen der Vermittlung von praxisrelevanten Techniken und Fertigkeiten wieder aus unseren Hohen Schulen hinauszudrängen, fürchte ich, daß wir über kurz oder lang überhaupt keine Wirtschaftswissenschafter nach akademischem Standard produzieren werden. – Schelsky trifft daran jedenfalls keine Schuld; auch wenn man seine Meinung nicht überzeugend fand, regte sie an zu Reflexion und Auseinandersetzung.

Auf der Suche nach dem selbständigen Menschen

Einige Anmerkungen zu Schelskys Thesen aus ökonomischer Perspektive

Von
Michael Steiner

„ . . . the discipline became progressively more narrow at precisely the moment when the problems demanded broader, more political, and social insights . . . "

Das einleitende Zitat bezieht sich auf die Wirtschaftswissenschaften und stammt von einer in der Förderung sozialwissenschaftlicher Forschung führenden Stiftung[1]. Es könnte auch von Schelsky stammen, der immer wieder auf die fachspezifische Begrenztheit der Soziologie im besonderen, der Sozialwissenschaften im allgemeinen verwiesen hat. In dieser Abwendung von der fachspezifischen Verengung ging es Schelsky um eine „transzendentale Theorie" im Sinne einer Rückbesinnung auf das Ganze der Wissenschaften. Dies bedeutete für Schelsky, den Verkehr mit den die gleiche Wirklichkeit unter ihrem Erkenntnisinteresse anziehenden Fächer zu suchen, aber sich auch verpflichtet zu fühlen, im Sinne einer Verwirklichung der Folgerungen der Analysen für die Praxis zu wirken.

Schelskys Bemühen um Interdisziplinarität konzentrierte sich vor allem auf eine Zusammenarbeit von Philosophen, Rechtswissenschaftern, Politologen, Soziologen, Religionswissenschaftern und Theologen. Dies erklärt sich aus seiner ständigen Auseinandersetzung und Beschäftigung mit der Theorie der Institutionen, in der diese einzelnen Fachgebiete zwar jeweils verschiedenes Erkenntnisinteresse und verschiedene Begriffssysteme eingebracht haben, vor allem aber ein Beitrag zu einer solchen Theorie geleistet wurde. Im Laufe der Zeit konzentrierte sich Schelsky dann auf die soziologische Auseinandersetzung mit dem Recht und der Rechtswissenschaft. Schelskys Auseinandersetzung mit den die Wirtschaftswissenschaften bewegenden Fragen sind spärlicher, wenn man darunter direkten Kontakt mit Fachvertretern, literarisches Eingehen auf die die Ökonomie betreffenden Problemkreise versteht. Trotzdem bietet aber Schelsky mit seinen Fragestellungen über die Rolle des Einzelnen, über die Selbständigkeit fördernden oder bedrohenden Mechanismen der gesellschaftlichen Entwicklung, die er sowohl in seinen wissenschaftlichen Aufsätzen als auch in zahlreichen politischen (mitunter auch polemischen) Beiträgen aufgeworfen hat, viele Ansatzpunkte, die seine Überlegungen im Rahmen der Ökonomie bedenkenswert und anregend erscheinen lassen. Die von Schelsky aufgeworfene Problematik der Grundsatzentscheidung, ob mehr Selbständigkeit oder mehr Betreuung erforderlich sei, und die sich wie ein Leitthema durch die Arbeit Schelskys zieht, berührt dabei nicht nur vordergründig Kernprobleme der wirtschaftswissenschaftlichen Auseinandersetzung.

1 Russell Sage Foundation, Annual Report 1979, New York, 1980, S. 12.

Im folgenden seien einige Parallelen zwischen Schelskys Arbeit, seinem „transzendentalen“ theoretischen Erkenntnisinteresse und der Behandlung dieser Fragenkomplexe in der Ökonomie aufzuzeigen versucht.

Der selbständige und der betreute Mensch als wirtschaftspolitische Orientierungsmuster

Eine der wichtigsten politischen Grundsatzentscheidungen für die westlich-demokratischen Gesellschaften war für Schelsky die Frage, „ob der selbständige Mensch oder der betreute Mensch zum Ziel der staatlichen, wirtschaftlichen, sozialen und kulturellen Ordnungspolitik gemacht wird“[2]. Der positiv als Autonomie der Person verstandene Individualismus ist dabei im praktischen durch eine wohlfahrtsstaatliche Massenorganisation mit ihrer Betreuungs- und Verwaltungselite bedroht, im abstrakten durch Konzeptionen von Sozialplanern, deren Auffassung von Handlung, von Rationalität und von der Wissenschaftsentwicklung nur ein eng begrenztes Rationalitätsfeld offenlassen und einem Maschinenbegriff der sozialen und politischen Handlung unterliegen. Als gefährlichste Gegner der individuellen Lebensplanung erweisen sich somit die intellektuellen Sozialplaner und die sonstigen Betreuer, deren Herrschaft politisch in verschiedener Form erscheinen kann: als Wohlfahrtsdiktatur, als Erziehungsdiktatur, als Herrschaft der Funktionäre, als Meinungsbeherrschung und -manipulierung[3].

Die Gruppen der „Selbständigen“ und der „Betreuten“ (bzw. der „Dispositiven“ und der „Exekutiven“, wie sie auch bezeichnet werden können) als soziale Grundverhaltensformen ergeben sich in ihrem Gegensatz natürlich nicht zufällig; sie sind Ergebnis der Produktionsstrukturen der modernen Industriegesellschaft, in der sie beide unentbehrlich sind: die eine Gruppe, die sich vor selbständige Entscheidung gestellt sieht, die Arbeit als intellektuelle Leistung ansieht, durch ein relativ hohes Einkommen auf staatliche Daseinsfürsorge nicht angewiesen ist, die andere, deren Arbeit normiert ist und kaum aus individueller Leistung besteht und die vor den Wechselfällen des Lebens durch organisierte Sicherheit geschützt werden muß. Die Postulierung der notwendigen Existenz dieser beiden Gruppen hätte an und für sich nichts Beunruhigendes an sich, wenn nicht den westlichen Industriegesellschaften eine Tendenz innewohnte, in der die Selbständigkeit eingeschränkt und das Betreutsein gefördert würde. Allerdings sieht Schelsky diesen Prozeß nur dann als zwangsläufig an, wenn man nichts politisch und sozialprogrammatisch dagegen tut. Die „Sozialdemokratisierung Westeuropas“ ist somit ein vermeidbarer Vorgang, der von der Frage abhängt, ob die Bewahrung der Freiheit der Person oder die Vervollkommnung der sozialen Gerechtigkeit als vordringlich erachtet wird[4]. Mit dem Schlagwort der „Sozialdemokratisierung“ ist dabei mehr als eine nur parteipolitisch ausgerichtete Tendenz der gesellschaftlichen Steuerung angesprochen. Damit kommt vielmehr das zum Ausdruck, was Dahrendorf als „sozialdemokratischen Konsens“ bezeichnet hat und

2 Schelsky, H., Der selbständige und der betreute Mensch. Politische Schriften und Kommentare, Frankfurt/M., Berlin, Wien, 1978, S. 18.
3 Ebda, S. 18.
4 Ebda, S. 19.

eine Politik beschreibt, die, unabhängig von den sie exekutierenden Parteien, auf der Anerkennung der aufklärerischen Wirkung der Vernunft, der Arbeit als Synonym für im Produktionsprozeß eingebundenes Aktivsein, der am Prinzip der Gleichheit orientierten sozialen Maßnahmen und des all dies ermöglichenden wirtschaftlichen Wachstums basiert[5].

Die Zwangsläufigkeit der „Sozialdemokratisierung" ist auch durch die inneren Widersprüche des „sozialdemokratischen Konsens" in Frage gestellt; damit ist noch nichts darüber gesagt, welches in sich zumindest einige Zeit stabile Paradigma polit-ökonomischer Sozialverfassung an seine Stelle treten könnte. Schelsky hat mit seiner Dichotomie von Selbständigkeit und Betreutsein jedoch Richtlinien vorgegeben, die auch im Rahmen der ökonomischen Diskussion um Inhalte eines möglichen neuen Konsenses und um die Grenzen seiner Verwirklichungsmöglichkeiten aufgegriffen wurden. Das, was Schelsky als Soziologe bewegte und in das griffige Diktum des „selbständigen oder betreuten Menschen" faßte, ist auch in der Ökonomie ein paradigmatischer Gegensatz, der in der momentanen wirtschaftlichen Lage für konträre wirtschaftspolitische Orientierungsmuster dasteht. Schelskys Alternative findet in den wirtschaftspolitischen Bildern der „Nullsummengesellschaft" bzw. der „arbeitsteiligen Gesellschaft" seine Entsprechung[6]. Beide wirtschaftspolitischen Paradigmen – das der Wirtschaft als Verteilungsproblem, das der Wirtschaft als Allokationsproblem – stoßen jeweils an Grenzen, sodaß Schelskys Hinweis, daß es sich bei seiner gewählten Präferenz nicht um Ausschließlichkeit des einen oder des anderen Ordnungsprinzips geht, verdeutlicht werden kann. Gleichzeitig können damit auch die Beschränkungen und Unstimmigkeiten, die mit den jeweiligen ordnungspolitischen Orientierungsmustern verbunden sind, verdeutlicht werden.

Der betreute Mensch als Objekt und Ziel einer an Gerechtigkeit orientierten Verteilungsgesellschaft hat eine lange Tradition. Daß er unter dem von Thurow[7] geprägten Begriff der Nullsummengesellschaft, in der die Gewinne einer Seite zu Verlusten der anderen führen, oder um im Rahmen der Schelskyschen Sprache zu bleiben, jeder Betreute (und vor allem die Betreuer) den Selbständigen etwas wegnehmen, erneut Aktualität gewonnen hat, mag auf zwei Gründe zurückzuführen sein:

Auf der einen Seite eröffnet das Bild einer „Gesellschaft im Überfluß", in der die notwendigen Bedürfnisse gestillt, essentielle Knappheitsphänomene somit aufgehoben sind, mehr Spielraum für verteilungsorientierte Ziele. Daß erst ein erreichter Wohlstand die Möglichkeit der verstärkten Beachtung verteilungs- und sozialpolitischer Vorstellungen schafft, läßt auch das Phänomen des „Wohlstandsparadoxons" verständlich erscheinen: jener immer häufiger zu beobachtende Umstand, daß mit wachsendem Wohlstand der Bevölkerung die Bereitschaft, Risiken selbst zu übernehmen, nicht zu-, sondern abnimmt. Trotz steigender Leistungsfähigkeit des einzelnen zur Risikobewältigung in seinem

5 Dahrendorf, R., Die Chancen der Krise. Über die Zukunft des Liberalismus, Stuttgart, 1983, S. 17.

6 Siebert, H., Zur Orientierung der deutschen Wirtschaftspolitik, in: Siebert, H. (Hrsg.), Perspektiven der deutschen Wirtschaftspolitik, Stuttgart, 1983, S. 11.

7 Thurow, L., The Zero-Sum Society; Distribution and the Possibilities of Economic Change, New York, 1980.

eigenen Lebensbereich wachsen auch die Ansprüche an die Gemeinschaft. Je höher das Volkseinkommen, umso mehr will der Einzelne bei der Bewältigung dieser Aufgabe entlastet werden.
Gehen andererseits die in Überflußzeiten gebildeten Erwartungen nicht auf, weil exogene Grenzen einer Wachstumsgesellschaft die antizipierten Ansprüche uneinlösbar machen, gewinnt die Verteilung der unzureichenden Zuwächse (eventuelle sogar der Verluste) an Bedeutung[8].

Demgegenüber steht das Bild einer „arbeitsteiligen Gesellschaft" als wirtschaftspolitisches Orientierungsmuster und gesellschaftliches Leitbild. Die Arbeitsteilung hat zum Ziel, möglichst nahe an die Grenze der Produktionsmöglichkeiten heranzukommen. Sie überwindet aber auch das statische Patt einer gegebenen Ausstattung mit Gütern durch leistungsorientierte Verwendung der Produktionsmittel, die eine Verschiebung der Produktionsmöglichkeitskurve anstelle einer Bewegung auf ihr bedeutet. Die arbeitsteilige Gesellschaft reagiert auf Änderungen in den Knappheitsrelationen, da in ihr sowohl Engpässe signalisiert werden und diese Signale mittels dezentraler Anpassungsprozesse verarbeitet werden. Gleichzeitig ist sie eine „offene Gesellschaft", die die Chancen des einzelnen vergrößert, vertikale Mobilität ermöglicht, das Individuum nach seinen Leistungen und nicht nach seiner Herkunft einstuft und bewertet, damit nicht nur ökonomischen, sondern auch sozialen Bewegungsspielraum schafft. „Leistungsgesellschaft und Pioniergesellschaft . . . sind Bilder einer dynamischen arbeitsteiligen Gesellschaft . . . Die offene Gesellschaft will auch den Wettbewerb sozialer Ideen; sie braucht die individuelle Freizügigkeit"[9].

Die beiden wirtschaftspolitischen Orientierungsmuster kommen in ihrer paradigmatischen Ausrichtung dem Schelskyschen Gegensatzpaar vom betreuten und selbständigen Menschen sehr nahe. Sie sind sozusagen polit-ökonomische Interpretationen der polit-soziologischen Begriffe Schelskys: Die arbeitsteilige Gesellschaft mit ihrer marktorientierten Ausrichtung ist Voraussetzung des „selbständigen Menschen"; eine zur „Betreuung" hinneigende Wirtschaft mit Prioritäten hinsichtlich sozialer Gerechtigkeit findet sich bald im verteilungspolitischen statischen Patt einer Nullsummengesellschaft.

Die paradigmatische Überzeichnung der Bilder betont ihre Gegensätzlichkeit, geht von ihrer (Nicht-)Wünschbarkeit aus und vernachlässigt die Instabilität, die den jeweiligen Orientierungsmustern inneliegen. Daß liberale Vorstellungen von Freiheit nicht notwendigerweise mit Prinzipien sozialer Gerechtigkeit im Widerspruch stehen müssen, hat jüngst Koller[10] überzeugend argumentiert. Ohne hier die Argumentation im einzelnen nachzuzeichnen, kann davon ausgegangen werden, daß sich viele mögliche Gerechtigkeitsvorstellungen denken lassen, die strukturelle Kriterien mit Prinzipien einer (begrenzten) Handlungsfreiheit der Individuen in irgendeiner Weise kombinieren und daß sich diese auch in Marktordnungen realisieren lassen, ohne daß das Prinzip der individuellen Freiheit (bzw. Selbständigkeit) aufgehoben wird[11]. Selbst wenn man davon ausgeht, daß

8 Siebert, a.a.O., S. 12.
9 Ebda, S. 16.
10 Koller, P., Die Idee der sozialen Gerechtigkeit. Ihre Bedeutung und ihre moralische Rechtfertigung, in: Krawietz, W., Mayer-Maly, Th., Weinberger, O. (Hrsg.). Objektivierung des Rechtsdenkens. Gedächtnisschrift für Ilmar Tammelo, Berlin, 1984.
11 Ebda, S. 123.

der Gegensatz nicht darin liegt, daß es gesellschaftliche Zustände gibt, in denen das verteilungsorientierte Betreutsein der individuellen Selbständigkeit entgegensteht, kann man Schelskys Befürchtungen, sein Verlangen nach einem tendenziellen Streben nach mehr Selbständigkeit ernst nehmen: Die Problematik realer gesellschaftlicher Verhältnisse, die durch die paradigmatische Überzeichnung stärker herausgestellt wird, liegt in der ihnen innewohnenden Entwicklungsdynamik, in der Frage, ob ein wie auch immer ausgewogenes Verhältnis von „Betreuung" und notwendigem Maß an ressourcenschaffender Selbständigkeit stabil ist; darüber hinaus natürlich auch, ob die von Schelsky geforderte Tendenz nicht nur wünschbar, sondern auch – ökonomisch und politisch – steuerbar im Sinn von „machbar" ist.

Die wesentliche Kritik – und darin läßt sich Schelskys Befürchtungen teilen – am verteilungspolitischen Orientierungsmuster setzt an der Tatsache an, daß es gerade nicht eine wie auch immer definierte soziale Gerechtigkeit als (End-)Ergebnis zeitigt, sondern soziale Betreuung und Abhängigkeit. Der objektive Maßstab der auf dem Markt entstehenden Preise wird teilweise verändert, eine Reihe von Preisen wird politisch gesetzt; in einer Nullsummengesellschaft gewinnt der politische Prozeß zwangsläufig an Gewicht. Sobald der politische Prozeß für die Setzung von Preisen an Bedeutung zunimmt, übertragen sich darauf auch dessen Eigengesetzlichkeiten mit seiner Bevorzugung von speziellen Gruppeninteressen. Nicht alle Gruppen haben dieselbe Einflußmöglichkeit auf den Prozeß der „politischen" Preisbildung, es sind vor allem nicht immer die Bedürftigsten, die sich durchsetzen. Einer Nullsummengesellschaft wohnt die Tendenz inne, daß sich konfliktfähige und organisationsfähige Gruppen stärker durchsetzen, sowohl in der Erlangung als auch in der Erhaltung von Vorteilen. In einer Gesellschaft, die zunehmend von Nullsummencharakteristika geprägt ist, wird es zunehmend rationaler, Ressourcen zur Gewinnung und Absicherung von gruppenspezifischen Vorteilen einzusetzen, eine „rent-seeking-society" bindet in zunehmendem Maß gesellschaftliche Ressourcen[12]. Diese Absicherung von Ressourcen erstreckt sich dabei nicht nur auf den engen Bereich der Sozialpolitik, sondern auf alle Bereiche, in denen Preise dem Markt entzogen werden können: Indem durch selektive protektionistische Maßnahmen gewisse Branchen von ausländischer Konkurrenz geschützt werden, werden zwar die Beschäftigten in diesem Bereich bevorzugt, jedoch die Summe der Konsumenten durch künstlich hochgehaltene Preise benachteiligt, gleichzeitig konkurrierende Importländer eines Absatzmarktes beraubt; indem in manchen Ländern die Energiepreise unter dem Weltmarktniveau gehalten werden, konsumieren diese Volkswirtschaften einen überproportionalen Anteil, was das Energieangebot in anderen Ländern verknappt und die Preise dort steigen läßt; indem die Agrarprodukte der meisten westlichen Industriestaaten stark subventioniert werden, werden im primären Sektor Ressourcen gebunden, die anderswo fehlen, die Einkommen dieses Bereiches gegen potentielle Konkurrenten, gerade auch aus Dritte-Welt-Ländern, abgesichert[13]. Das durch politische Beeinflussung abgesicherte Betreutsein spezifischer Gruppen schafft nicht nur relative Bevorzugung, sondern beeinträchtigt die selbständige Entfaltung anderer Bereiche.

12 Krueger, A., The Political Economy of the Rent-Seeking Society, in: The American Economic Review, Volume LXIV, 1974, S. 291–303.

13 Für weitere Beispiele siehe ebda, S. 301f.

Daß die Absicherung gruppenspezifischer Interessen mehr als ein Nullsummenspiel ist, in dem durchsetzbare Gruppeninteressen Vorteile zu Lasten minder erfolgreicher Lobbies erzielen, sondern auch die Menge der zur Verteilung stehenden Güter beeinträchtigt, hat auch Olson[14] aufgezeigt. Gleichzeitig betont er die fatale Eigendynamik, die der Prozeß des Gewinnes und Absicherns gruppenspezifischer Vorteile entstehen läßt. Da Gruppierungen unterschiedliche Organisationsfähigkeit aufweisen, ist durch kollektive Verhandlungsprozesse kaum ein pareto-optimales Ergebnis zu erwarten. Je stabiler eine Gesellschaft, desto stärker werden die organisierten Interessen, selbst wenn der ursprüngliche Grund für die Gruppenbildung weggefallen ist. Von den zwei Möglichkeiten, welche Organisationen offenstehen, um den Wunsch ihrer Mitglieder nach einem Mehr an verfügbaren Gütern zu entsprechen – die Vergrößerung der verfügbaren Menge durch Wirtschaftswachstum und Effizienzsteigerung bzw. die Vergrößerung des Anteils der Organisation an der verfügbaren Menge – wird die zweite bevorzugt. Da die Kosten in der Vermehrung von verfügbaren Gütern den Nutzen, der den Gruppenmitgliedern daraus erwächst, meist übersteigen, sind für diesen Weg wenig Anreize vorhanden; wenn auch die Strategie, einen größeren Anteil der zu verteilenden Menge zu erkämpfen, das Niveau der Produktionsmöglichkeiten verringern mag, ist es vom Kosten-Nutzen-Kalkül der einzelnen Organisation sinnvoller, diesen Weg zu wählen. Das kollektiven Allokationen innewohnende Auseinanderfallen von gesellschaftlichen Verlusten und gruppenmäßigem Gewinn verringert die Effizienz und das Gesamteinkommen in Volkswirtschaften[15]. Stärker gewordene Gruppeninteressen erhöhen die Komplexität von staatlichen Eingriffen durch spezielle Regelungen und Ausnahmen, sind im Entscheidungsprozeß langsamer als die sie konstituierenden Individuen und Unternehmen und erhöhen den Anreiz und die Notwendigkeit kollektiver Formen der Auseinandersetzung. Der daraus resultierende gesellschaftliche Wandel gibt individuellen Anstrengungen geringere Erfolgsaussichten[16]. Die Logik kollektiver Handlungen, die in stabilen, entwickelten Gesellschaften zum Tragen kommt, fördert die gruppenmäßige Organisation, deren Eigendynamik zu gesellschaftlicher Starrheit und negativen Anreizen für selbständige Aktionen führt.

Diese daraus resultierenden institutionellen Verkrustungen sind eine der Komponenten die zur „Entwicklungsfalle des demokratischen Wohlfahrtsstaates" führen[17]. Kollektive Entscheidungsmechanismen, die Regelungen mit Umverteilungsabsichten und gruppenspezifischen Produktionsmaßnahmen nach sich ziehen und Einkommen und Einkommenserzielungschancen vermehrt durch politische Entscheidungen und in entsprechend geringerem Maß durch den Markt entstehen lassen, überfordern zunehmend auch die Demokratie als Methode der Konfliktregelung. Da es kein unanfechtbares Verteilungskriterium geben kann, sehen selbst die Begünstigten keinen Grund, zufrieden zu sein, während die Benachteiligten zu Abwehrreaktionen provoziert werden; für Nichtbegünstigte ent-

14 Olson, M., The Rise and Decline of Nations. Economic Growth, Stagflation, and Social Rigidities, New York and London, 1982.

15 Ebda, S 45.

16 Ebda, S 73.

17 Streit, M., Zur politischen Ökonomie von Reformen wohlfahrtsstaatlicher Institutionen, in: Siebert (Hrsg.), a.a.O., S. 166.

steht Anreiz, sich ebenfalls um Privilegien zu bemühen. Der politische Prozeß wird zu einem „Gerangel um Verteilungsprivilegien"[18] mit der Konsequenz, daß dessen begrenzte Leistungsfähigkeit überbeansprucht wird und dadurch die Akzeptanz des Verfahrens selbst bedroht ist.

Die Befürchtungen Schelskys, daß der soziale Entwicklungsprozeß zu zunehmenden Abhängigkeiten führt und die soziale Selbständigkeit fast zwangsläufig verringert wird, materialisieren sich in dieser „Entwicklungsfalle", die durch institutionelle Verkrustung und überfordertem demokratischen Verfahren entsteht. Um diese Bedrohung abzuwenden, wird eine Möglichkeit als verbleibend angesehen: „Die Beantwortung von Verteilungsfragen muß wieder verstärkt dem einzigen bekannten, nicht politischen und weitgehend anonym sowie dezentralisiert arbeitenden Verfahren übertragen werden, dem Marktprozeß"[19].

Mehr Selbständigkeit durch mehr Markt?

Die Allokationsbotschaft als Antwort auf vielfältige Überlastungen und Verkrustungen der Nullsummengesellschaft hat zweifellos in weiten Bereichen Berechtigung. Daß der Ruf nach mehr „Markt" nicht als Allheilmittel angesehen werden kann, daß auch die „arbeitsteilige Gesellschaft" ihre Instabilitäten aufweist, wird dabei nicht bestritten. Zum Teil resultieren diese Instabilitäten aus dem ständigen Versuch spezifischer Interessen, sich Vorteile zu sichern bzw. aus dem Widerstand, den sie dem Abbau entgegenstellen, zum Teil aus dem Versagen des Marktes, allokative Effizienzen zu bewerkstelligen.

Die Verstärkung von Marktelementen ist dort am berechtigsten, wo verteillungspolitisch orientierte Interventionen gerade auch im Sinn verteilungspolitischer Gerechtigkeit Ineffizienzen schaffen. Als Hauptmängel erweisen sich dabei mangelnde Ziel- und Systemkonformität der Interventionen, die sich in unerwünschten Nebenwirkungen niederschlagen, zu einer erheblichen Verstärkung der Reglementierungsdichte und -intensität führen, eine ständig wachsende Verteilungsbürokratie verlangen und im Markt die Konzentration verstärken[20]. Für diesen Bereich ist eine verstärkte Marktorientierung schon darum wünschenswert und sinnvoll, weil dadurch auch die Verteilungspolitik in ihrem ursprünglichen Sinn besser wirksam werden kann. Hier ist auch am ehesten zu erwarten, daß mehr Allokationsorientierung das Ausmaß an Betreuung reduzieren hilft. Allerdings ist aber gerade in diesem Bereich am ehesten mit Reformwiderständen zu rechnen. Streit führt zwei allgemeine Gründe an[21]: Ein „Gefangenendilemma", das selbst bei Einsicht in die Zweckmäßigkeit für Reformen diejenigen, die ihre Privilegien aufzugeben bereit sind, am Ende als Verlierer dastehen lassen kann; und ein „Sperrklinkeneffekt", der – ähnlich der Argumentation wie bei Olson – die Umkehrung des Verkrustungsprozesses für politische Unternehmer wenig attraktiv erscheinen läßt, da sie und die durch sie vertretenen Interessen berechenbare Verluste zu erwarten haben, die ihnen weniger Entlastung versprechen.

18 Ebda, S. 166.
19 Ebda, S. 166.
20 Ebda, S. 167.
21 Ebda, S. 174.

Darüberhinaus sind die staatliche Bürokratie, die Interessenverbände und die Sozial-Industrien Gruppen, die durch Reformen existenziell in Frage gestellt werden und von denen deshalb Widerstand zuerwarten ist.

Dem Versuch, im sozialstaatlichen Bereich durch Bestärkung marktwirtschaftlicher Elemente Besserung zu erzielen, stehen somit vor allem die Widersprüche entgegen, die sich aus spezifischen Interessenlagen gesellschaftlicher Organisationen ergeben; dadurch sind die Überlegungen angebracht, die – ausgehend von der prinzipiellen Wünschbarkeit und ökonomischen Machbarkeit solcher Reformen – ihre politischen Durchführungschancen analysieren (und dabei Skepsis hinsichtlich ihrer Erfolgschancen als durchaus berechtigt erachten).

Umstrittener mag vielleicht nicht die Wünschbarkeit, wohl aber die Machbarkeit marktwirtschaftlicher Reformen dann sein, wenn Marktversagen vorliegen. Daß die ökonomische Realisierbakeit umstritten ist, rührt von der Tatsache her, daß es mehrere Arten von Marktversagen gibt, und daher auch mehrere Konzepte, diese Versagen zu beseitigen. Ein Bereich, in dem sich diese Auffassungen deutlich unterscheiden, ist der Arbeitsmarkt; gleichzeitig ist es auch der Bereich, in dem sehr häufig der Vorwurf erhoben wird, daß es die (Gewerkschafts-)Funktionäre sind, die durch das Blockieren der Marktmechanismen das Gemeinwohl gefährden.

Die eine Form des Marktversagens kommt dadurch zustande, daß der erwartete Ausgleichsmechanismus dadurch nicht funktionieren kann, weil durch institutionelle oder sonstige Mechanismen hervorgerufene Rigiditäten die notwendige Flexibilität des Marktes verändern. Auf dem Arbeitsmarkt wird hier vor allem die Starrheit der Löhne nach unten angeführt, die markträumende Preise für den Faktor Arbeit und damit ein Gleichgewicht von Angebot und Nachfrage verhindert. Für diese Lohnstarrheit bzw. für die zu hohen Löhne werden meist die kollektiven Verhandlungsstrategien des Arbeitsmarktes verantwortlich gemacht – von Schelsky auf die griffige Kurzformel gebracht: „Arbeiter, macht Eure Funktionäre arbeitslos – und Ihr habt mehr Arbeit!“[22]

Ein anderer Typ von Marktversagen wird dann postuliert, wenn das Zusammenführen von Angebot und Nachfrage deshalb nicht zustande kommen kann, weil der Markt seine Koordinationsaufgabe aus prinzipiellen Gründen nicht erfüllen kann. Abgesehen davon, daß die Anzahl der beschäftigungssuchenden Arbeitskräfte nicht aus Kalkülen über die marktliche Absetzbarkeit der in ihnen verkörperten Arbeitskraft folgt, es somit keinen eindeutigen Gleichgewichtslohn gibt[23], ist es fraglich, ob es überhaupt einen Markt gibt, der die in ihn gestellten Erwartungen erfüllen kann. Im neoklassischen Sinn sind solche Arten von Marktversagen dann gegeben, wenn Faktoren vorliegen, die „der Natur der Sache nach“ rein marktwirtschaftliche Ideallösungen unmöglich machen, mit dem marktwirtschaftlichen Prozeß allein keine optimale Nutzung der Ressourcen gelingen kann und somit komplementäre staatliche Eingriffe und Aktivitäten notwendig wer-

22 Schelsky, H., Funktionäre. Gefährden sie das Gemeinwohl? Stuttgart-Degerloch, 1982, S. 303.

23 Offe, C., Die Zukunft des Arbeitsmarktes. „Orthodoxie“, „Realismus“ und „dritte Wege“, in: Merkur. Deutsche Zeitschrift für europäisches Denken, 419, Juli 1983, S. 491.

den[24]. In einem radikaleren Sinn orten Post-Keynesianer Marktversagen dort, wo die Koordination wirtschaftlicher Handlungen deshalb nicht funktionieren kann, weil kein Markt für diese Aufgabe vorhanden ist. In diesem Sinn handelt es sich nicht um „Marktversagen" als Übermittlung falscher Informationen (die beispielsweise durch rigide Löhne, verursacht durch „böse" Funktionäre, induziert werden), sondern „daß hier überhaupt kein Markt existiert, weil es nichts zu tauschen und infolgedessen auch nichts zu signalisieren gibt."[25] Einen der Bereiche, für den es keinen Markt gibt, betrifft die Investitionsentscheidung der Unternehmer. Entgegen der am Say'schen Gesetz orientierten Vorstellung, daß jede Produktion eine ausreichende Nachfrage entstehen läßt, postulieren Post-Keynesianer, daß das sich aus Konsum- und Sparsumme zusammensetzende Einkommen einer Volkswirtschaft insgesamt nicht nachfragewirksam werden muß, weil Sparentscheidungen nicht notwendigerweise (über den Zinsmechanismus) Investitionsentscheidungen zur Folge haben. Da Sparen nur eine Verminderung des laufenden Konsums bedeutet und nicht Ersatz des heutigen Konsums für den von morgen, gibt es dem Unternehmen keine Signale dafür, wann und wieviel an Konsumausgaben in Zukunft anfallen werden, wie die Unternehmen demnach ihre Investitionsentscheidungen heute für den (unsicheren) Konsum morgen zu fällen haben. Das zukünftige Einkommen, von dem der Konsum größtenteils beeinflußt wird, hängt aber auch von den heutigen Investitionsentscheidungen ab. „Die Crux besteht darin, daß die Informationen über laufendes und zukünftiges Einkommen und dessen Aufteilung auf Konsum und Sparen zu dem Zeitpunkt, in dem entschieden werden muß, nicht vorhanden sein können, weil sie das Ergebnis jener Entscheidungen sind."[26] Damit ist der Marktmechanismus nicht automatisch imstande, ein Vollbeschäftigungsgleichgewicht auf dem Arbeitsmarkt herbeizuführen und Unterbeschäftigungssituationen zu beseitigen, weil durch ihn keine Koordination heutiger Investitionen mit zukünftigen Konsumentscheidungen erfolgt. Es handelt sich somit um ein „Marktversagen" in dem ganz speziellen Sinn, daß kein Markt als Koordinationsinstrument existiert. Es geht somit auch nicht darum, von Gewerkschaften eine Senkung „marktwidrig überhöhter" Löhne zu verlangen, weil ohne diese eine Wiederherstellung der Vollbeschäftigung nicht möglich sei. Es entscheidet nicht der durch „Funktionärsherrschaft" verzerrte Arbeitsmarkt, sondern vorrangig die Investitionstätigkeit über das Beschäftigungsvolumen[27].

Ohne die Kontroverse um die adäquate Interpretation der Ursachen von Unterbeschäftigung in diesem Rahmen weiter zu verfolgen, seien für unsere Betrachtung zwei Dinge hervorgehoben:

Zunächst machen die Überlegungen zu verschiedenen Formen von Marktversagen deutlich, daß nicht immer mehr Flexibilität, mehr Markt, weniger Betreut-

24 Als solche lassen sich das Vorliegen von Kollektivgütern, von steigenden Erträgen, von externen Effekten anführen, vgl. Rothschild, K., Kritik marktwirtschaftlicher Ordnungen als Realtypen, in: Streißler, E., Watrin, Chr. (Hrsg.), Zur Theorie marktwirtschaftlicher Ordnungen, Tübingen, 1980.

25 Böhm, St., Die Keynes'sche Renaissance, in: Wirtschaftspolitische Blätter, 3, 1982, S. 71.

26 Ebda, S. 71.

27 Spahn, H.-P., Gemeinsinn als Ressource der Wirtschaftspolitik? Lohnpolitik und Stabilisierung in der Geldwirtschaft, in: Vobruba, G. (Hrsg.), „Wir sitzen alle in einem Boot." Gemeinschaftsrhetorik in der Krise, Frankfurt/M., New York, 1983, S. 111.

sein durch Funktionäre notwendige Voraussetzung für diejenigen Ergebnisse sind, durch die man sich mehr Selbständigkeit erhofft; nicht immer darf eine Herrschaft der Betreuer für das Versagen gesellschaftlicher Steuerungsprozesse behauptet werden; nicht immer ist der Markt der geeignete Problemlösungsmechanismus.

Gleichzeitig – und darauf hat Offe[28] über die rein theoretischen Überlegungen hinaus hingewiesen – herrscht die Neigung vor, die privaten, selbst organisierten Formen von Arbeitsbeschaffung, die außerhalb des kollektiv organisierten und kontrollierten Arbeitsmarktes bestehen, zu überschätzen. Geht man davon aus, daß die Zukunft des Arbeitsmarktes von der Tatsache geprägt ist, daß Politik Vollbeschäftigung nicht mehr garantieren könne, und man daher eher an eine Ausgliederung von Arbeitskräften aus dem Arbeitsmarkt, d.h. an eine Senkung der Erwerbsquote denken müsse, ergibt sich die naheliegende Anschlußfrage, wie der „ausgegliederte" Teil der Arbeitskräfte wirtschaftlich versorgt und sozial gesichert werden könne. Obgleich dazu mehrere Varianten vorgeschlagen werden – von der „Kunst des sich Zurechtfindens" über die familienpolitisch zu organisierenden Stillegungspläne für (weibliche) Arbeitskräfte hin zur „kostensparenden" Einbeziehung ausgegliederter Arbeitskräfte in die staatlich organisierten Dienstleistungen – krankt dieser Prozeß der „naturwüchsigen Dualisierung" nach Offe auch daran, daß Haushalte oder Individuen nur sehr beschränkt in der Lage sind, „selbständig" Eigenarbeit durchzuführen; es fehlt an materiellen Ressourcen, persönlichen Qualifikationen und psychologischen Dispositionen und an institutionellen Strukturen. „Arbeit (kann) jedenfalls nicht von denen individuell und allein ‚erfunden' werden, die sie dann tun sollen, sondern . . . diese (müssen) dazu institutionell und materiell in die Lage versetzt werden."[29]

Als zweite Relativierung des Marktprozesses als einer paradigmatischen Entsprechung mit mehr Selbständigkeit sei auf die „korporatistische Komponente" als notwendige Ergänzung wettbewerblicher Regelungen hingewiesen, deren Bedeutung Neurath als einer der ersten erkannt und in einer Rezession von Hayeks „Road to Serfdom" erkannt hat: „Prof. Hayek scheint zu weit zu gehen, wenn er nur eine Wahl offen läßt, nämlich zwischen dem, was er die Freiheit des Wettbewerbs nennt, und dem uneingeschränkten Totalitarismus des Planers. Er denkt nie an Planung als ein kooperatives Bemühen, das auf Kompromissen basiert."[30] Zuletzt war es die aus den USA stammende ökonomische Literatur über Gewerkschaften, die bezweifelt, daß Funktionäre stets gemeinwohlgefährlich sind. Darin wird zwar nicht bestritten, daß Gewerkschaften die Löhne im gewerkschaftlich organisierten Wirtschaftssektor über das Niveau von Wettbewerbslöhnen erhöhen und allokative Ineffizienzen bewirken können; gleichzeitig werden jedoch Wirkungen betont, die auf institutionelle Faktoren zurückzuführen sind. Eine Analyse von Gewerkschaften im Rahmen der Hirschmanschen „exit-voice"-Kategorie[31] zeigt, daß Gewerkschaften als „voice"-theoretische Institution zur betrieblichen Effizienzerhöhung beitragen könne. Diese „Widerspruchs"-Funktion kann am

28 Offe, a.a.O., S. 497ff.
29 Ebda, S. 500.
30 Neurath, O., Gesammelte philosophische und methodologische Schriften, Band 2, Wien, 1981, S. 980.
31 Hirschman, A., Exit, Voice, and Loyalty, Cambridge, 1970.

Arbeitsmarkt schwerlich von Individuen ausgeübt werden; diese müßten auf den gesamtwirtschaftlich ineffizienten „exit“ Rekurs nehmen. Die „collective voice“ organisierter Interessenvertretung ermöglicht den Arbeitern, ihre Unzufriedenheit ohne Abgang auszudrücken, was eine Reduktion der Fluktuations- und Ausbildungskosten erwarten läßt[32], [32a].

Schelsky hat mehrfach darauf hingewiesen, daß es sich in seinem Plädoyer für den „selbständigen Menschen“ im Gegensatz zum „betreuten“ nicht um ein „entweder - oder“ handelt, es sei viel mehr eine Frage der Gewichtung. Bei unserem Versuch, diese Debatte in die Kontroverse um wirtschaftspolitische Orientierungsmuster zu übersetzen, spricht einiges dafür, mehr Selbständigkeit von einem stärkeren Gewicht des Marktes zu erhoffen. Ansatzweise wurden jedoch auch Schwierigkeiten und Widersprüche dargelegt: Organisationstheoretische Überlegungen können politische Durchsetzungsschwierigkeiten von Reformen deutlich machen, die Existenz von Marktversagen enthüllt die partielle Hilflosigkeit des „selbständigen“ Wirtschaftsakteurs, die korporatistische Stütze erweist sich gerade auch im Sinne des Gemeinwohls oft als nützlich. Markt ist nicht unbedingt Synonym für Selbständigkeit.

Vor der vorschnellen Übersetzung des Rufes nach mehr Selbständigkeit in den Ruf nach mehr Markt hat, von einer ganz anderen Betrachtungsweise herkommend, Kolakowski gewarnt[33]. Auch er bedauert den Rückgang der eigenverantwortlichen Persönlichkeit, den Verlust an individueller Gestaltungsfreiheit. Trotz der Überzeugung von der völligen Verantwortlichkeit des Menschen für die gegenwärtige Welt, wie sie sich im wissenschaftlichen und philosophischen Denken offenbart, scheint in Wirklichkeit die Einstellung zum Leben, die in der Massenkultur dominiert, das genaue Gegenteil dieser Vermutung: Je offener die Welt, je mehr Möglichkeiten sie bietet, desto weniger Raum läßt sie der wirksamen Eigeninitiative. Die kulturelle Situation zeichnet sich durch einen extensiven Verfall des sog. „Unternehmungsgeistes“ aus, der gleichermaßen im Bereich der Wirtschaft, der Technik, der Wissenschaft zu beobachten sei. Kolakowski er-

32 Für eine Übersicht über diese Literatur, die die theoretischen Grundlagen analysiert, die wesentlichen empirischen Arbeiten vorstellt und auf ihre Tragfähigkeit hin untersucht, vgl. Addison, J., Gerlach, K., Gewerkschaften und Produktivität: Fehlallokation von Ressourcen oder Produktivitätssteigerung?, in: Zeitschrift für die gesamte Staatswissenschaft, 139, 1983, S. 215–228.

32a Die Vorstellung des sozialen Konsenses als Substitut für Marktmechanismen liegt etwas weniger deutlich auch den oben erwähnten Vorstellungen eines notwendigen Lohnverzichts seitens der Arbeitnehmer als Vorleistung für die Wiederherstellung der Vollbeschäftigung zugrunde. Auch hier sind zunächst die Wohlstandsverluste der einen Gruppe, der Arbeitnehmer, die Gewinne der anderen. Somit müsse zunächst eine Umverteilung der Ressourcen und Einkommen zugunsten der Unternehmer erfolgen, damit deren Gewinne Investitionen induzieren – eine typische Nullsummeninterpretation, die auch im statischen marktwirtschaftlichen Konzept immer wieder auftaucht. Dieser „tiefverwurzelte Opferglauben“ im ökonomischen Denken (Spahn, a.a.O., S. 113), der immer von einem gegebenen Wohlstandstopf ausgeht (und der auch der Vorstellung einer Aufteilung der Arbeitszeit durch deren Verkürzung bei gegebenem Arbeitsvolumen zugrunde liegt), mag bei Rezessionsbekämpfung kontraproduktiv wirken, er zeugt jedenfalls davon, daß die Paradigmen einer Verteilungs- und einer Allokationswirtschaft durchaus nicht immer als Gegensätze verstanden werden.

33 Kolakowski, L., Der Mythos in der Kultur der Analgetika, in: Kolakowski, L., Leben trotz Geschichte, München, 1977, S. 106–138.

scheint die Ganzheit des sozialen Lebens – und dies unabhängig von der ökonomischen Organisationsform und vom dominierenden Orientierungsmuster – als eine Art gigantisches Wohlfahrtssystem; alles, was darin Verantwortungsbewußtsein erwecken könnte, „ist Gegenstand des professionalen Interesses von seiten bestimmter speziell dafür berufener Einrichtungen und Menschen gewordenen, die für dieses Interesse gesondert entlohnt werden"[34] – sei es die Ausbildung der Kinder, die beraterische Sorge um Ehe oder Sexualleben, die Fürsorge für Alkoholiker, die psychiatrischen Rezepte für eine angemessene Einrichtung des geistigen Interieurs. Die rational eingerichtete Gesellschaft reduziert stufenweise in jedem einzelnen das Verantwortungsgefühl; gerade auch in den nach Tauschprinzipien organisierten Gesellschaften wird die Eigeninitiative der individuellen Persönlichkeit eingeschränkt.

Offensichtlich kann die ökonomisch-ordnungspolitische Übersetzung die Kontroverse um den selbständigen Menschen nicht ausreichend und tief genug erfassen. Vielleicht hätte sich der „Politiker" Schelsky mit dieser Übersetzung zufrieden gegeben, der „Theoretiker" Schelsky hat noch andere Übersetzungsmöglichkeiten nahegelegt.

Individuelle Lebensplanung und Rationalität

Die kulturphilosophischen Ausführungen Kolakowskis deuten auf eine Beschränkung des Individuums durch seine rational-mechanistische Eingebundenheit in eine technisch-arbeitsteilige Welt hin. Man könnte meinen, daß der rationale Mensch – ähnlich wie durch die „Dialektik der Aufklärung" eingeschränkt – ein Gefangener der rationale Einrichtung anstrebenden Gesellschaft ist und nur in deren engen Rahmen sich eine „systemadäquate Selbständigkeit" erlauben kann. Selbständigkeit wird dadurch zu etwas Berechenbaren, Planbaren, der individuelle Selbständige verplant sich selbst auf rationale Weise, ist betreut durch ein einseitiges Rationalitätsverständnis.

Wenn Schelsky die intellektuellen Sozialplaner als die gefährlichsten Gegner der individuellen Lebensplanung bezeichnet, bezieht er sich auch auf die mit manchen Planungsbegriffen einhergehenden soziologischen und handlungs- und wissenschaftstheoretischen Voraussetzungen. Die Problematik des „betreuten Menschen" entpuppt sich auch als eine des „beplanten", wobei den Plänen eine begrenzte Auffassung von Rationalität zugrunde liegt.

Für Schelsky ging es in der sich aus der Sozialphilosophie entwickelnden Soziologie seit der Aufklärung um die rationale Gestaltung der Entwicklung des Menschengeschlechts. Bei Saint-Simon verbindet sich das sozial-aufklärerische und diesseitig-rationale Denken mit den technischen Vorstellungen der Machbarkeit der Welt und Zukunft, denen ein vorgreifender Entwurf des Endzustandes zugrunde liegt. Diese Vorstellung der „Machbarkeit" impliziert, daß die vorhandene soziale und politische Lage nur als Material gesehen wird, aus dem ein vorgedachter Zustand sozialer Ordnung planmäßig herzustellen ist. Die technische

34 Ebda, S. 110.

Planvorstellung gewinnt so eine unmittelbare Beziehung zur Revolution im Sinne der Aufhebung und Abweisung des Vorhandenen[35].

Als weitesttragendes Prinzip dieses Planungsdenkens sieht Schelsky die Auffassung des sozialen und politischen Geschehens als „Sache"; dieser Sachlichkeitsbezug ist wiederum am abstraktesten, insofern der Mensch als „Material" des Planens angesehen wird. Daraus resultiert ein Sachzwang als Planzwang in dem Sinne, daß vorgesetzte Ziele bestimmte Mittel und Methoden erzwingen. Dieser Sachlichkeitsbegriff läßt den Einzelmenschen als Subjekt Mitträger des Plans werden, sobald er zu sich selbst ein Verhältnis „sachlicher" Distanz gewinnt; alle Pläne, die die „Freiheit" des Individuums „einplanen", setzen ein sich „sachlich" verhaltendes, d.h. nach rationalen Motiven, ja vielfach nach wissenschaftlich distanzierter Selbstdeutung handelndes Individuum voraus. Nur diese Steigerung der kritisch-sachlichen Selbstbewußtheit macht den einzelnen Menschen „zur Sache seiner selbst"[36].

Die eine Problematik dieses technischen Planungsmodells ist die Frage der Durchsetzbarkeit der Pläne, die Schelsky in gesteigerten Herrschaftsvoraussetzungen für die Sachlichkeit der Planung sieht. Die andere, uns hier mehr interessierende Problematik besteht in der Einschränkung des „Rationalitätsbegriffes". Dabei geht es zunächst nicht darum, daß die Auffassung des sozialen und politischen Geschehens als „Sache" und in weiterer Konsequenz der Behandlung des Menschen und seiner sozialen Beziehungen als sachliches Datum etwas Bedauernswertes wäre. Im Anspruch auf Sachlichkeit und Versachlichung des sozialen Handelns und der sozialen Beziehung sieht Schelsky eine außerordentlich begrüßenswerte Tendenz der Moderne[37]. Vielmehr geht es um die Verengung des „Rationalitätsbereiches", die manchen Planungsbegriffen (nicht nur dem technischen, sondern auch dem system-funktionalen) innewohnen.

Impliziert die Anwendung des technischen Planungsdenkens eine Versachlichung des Handlungsbereiches in dem Sinne, daß er zu einer reinen Gegenständlichkeit reduziert werden kann, konzentriert die system-funktionale Planungsvorstellung das soziale Handeln auf die Phase des Handlungsentwurfes. System-funktionale Planung versteht sich als eine Verarbeitung von Information und ihrer Analyse in Richtung auf Wahlmöglichkeiten oder Entscheidungsalternativen und hat somit die handlungstheoretische Trennung von Planung auf der einen, Entscheidung und Durchführung auf der anderen Seite zur Folge; der Handlungsbegriff ist der des bloßen Handlungsentwurfs, die Entscheidung als Handlungsakt bleibt formal, was für Schelsky einem Maschinenbegriff der sozialen und politischen Handlung gleichkommt[38].

Der Vorwurf gegenüber diesen Planungsmodellen, wie sie mehrere Disziplinen der Sozialwissenschaften (Soziologie, politische Philosophie, Ökonomie) auf das Ganze der Gesellschaft oder doch wenigstens auf ganze Teilsysteme anwenden

35 Schelsky, H., Über die Abstraktheit des Planungsbegriffes in den Sozialwissenschaften, in: Schelsky, H., Die Soziologen und das Recht. Abhandlungen und Vorträge zur Soziologie von Recht, Institution und Planung, Opladen, 1980, S. 263.

36 Ebda, S. 265.

37 Schelsky, H., Technische und soziale Aspekte der Planung, in: Schelsky, H., a.a.O., S. 278.

38 Schelsky, H., Abstraktheit, S. 273.

wollen, beruht somit darauf, daß der ihnen zugrundeliegende Rationalitätsbegriff nur eine sehr reduzierte Vorstellung des entscheidenden und handelnden Menschen offenläßt. Auf zweierlei Weise läßt sich dieses begründen:

Einerseits ist der Rationalitätsbegriff zu eng, weil in ihm die Bindung an Moral, an Wertvorstellungen keinen Platz findet und nur die reine Zweck-Mittel-Orientierung beachtet wird. „(Er) führt zu jener Ausblendung moralischer Entscheidungen und des Verhaltens und der Normen, die wir als die kennzeichnende Folge einer Ideologisierung der Rationalität, insbesondere rationalen Planens ansehen möchten."[39]
Andererseits geht das rationale Kalkül des Planers zu weit, weil sich an die rein analytische Diagnose einer Zweck-Mittel-Überlegung noch die Festlegung einer pragmatischen Valenz der zu erwartenden Ereignisse schließt, worin sich die gesamten Wertungsmöglichkeiten durch praktische Bedürfnisse verbirgt. „Diese formale Definition einer ‚rationalen Entscheidung' deckt also gleichermaßen rationale und irrationale Handlungen, vorausgesetzt sie werden ‚rational kalkuliert'."[40]

So ähnlich diese Vorwürfe auf den ersten Blick scheinen mögen, so haben sie doch unterschiedliche Konsequenzen hinsichtlich der Frage, wie weit sozialwissenschaftliche Analyse gehen kann und wie weit der Rationalitätsbegriff deterministische Verhaltensweisen voraussetzt.

Wenn wir zunächst von dem zweiten Vorwurf – der zu weiten Vorstellung von „rationaler Entscheidung" – ausgehen, so besteht er im wesentlichen darin, daß er keinen Unterschied zwischen rational und irrational zuläßt und alles das, was man unter „Wertrationalität" fassen könnte – Bedürfnisse des Affektes, der Traditionsbewußtheit, des religiösen Glaubens, der Ideologie etc. –, ohne dies bewußt zu machen, in eine „rationale Entscheidung" einbezieht. Dies kann sehr schnell zu einem mechanistischen Determinismus führen, in dem der freie Wille, Freiheit und Wahlmöglichkeit aufgegeben werden und die Individuen aufhören, Problemlöser zu sein. Wenn beispielsweise Stigler/Becker[41] mit der Prämisse „de gustibus non est disputandum" den „irrationalen" Lebensbereich als Datum annehmen (der deshalb nicht weiter untersucht werden braucht, weil Geschmäcker – ähnlich wie die Rocky Mountains – stabil und unveränderbar sind[42]), bleibt nur noch ein determiniertes Maximierungsverhalten der Individuen übrig. Indem alles „Irrationale" als „Geschmack" definiert und als solcher nicht weiteren Überlegungen unterzogen wird, bleibt ein rationales Verhalten übrig, worunter einfach verstanden wird, daß Menschen wissen, was sie wollen, für ihre Wünsche eine Präferenzordnung aufstellen können und sich konsistent verhalten, um ihren Nutzen zu maximieren. In diesen (ökonomischen) Modellen – und sie entsprechen weitgehend den mit den Worten Schelskys beschriebenen „weitem" Rationalitätskalkül – gibt es keinen nicht-rationalen Bereich: Da „Geschmäcker" im

39 Schelsky, H., Planung und Zukunft. Die rationale Utopie und die Ideologie der Rationalität, in: Schelsky, H., a.a.O., S. 300.
40 Ebda, S. 301.
41 Stigler, G., Becker, G., „De Gustibus Non Est Disputandum", in: The American Economic Review, Volume LXVII, 1977, S. 76–90.
42 Ebda, S. 76.

wesentlichen gleich bleiben, sie somit als ein Datum der Analyse angesehen werden können, gewinnen solche Modelle vollkommene Rationalität. Damit werden sie aber vollkommen deterministisch: „Once the preferences and constraints are specified, as they are in the Stigler-Becker model, a computer, which, we may add, has no distinctly human qualities, can be substituted for the presumed chooser in the model. Further, there is nothing in the Stigler-Becker model which remotely resembles free will, a concept so much a part of the ideological base of neoclassical economists like Stigler and Becker. The economic actor is constrained on all sides, both internally and externally.“[43]

Ein Ausweg aus dem sozialwissenschaftlichen Determinismus liegt im Festlegen der Bereiche, in denen dieses Rationalverhalten Gültigkeit besitzen könnte. Um diesen Rationalbereich abzustecken, läßt sich F. Knight anführen: „From a rational or scientific point of view, all practically real problems are problems in economics. The problem of life is to utilize resources ‚economically', to make them go as far as possible in the production of desired results . . . The general theory of economics is therefore simply the rationale of life. – In so far as it has any rationale! The first question in regard to scientific economics is the question of how far life is rational, how far its problems reduce to the form of using given means to achieve given ends. Now this, we shall contend, is not very far; the scientific view of life is a limited and partial view; life is at bottom an exploration in the field of values, an attempt to discover values, rather than on the basis of knowledge of them to produce and enjoy the greatest possible extent. We strive to ‚know ourselves', to find our real wants, more than to get what we want. This fact sets a first and most sweeping limitation to the conception of economics as a science.“[44]

Der Ausweg besteht dann darin, rationale und nonrationale Bereiche zu unterscheiden. Nur in diesem nonrationalen Bereich besitzen Individuen die Freiheit einer Identität, der ethischen Wahl, einer persönlichen Verantwortung; nur in diesem Bereich ist eine „interne“ Bestimmung des Individuums im Gegensatz zum „externen“ Bestimmtsein der rationalen Welt möglich[45]. Der Fehler des „weiten Rationalitätsbegriffes“ bestünde darin, diesen Ausweg sich dadurch versperrt zu haben, daß man die engen Grenzen des Bereiches, in dem Rationalverhalten als gültig angesehen werden kann, zunächst erweitert hat, in dem man ohne Elaboration auch „irrationale“ Verhaltenweisen einbezogen hat, diese aber sofort wieder per definitionem bzw. durch Verlagerung der „Geschmäcker“ in den Datenkranz eliminiert hat – de gustibus non est disputandum.

Doch ist der Ausweg – die Trennung eines rationalen und nonrationalen Bereiches – wirklich ein solcher? Die Problematik ist zunächst eine der Grenzziehung: Welche Bereiche können als rational, welche als nonrational angesehen werden. Dies ist umso notwendiger als im letzten Jahrzehnt Versuche unternommen wurden, das „Rationalitätsverhalten“ auf weite, bislang als nonrational an-

43 McKenzie, R., The Non-Rational Domain and the Limits of Economic Analysis, in: Southern Economic Journal, 46, 1979, S. 148f.

44 Knight, F., The Limitations of Scientific Methods in Economics, in: Knight, F., The Ethics of Competition and Other Essays, New York, 1936, S. 105, zitiert nach McKenzie, a.a.O., S. 151.

45 McKenzie, a.a.O., S. 152.

gesehene Bereiche auszudehnen und als generelle Methode menschlichen Verhaltens anzusehen[46]. Man kann diese Grenzen etwas verwischen und wie Knight „reasonableness" in den Sozialwissenschaften fordern. Trotzdem würde dieser „Ausweg" konsequenterweise aber bedeuten, daß die „persönliche Freiheit" sich auf den nonrationalen, und das heißt auf den sozialwissenschaftlicher Erkenntnis nicht zugänglichen Bereich erstreckt. Am schärfsten hat dies Skinner ausgedrückt: „The hypothesis that man is not free is essential to the application of scientific method to the study of human behavior. The free inner man who is held responsible for the behavior of the external biological organism is only a prescientific substitute for the kinds of causes which are discovered in the course of a scientific analysis".[47]

Ein zweiter Ausweg deutet sich dann an, wenn man versucht, auf den ersten Vorwurf – der Rationalitätsbegriff sei zu eng – einzugehen. Dieser Begriff beinhaltet nur die Zweck-Mittel-Nebenerfolg-Abwägung. Nun weist Schelsky mit Bezug auf M. Weber darauf hin, daß es neben dieser Zweckrationalität, die mit der Verantwortungsethik verbunden ist, noch eine Wertrationalität gibt, die der Gesinnungsethik entspricht – ein Handeln (wie Schelsky, Weber zitierend, spezifiziert) „im Dienste der Überzeugung von dem, was Pflicht, Würde, Schönheit, religiöse Weisung, Pietät oder die Wichtigkeit einer ‚Sache' gleich viel welcher Art zu gebieten scheinen"[48]. Die Existenz und die Gegensätzlichkeit dieser beiden Rationalitäten werden unterschlagen, die eigentlichen moralischen Alternativen nicht gesehen, man versucht, von dieser das rationale Handeln als Ganzes zu erfassen.

Der Ausweg bestünde demnach darin, nicht den einen Begriff der Rationalität auszudehen – wodurch man in die Schwierigkeiten einer zu weiten Vorstellung von Rationalität käme –, sondern die Existenz zumindest zweier Rationalitäten anzuerkennen (wobei die Verbindung der beiden durchaus einem Dilemma unterliegen mag und nach M. Weber gerade nicht rational austragbar ist). In einer Kritik an der Begrenztheit des (ökonomischen) Rationalitätsbegriffes hat Sen[49] Ähnliches gefordert: Entgegen der oftmaligen Behauptung, daß die traditionelle Theorie des Rationalverhaltens zu viel an Struktur aufweise, menschliche Wesen in der Realität viel „simpler" seien, sei das Gegenteil der Fall – „traditional theory has too little structure"[50]. Die Begrenztheit dieser Struktur ermöglicht es nicht, das zu erfassen, was Sen mit „committment" bezeichnet, ein Begriff, den er selbst am besten dadurch definiert sieht, daß eine Person eine Handlung wählt, von der er annimmt, daß sie ihm ein geringes Niveau persönlicher Wohlfahrt ermöglicht als eine andere Handlung, die ihm offensteht. Im wesentlichen geht es Sen dabei um die Möglichkeit, „committment" als einen Teil von Verhalten in eine Theorie des rationalen Verhaltens unterzubringen – eine Theorie, die bisher nur die Annahme der invarianten Verfolgung des Eigeninteresses in jeder Handlung akzeptiert. Überträgt man – in einer groben Analogie – „Zweckrationali-

46 Becker, G., The Economic Approach of Human Behavior, Chicago 1976.
47 Skinner, B., Science and Human Behavior, New York 1953, S. 447.
48 Schelsky, Planung und Zukunft, S. 300.
49 Sen, A., Rational Fools: A Critique of the Behavioral Foundations of Economic Theory, in: Philosophy and Public Affairs, Volume 6, 1976, S. 317–344.
50 Ebda, S. 335.

tät" und „Wertrationalität" auf diese Verhaltensweisen, wird deutlich, daß Sen dieselbe Art von Problem reflektiert. Das Problem liegt für Sen in der eindimensionalen Präferenzordnung, die einer Person zugeschrieben wird und die seinem Wahlverhalten Rationalität im Sinne von Konsistenz, aber keine Unterschiede zwischen den verschiedenen Begriffen des Verhaltens ermöglicht. „The rational fool (is) decked in the glory of his *one* allpurpose preference ordering"[51]. Sen schlägt eine Rangordnung von Präferenzordnungen vor, Präferenzen und Metapräferenzen, um auch moralische Urteile ausdrücken zu können, ohne daß das Verhalten aus der Dichotomie zwischen Egoismus und universellen moralischen Systemen gesehen wird[52].

Diese fruchtbare Unterscheidung von Präferenzen und Metapräferenzen nimmt Hirschman[53] auf: Sicherheit über die Existenz von Metapräferenzen kann nur durch Änderung in Präferenzen, d.h. durch Änderung im tatsächlichen Wahlverhalten erreicht werden. Umgekehrt ermöglicht es das Konzept der Metapräferenzen, zwei Arten von Präferenzänderungen zu unterscheiden: Reflektierte Änderungen, denen die Bildung von Metapräferenzen vorausgeht, die im Widerspruch mit den beobachteten und bisher praktizierten Präferenzen sind; und Präferenzänderungen, die ohne Entwicklung von Metapräferenzen stattfinden. Das wären die zufälligen, durch Werbemaßnahmen induzierten, unbedeutenden (Äpfel statt Birnen) Änderungen im Geschmack. Und über die – so Hirschman – argumentiert man ja wirklich nicht. Ein Geschmack, über dessen Änderung man, mit sich oder anderen, diskutiert, wird zu einem Wert. Wenn vor einer Änderung von Präferenzen sich Metapräferenzen herausgebildet haben, ist innerhalb des gespaltenen Selbst viel an Auseinandersetzung abgelaufen, es handelt sich typischerweise um eine Änderung in Werten und nicht in Geschmäckern. Solange jedoch hauptsächlich Geschmacksänderungen und nicht Wertänderungen beobachtet wurden, Werte von Geschmäckern ununterscheidbar waren (aufgrund eindimensionaler Präferenzordnungen), konnte man sie in den Datenkranz des rationalen Verhaltens verbannen bzw. verniedlichen („Geschmack für Diskriminierung"). Sobald man aber Werte und Wertwandel für relevant hält, sollte man auch ihre Einflüsse auf das Verhalten erkunden – in Kürze: „De valoribus est disputandum"[54].

Der Versuch, die eindimensionale Präferenzordnung aufzugeben zu Gunsten der Unterscheidung von Präferenzen und Metapräferenzen, die auch die Differenzierung von Geschmäckern und Werten erlaubt, erweist sich somit als ein gangbarer (wenn auch erst begehbar zu machender) Ausweg aus dem Dilemma von Rationalität und Determination. Der Computerbegriff menschlichen Handelns wird nicht mehr durch die Trennung von rationalem - nonrationalem Bereich aufgelöst, sondern durch verschiedene Ebenen von Präferenzordnungen. Hirschman führt einige weitere Gebiete an, in denen unter Einbezug von „committment" Deutungsmöglichkeiten von Handlungen sich eröffnen, die einem verengten Rationalitätsbegriff nicht zugänglich sind[55]. Wie man übersehen hat, daß

51 Ebda, S. 336.
52 Ebda, S. 344.
53 Hirschman, A., Against Parsimony: Three Easy Ways of Complicating Some Categories of Economic Discourse, in: The American Economic Review, Volume LXXIV, 1984, S. 89–96.
54 Ebda, S. 90.
55 Ebda, S. 91.

es zwei Arten von Präferenzänderungen gibt, hat man in der Analyse des rationalen Handelns nicht zwei Arten unterschieden: Daß es neben den instrumentellen auch nichtinstrumentelle Aktivitäten gibt (die „um ihrer selbst willen" betrieben werden). Den Unterschied operationalisiert Hirschman durch die variierende Vorhersagbarkeit des beabsichtigten Ergebnisses verschiedener produktiver Handlungen. Der normale instrumentale Charakter entpuppt sich dann, wenn ein eindeutiger und zeitlich fixierter Zusammenhang zwischen Aktivität und Ergebnis steht. Der nichtinstrumentale Charakter wird größer, wenn das Ergebnis nur mehr mit einiger Wahrscheinlichkeit erzielt wird – in der Wissenschaft, bei Laborforschungen und bei Kunstwerken. Er geht dann noch stärker verloren, wenn das Ergebnis der Handlungen vollends unvorhersehbar ist – beim Streben nach Wahrheit, Gerechtigkeit, Freiheit, Gemeinschaft, Liebe. Von einer rein instrumentalen Vernunft her ist es nicht erklärbar, warum solche Handlungen unternommen werden. Hirschman führt dies auf die Verschmelzung (und oft auch Verwechslung) von „striving" und „attaining" zurück[56]. Wer nach Wahrheit strebt, mag sie für schon erreicht glauben. Wer sich für Freiheit engagiert, fühlt sich ihr näher. Erst wenn anerkannt wird, daß es auch nichtinstrumentale Aktivitäten gibt, wird erklärbar, warum Leute zur Wahl gehen, warum sie an kollektiven Aktionen teilnehmen – eine Erkenntnis, die dem „economic approach" verwehrt war.

Insgesamt bedeutet dies für den sozialwissenachaftlichen Bereich, daß er – je weitere Bereiche menschlichen Verhaltens er erklären will – die Beschränkung auf den Zweck-Mittel, Kosten-Nutzen-Ansatz aufgeben muß. Was in Schelskys Terminologie heißt, daß die Reduktion auf Zweckrationalität der Breite menschlichen Verhaltens nicht gerecht wird und einer methodischenVerengung menschlicher Freiheitsmöglichkeit gleichkommt.

Das Individuum zwischen Recht, Markt und Eigenverantwortung

Auf zwei Arten ist das Individuum vor dem Verlust seiner Selbständigkeit durch die Rationalität seiner individuellen Lebensplanung und der aufoktroierten Rationalität der intellektuellen Sozialplaner bewahrt worden:

Der eine Ausweg besteht in der Unterscheidung von rationalem - nonrationalem Bereich menschlichen Verhaltens. Freiheit hat viel weniger Bedeutung in einer Welt, in der Menschen vollkommen rational sind, als in einer Welt, in der der nonrationale Bereich anerkannt wird. Allerdings ist dieser Ausweg aus der Rationalitätsfalle mit ihrer Determination menschlichen Verhaltens kein großer Trost für die Wissenschaft; wenn Freiheit nur im nonrationalen Bereich liegt, dieser wissenschaftlicher Erkenntnis nicht offensteht, weil sie sich nur auf Rationalverhalten erstrecken kann, bleibt ihr nicht allzuviel zu tun übrig. Vielleicht ist der Drang mancher Forscher, Rationalverhalten auf weite Gebiete sozialen Lebens auszudehnen, daraus verständlicher.

Der zweite Ausweg deutet an, wie eine mögliche Versöhnung des „nonrationalen" Bereichs mit wissenschaftlicher Analyse gesucht und eventuell gefun-

56 Ebda, S. 91.

den werden kann. Er verlangt die Anerkennung einer größeren Komplexität der Strukturen, sowohl des menschlichen Wesens als auch des Sozialsystems. Strukturen machen natürlich noch keine Theorie, auch lassen sich mit diesen Strukturen unterschiedliche Theorien formulieren. Dieser Ansatz zeigt aber die Möglichkeit auf, die Determiniertheit eindimensionaler Entscheidungsmodelle zu überwinden und zumindest mehr Einflußelemente des menschlichen Verhaltens einzugestehen: Es gibt mehrere Ebenen der Präferenzen, die mehrdimensionale Rationalitäten präsentieren.

Beide Auswege haben der menschlichen Natur etwas von ihrer Freiheit zurückgegeben, ihr Verhalten weniger determiniert gemacht. Daß die Annahme von Rationalverhalten weniger Widersprüche hervorruft und mehr Freiheitsgrade dann offen läßt, wenn unterschiedliche Ebenen der Analyse beachtet werden, hat Schelsky immer wieder dadurch betont, daß er den Bereich des Rechts als Rationalitätsgrundlage des sozialen Lebens hervorgehoben hat. Durch seine in der Institutionenlehre gründenden Vorstellung vom Recht als Form der Rationalisierung macht er den entscheidenden Vorschlag, unterschiedliche Ebenen von Rationalisierung des sozialen Lebens zu beachten, was klarerweise den Charakter und das Ausmaß der Determination verändert. In der von Schelsky vorgeschlagenen Ebene steht Rationalität in einem institutionellen, nach Regeln arbeitsteilig organisierten Prozeß. Diese juridische Rationalität zielt nicht auf ein Denkprodukt, sondern will „richtiges Verhalten“[57]. Sie stellt eine Verfahrensrationalität dar; sie kann nur „ausgehandelt“ werden[58]. Die vorgegebene institutionelle Rationalitätsmöglichkeit verkörpert ein geringeres Ausmaß an Determination, weil sie individuelle Möglichkeiten von Rationalität nicht festlegt. Sie bietet jedoch Risikominderung, in dem sie bestimmte Alternativen von vornherein ausschließt.

Nicht zufällig ist die Auffassung von Rationalität als ein durch Rahmenbedingungen gesteuerter Prozeß des „Aushandelns“ auch der Kerngedanke derjenigen Schulen ökonomischen Denkens, in denen der Markt als ein Mechanismus sozialer Interaktion angesehen wird und als dezentrales Informationssystem optimaler Problemlöser ist. Ähnlich wie das Recht bei Schelsky, das durch das Vorgeben institutioneller Rationalitätsmöglichkeiten den Umkreis subjektiver Rationalitätsmöglichkeit bemißt, läßt diese von der Österreichischen Schule der Ökonomie herkommende Interpretation von Markt den Individuen Raum, selbst festzulegen, was sie wünschen, wie und was sie handeln wollen. Wie das Recht eine Risikominderung darstellt, reduziert der Markt das Ausmaß an Information, das notwendig ist, um die gegenseitigen Interaktionen möglich und erfolgreich zu machen. Der Markt als Instrument, der den nonrationalen Bereich verringert, ohne ihn zu beseitigen, ist damit ein Faktor, der Unsicherheit verkleinert. Ähnlich wie Schelskys juridische Rationalität darin besteht, daß diese nur ausgehandelt werden kann, sieht diese Konzeption des Marktprozesses als Zusammenführung von Tauschpartnern seine Rationalität in der Summe der einzelnen Erfahrungen gegeben, in der die Individuen ihre Wünsche erst definieren und nicht exekutieren.

57 Schelsky, H., Die juridische Rationalität, in: Schelsky, Die Soziologen und das Recht, S. 35.
58 Ebda, S. 47.

Schelsky hat angedeutet, daß die juridische Rationalität metajuridischer Leitideen bedarf[59], daß somit die Welt der sozialen Interaktion nicht ohne Metaordnung und Vorstellung von sozialer Gerechtigkeit auskommt. Auch der „Prozeß des Aushandelns" besteht aus Annahmen über menschliche Verhaltensweisen; der Irrgarten von Unsicherheit und Indeterminiertheit ist durch institutionelle Rationalität reduzierbar, nicht auflösbar. Die durch (juridische, ökonomische) Rahmenbedingungen postulierte Rationalität führt letztlich wieder auf die ursprünglichen Fragen zurück.

Das erneuerte Interesse in der Ökonomie für die Voraussetzungen, die die Rationalität der Summe der Einzelentscheidungen gewährleistet, ist Zeichen dafür, daß die Rationalität der Prozeßbedingungen nur eine vorläufige Antwort gibt. Dabei hat es eine eigentümliche Umkehr in der Entwicklung des Denkens gegeben[60]: Der Aufstieg der Ökonomie als Wissenschaft hat mit dem Loslösen aus der Morallehre begonnen, was in der berühmten Passage von A. Smith seinen Ausdruck fand, daß es nicht vom Wohlwollen des Fleischers, des Brauers oder Bäckers abhängt, ob wir unser Essen bekommen, sondern von der Verfolgung ihres Eigeninteresses. Es war die paradoxe Erkenntnis, daß es die Untugend des individuellen Eigeninteresses sei, die die Gesamtwohlfahrt begründet. Die Weisheit der Ökonomie bestand seither hauptsächlich darin, mit immer verfeinerten Methoden dies zu beweisen und die Rationalität des wirtschaftlichen Interaktionsprozesses auf diese spezielle Annahme menschlichen Verhaltens zu begründen.

Daß die Rationalität des Wirtschaftsprozesses nicht allein auf der Rationalität eines mechanistisch Eigeninteresse verfolgenden Individuums zurückgeführt werden kann, haben inzwischen nicht nur die mit abnehmenden Grenzerträgen verbundenen „imperialistischen Ausflüge" manchen Ökonomen in weite Bereiche des sozialen Geschehens gezeigt. Für nicht unwesentliche Gebiete hat sich das Vorhandensein von „Benevolenz" als unentbehrlich erwiesen[61]:

Im Bereich der Mikroökonomik waren es die Fälle unvollkommener und einseitiger Information zwischen Anbieter und Nachfrager, wie beispielsweise im notorisch gewordenen „market for lemons", dem Gebrauchtwagenmarkt, oder in der Situation zwischen Arzt und Patient. Durch einseitige Information besteht die Gefahr, daß der jeweilige Anbieter gegenüber dem Nachfrager aufgrund seines besseren Wissens um die Qualität des Angebotenen bzw. den Gesundheitszustand die Möglichkeit der Übervorteilung besitzt. Nur mit einem ethischen Berufskodex oder, allgemeiner ausgedrückt, mit „Wohlwollen", das das enge Eigeninteresse ergänzt, können solche Formen von Marktversagen aufgehoben bzw. vermindert werden. Auch für größere ökonomische Zusammenhänge kann das Vorhandensein von „Wohlwollen" essentiell für das Funktionieren sein. Wie Hirschman[62] hinweist, ist trotz aller technischen Debatten um die Ursachen von Inflation der wahre Kern in politischen und soziologischen Verhaltensweisen zu suchen, sodaß das Problem nicht beseitigt werden kann ohne Formen der Ko-

59 Ebda, S. 71, S. 73.
60 Hirschman, A., Morality and the social sciences: a durable tension, in: Hirschman, A., Essays in Trespassing. Economics to Politics and Beyond, Cambridge 1981, S. 294.
61 Ebda, S. 300.
62 Ebda, S. 301.

operation oder der Sozialpartnerschaft – letztlich nichts anderes als gegenseitiges „Wohlverhalten“ auf der Ebene sozialer Gruppen.

Der Hinweis auf die notwendige Ergänzung von Eigeninteresse durch Wohlwollen für die Aufrechterhaltung der sozialen Ordnung ist mehr als nur ein Anerkennen von Altruismus; es ist der Hinweis, daß bisher zu einfache Modelle menschlichen Verhaltens Anwendung gefunden haben, die der ungeheuren Komplexität der menschlichen Natur nicht entsprochen haben.

Der Einbezug von „Moral“, „Werten“, „Wohlwollen“ oder wie immer man dies bezeichnen will, wird die Welt nicht „moralischer“ im Sinne von besser machen. Es macht auch den realen Menschen nicht viel edler. Daß aber weitere Dimensionen menschlichen Verhaltens als rational gedeutet werden können, der sozialwissenschaftlichen Analyse zugänglich sind, verringert die Determination, ist ein Schritt zu einem Akzeptieren verantwortungsbewußter Selbständigkeit. Schelsky hat auf die Wichtigkeit, diese Dimensionen offen zu halten, immer wieder hingewiesen und die Möglichkeiten der Analyse erarbeitet.

Daß die Sozialwissenschaften gerade dann enger wurden, als die Probleme breitere Ansätze verlangten, hat Schelsky bereits zu einem Zeitpunkt erkannt, als die dominierenden (sozialwissenschaftlichen) Ideologen glaubten, die wesentlichen Antworten gefunden zu haben. Das Sträuben gegen diese Verengung äußerte sich immer auch in einem politischen und wissenschaftlichen Bemühen um den selbständigen Menschen. Die Suche nach diesem ist nicht frei von Widersprüchen, sie bleibt deshalb als Aufgabe bestehen.

Institutionentheorie und Institutionalistischer Rechtspositivismus

von

Ota Weinberger

1. *Programm meiner Untersuchungen*

Institutionentheorien wurden von B. Malinowski, A. Gehlen, H. Schelsky und anderen Soziologen entwickelt. In der Rechtsphilosophie gibt es eine interessante und wichtige institutionentheoretische Richtung, die vor allem von M. Hauriou, S. Romano, G. Renard and C. Schmitt vertreten wird. D. N. MacCormick und ich haben unabhängig voneinander eine Rechtsontologie und eine aus ihr resultierende rechtsphilosophische Konzeption entwickelt, die wir ‚Institutionalistischer Rechtspositivismus' (Abkürzung: IRP) nennen[1]. Unsere Auffassung knüpft nicht an die soziologischen Institutionentheorien an, und sie ist gedankengeschichtlich auch kein Abkömmling der Hauriouschen rechtstheoretischen Lehre. Es waren andere Fragestellungen, die unsere Überlegungen motiviert haben, als die Ausgangspunkte Haurious, insbesondere das Problem „Was bedeutet das gesellschaftliche Dasein einer Norm bzw. des Rechts als eines Normensystems?"[2]; ferner das Problem der Typen von Tatsachen, mit denen wir als Menschen konfrontiert sind[3], wobei sowohl MacCormick als auch ich von der Anscombe-Searleschen Gegenüberstellung von ‚brute facts' und ‚institutional facts' beeinflußt waren[4].

1 Siehe *D. N. MacCormick, O. Weinberger,* Grundlagen des Institutionalistischen Rechtspositivismus, Duncker & Humblot, Berlin, in Druck.

2 Z. B. markant ausgedrückt durch den Titel meines Aufsatzes „Die Norm als Gedanke und Realität", Österreichische Zeitschrift für Öffentliches Recht, 20, 1970, S. 203–216.

3 Vgl. *D. N. MacCormick,* Institutional Facts, Edinburgh 1973; *O. Weinberger,* Tatsachen und Tatsachenbeschreibungen. Eine logisch-methodologische Überlegung zu einem Grundlagenproblem der Sozialwissenschaften, in: *K. Salamun* (Hrsg.), Sozialphilosophie als Aufklärung, FS für Ernst Topitsch, Tübingen 1979, S. 173–187.

4 *G. E. M. Anscombe,* On Brute Facts, Analysis 18, 3, 1958, S. 69–72; *J. R. Searle,* Speech Acts. An Essay in the Philosophy of Language, Cambridge 1969.

Es ist für mich eine reizvolle Aufgabe, über die Frage der Beziehung zwischen den Instiutionentheorien der Soziologen und Rechtssoziologen – hauptsächlich von Helmut Schelsky – sowie der Hauriouschen Denkrichtung auf der einen Seite und dem IRP auf der anderen zu schreiben, denn dies wird – so hoffe ich – wesentlich zur Klärung des Wesens des IRP beitragen.

Diese Darlegungen in ein Buch über Helmut Schelsky aufzunehmen, scheint mir deswegen angemessen, weil seine Konzeption wichtige Anknüpfungspunkte mit dem IRP aufweist und die anthropologische und handlungstheoretische Fundierung des IRP, zu der sich meine Auffassung hin entwickelt hat, gewisse gedankliche Verbindungen zur soziologischen Institutionentheorie herstellt.

Die interessante Studie von *Werner Krawietz* „Begründung des Rechts – anthropologisch betrachtet: zur Institutionentheorie von Weinberger und Schelsky“[5] hat mir außerdem die Wichtigkeit eines solchen Vergleichs vor Augen geführt. Seine Untersuchungen sind eine Vorarbeit, die mir die Abfassung dieser Abhandlung wesentlich erleichtert.

Ich möchte in dieser Abhandlung zu drei zusammenhängenden Problemkreisen einige Anmerkungen vorlegen, und zwar
a) zu Grundlagenproblemen der Jurisprudenz,
b) zu Fragen der Normenontologie und Normenlogik und
c) zu den theoretischen Grundlagen der Soziologie, soweit diese sich mit Gruppenphänomenen, gesellschaftlichen Strukturen organisatorischer oder/und geistiger Art, sowie mit den Beziehungen zwischen individuellem und gemeinschaftlichem Handeln befaßt.

Zu den Problemen der Jurisprudenz möchte ich folgende Erörterungen durchführen:
1. eine konzise Darstellung des IRP und der Implikationen dieser Ontologie für die Rechtstheorie, die juristische Argumentationslehre und die Rechtssoziologie;
2. eine zusammenfassende Betrachtung des rechtstheoretischen Institutionalismus, inklusive der Meinungsverschiedenheiten in dieser Schule;
3. eine kritische Konfrontation zwischen IRP und den Konzeptionen der Hauriouschen Schule, wobei prinzipielle Unterschiede ebenso wie Berührungspunkte herausgestellt werden sollen.

Die Betrachtungen über Normenontologie und Normenlogik sollen die anthropologischen Voraussetzungen des IRP darstellen und zeigen, wie diese Normenontologie in der handlungstheoretischen Betrachtungsweise verankert ist, und wie – nach Auffassung des IRP – das Dasein der normativen Regulative und jener von Institutionen mit dem Charakter des Menschen als einem handlungsfähigen Zoon politikon zusammenhängen.

Im Bereich der soziologischen Problematik möchte ich für die These plädieren – sie steht in diesem Punkt Schelsky ziemlich nahe –, daß Soziologie im

5 *W. Krawietz*, Begründung des Rechts - anthropologisch betrachtet: zur Institutionentheorie von Weinberger und Schelsky, in: *W. Krawietz, H. Schelsky, G. Winkler, A. Schramm* (Hrsg.), Theorie der Normen. Festgabe für Ota Weinberger, Berlin 1984, S. 542–556. (Ich bin meinem Freund Werner Krawietz natürlich sehr dankbar für die Herausgabe dieser „Festgabe“ und für diesen Beitrag, der für mich besonders anregend und belehrend war.)

oben angeführten Sinne ohne Berücksichtigung der ontologischen Gedanken des IRP, insbesondere jener über das Wesen der institutionellen Tatsachen und deren Abhängigkeit von institutionalisierten praktischen Informationen, gar nicht möglich ist. Es soll gezeigt werden, daß die Soziologie nur auf dieser Basis gleichzeitig eine empirische, eine verstehende und eine erklärende Wissenschaft sein kann.

Dieses Programm möchte ich in folgenden Schritten durchführen: Ich beginne mit einer Charakteristik des IRP, seiner Voraussetzungen und Implikationen (Abschnitt Nr. 2). Zur Erklärung meiner Konzeption des IRP erscheint es mir erforderlich, einige Bemerkungen über meine Theorie der Handlung und über die semantischen Grundlagen der praktischen Philosophie vorzulegen (Abschnitt 3). Ich werde versuchen, diese Darlegungen mit Anmerkungen zu einer Typologie der Institutionen zu ergänzen (Abschnitt Nr. 4). Dann werde ich über die Grundgedanken der rechtstheoretischen und soziologischen Institutionentheorien referieren (Abschnitt Nr. 5 und 6). Den Meinungsdivergenzen zwischen Institutionentheorie und IRP und den Berührungspunkten dieser – doch ziemlich unterschiedlichen – Theorien ist der nächste Teil meiner Überlegungen gewidmet (Abschnitt Nr. 7), der daher vorwiegend kritischen Charakter hat. Im letzten Kapitel (Abschnitt Nr. 8), komme ich auf die Relevanz der ontologischen und methodologischen Grundauffassungen des IRP für die Soziologie und für die Rechtssoziologie zu sprechen.

2. *Charakteristik des Institutionalistischen Rechtspositivismus*

Der IRP ist ein Normativismus: er betrachtet das Recht als System von Normen, das Rechtsleben als Prozesse, die aufgrund von Normen (und beobachtbaren Tatsachen) vor sich gehen und eine Dynamik der Normen bewirken. Das rechtliche Normensystem besteht aus generellen Regeln und individuellen Normen. Die Normendynamik, das Entstehen und die Aufhebung von Normen, hängt neben Willensakten und anderen beobachtbaren Tatsachen von normenlogischen Beziehungen ab. Der IRP kann deswegen auch als ein *normativer Logizismus* bezeichnet werden. Er interessiert sich nicht nur für die formale Struktur der Rechtsordnung und die logische Form der juristischen Argumentation – was ihn als analytische Rechtstheorie ausweist –, sondern er erhebt es zum Programm der Rechtstheorie, ein logisiertes Abbild der Rechtsordnung und des rechtlichen Geschehens zu geben.

In meiner Konzeption ist dieses Feld logischer Beziehungen und des logischen Schließens Gegenstand einer spezifischen Sphäre der Logik, nämlich der *Normenlogik*. M.E. können die normenlogischen Beziehungen und Operationen (insbesondere die logischen Schlüsse mit normativen Gliedern) nicht auf die Logik der deskriptiven Sprache reduziert werden, sondern es muß eine echte Normenlogik aufgebaut werden[6].

6 Die vorgeschlagenen Systeme der deontischen Logik oder andere Versuche der Erstellung einer Theorie der Normenlogik aufgrund der Logik der Aussagesätze in indirekter Weise, können dies m. E. nicht leisten. Vgl. *O. Weinberger,* Die Sollsatzproblematik in der modernen Logik, Rozpravy Československé akademie věd, Jg. 68, Heft 9, Řada SV, Prag 1958; wiederabgedruckt in: *ders.,* Studien zur Normenlogik und Rechtsinformatik; J. Schweitzer Verlag, Berlin 1974, S. 59–186.; *Ch. Weinberger, O. Weinberger,* Logik,

Der IRP ist auf gewissen – sehr allgemeinen – anthropologischen Erkenntnissen (oder Voraussetzungen) aufgebaut und erklärt seine Auffassung der Normenontologie sowie der Sprache und der Logik der praktischen Philosophie von dieser Position aus. Entscheidend sind hierbei zwei Wesenszüge des Menschen, die kaum von irgend jemandem angezweifelt werden:

(i) der Mensch ist ein handlungsfähiges Wesen, und

(ii) der Mensch ist ein Gemeinschaftswesen.

Auf diesen Fundamenten steht eine spezifische Handlungstheorie, ich bezeichne sie als *‚formal-finalistische Handlungstheorie‘*, in deren Rahmen eine *gnoseologisch differenzierte Semantik* als Grundlage der praktischen Philosophie[7] und eine Normenontologie dargelegt werden.

Menschliches Handeln ist individuelles, kooperatives oder kollektives Handeln. Es ist nicht nur Handeln in der natürlichen Welt, sondern auch Handeln in der vom Menschen geschaffenen Welt der Institutionen. Das Dasein der Institutionen ist – gemäß der Auffassung des IRP – mit normativen Regulativen und anderen praktischen Informationen (Zwecken, Werten, Präferenzen) wesenhaft verbunden. Die Existenz der Institutionen und die Existenz gesellschaftlicher Normensysteme können nur dann verstanden werden, wenn man sie als miteinander zusammenhängende Entitäten auffaßt. Zwischen beobachtbaren gesellschaftlichen Vorgängen und den entsprechenden praktischen Informationen (normativen Regulativen, Zielsetzungen, Werten und Präferenzen) bestehen solche Zusammenhänge, daß eines ohne das andere nicht verstanden werden kann. Die in diesem Absatz angeführten Meinungen des IRP sind natürlich bei weitem nicht so unstrittig wie die unter (i) und (ii) angeführten anthropologischen Merkmale des Menschen.

3. *Meine Auffassung der Handlung und der semantischen Grundlagen der praktischen Philosophie*

Handlung ist informationsbestimmtes Verhalten. Das Verhalten eines Systems kann durch eine Abfolge von Zuständen in der Zeit (Verhaltenstrajektorie) charakterisiert werden. Das Verhalten eines Subjekts kann

(a) als zeitliche Abfolge der Zustände des Handlungssubjekts oder

(b) als Trajektorie der Zustände jenes Systems beschrieben werden, auf das das Subjekt einwirkt[8].

Ein Verhalten kann nur dann eine Handlung sein, wenn in gewissen Zeitpunkten verschiedene Fortsetzungen der Verhaltenstrajektorie möglich sind

Semantik, Hermeneutik, C.H. Beck, München 1979; *ders.*, Der Begriff der Nicht-Erfüllung und die Normenlogik, Ratio 14, 1972, S. 15–32; *ders.*, Kann man das normenlogische Folgerungssystem philosophisch begründen? Überlegungen zu den Grundlagen des juristischen Folgerns, ARSP 65, 1979, S. 161–186; *ders.*, The Expressive Conception of Norm – a Logical Impasse, Law and Philosophy, in Druck; *ders.*, Is and Ought Reconsidered, ARSP, in Druck.

7 *O. Weinberger*, Eine Semantik für die praktische Philosophie, in: *R. Haller* (Hrsg.), Beiträge zur Philosophie von Stephan Körner, Grazer Philosophische Studien 20, 1984, S. 219–239.

8 Vgl. die Sätze ‚*S* macht Schreibbewegungen mit der rechten Hand‘ – ‚*S* schreibt (= erzeugt ein Schriftstück)‘. Im ersten Satz wird die Verhaltenstrajektorie des Subjekts beschrieben, im zweiten das System, in welchem der Handelnde *S* etwas bewirkt.

und wenn durch einen vom Subjekt durchgeführten Informationsverarbeitungsprozeß bestimmt wird, welche der möglichen Alternativen eintritt.

Voraussetzung dafür, daß von einer Handlung gesprochen werden kann, ist also die *Existenz von Verhaltensspielräumen*, die dem Subjekt zur Verfügung stehen, und die Existenz eines *Informationsverarbeitungssystems des Subjekts* für die Bestimmung und Auswahl der Verhaltensalternative. In diesem handlungsbestimmenden Informationsverarbeitungsprozeß kommen zwei Typen von Informationen ins Spiel:

(a) *beschreibende (theoretische) Informationen* über die Lage des Subjekts, bzw. des zu beeinflussenden Systems der Umwelt und über Kausalbeziehungen sowie Wissen über mögliche Handlungsprogramme zur Erreichung gewisser Ergebnisse (technisches Wissen, Know-how);

(b) *praktische Informationen* (Ziele, Wertstandards, Präferenzen, Normen)[9].

Das Postulat der Handlungstheorie, theoretische und praktische Informationen zu trennen, bildet die philosophische Begründung der *gnoseologisch differenzierten Semantik* (siehe unten) ebenso wie des metalogischen Postulats der *gegenseitigen Unableitbarkeit von theoretischen und praktischen Sätzen.*

Bezüglich der *Handlungssubjekte* werden keine einschränkenden Festsetzungen getroffen; Subjekt im Sinne dieser Handlungstheorie ist jedes System, das die der Handlung entsprechenden Informationsverarbeitungsprozesse realisieren kann. Diese Konzeption ermöglicht es, nicht nur von Handlungen einzelner Individuen, sondern auch von kollektiven Handlungen zu sprechen.

Den handlungsbestimmenden Informationsprozessen entspricht das, was man in der üblichen Sprechweise als Wollen bezeichnet. Wir sind zwar aus der Lebenspraxis mit den Willensphänomenen vertraut, doch eine Theorie der Handlung muß diese Informationsverarbeitungsprozesse explizit darstellen. Durch diese Darstellung wird eigentlich erst die Basis für eine Handlungstheorie (und implizit die Grundlage der Strukturtheorie des Wollens) geschaffen.

Jedem Handlungssubjekt entspricht eine teleologische Einstellung, ein teleologisches System; *Handeln ist prinzipiell* – wenn auch andere Handlungsdeterminanten in Betracht gezogen werden müssen – *zielgerichtetes Verhalten.* Die Basis der Theorie der handlungsbestimmenden Informationsverarbeitung bildet die Theorie der finalen Strukturen und der Wahl (des Entscheidens) nach Zwecken.

Eine solche Theorie der Teleologie läßt sich formal entwickeln, wenn man die Kausalbeziehung als vorgegeben voraussetzt[10]; die formale Teleologie läßt

9 Über meine Konzeption der Handlungstheorie siehe: *O. Weinberger,* Studien zur formal-finalistischen Handlungstheorie, Frankfurt/M., Bern, New York 1983.

10 Wie dies geschehen kann, habe ich an anderer Stelle grob skizziert (vgl. FN 9), im einzelnen sind allerdings noch viele Probleme zu klären.
Ich bin mir natürlich dessen bewußt, daß die Darlegung der Kausalität selbst mit vielen Problemen verbunden ist und daß die begriffliche Erklärung von ‚Ursache', ‚Wirkung', ‚Kausalbeziehung' abhängig ist von der Verwendung dieser Begriffe in Handlungskontexten, d. h. als Information zur Handlungsbestimmung. Vgl. z. B. *G. H. von Wright,* Erklären und Verstehen, Frankfurt/M. 1974, S. 67ff. Im ganzen betrachtet, ist diese Überlegung m. E. jedoch nicht zirkelhaft, sondern es zeigt sich hier nur die innere strukturelle Bindung zwischen dem Gebiet der kausalen Erkenntnis auf der einen Seite und der Teleologie und der Handlungstheorie auf der anderen.

sich dann zu einer Handlungstheorie ausformen. Weil diese Theorie der Handlung von der formalen Theorie der Teleologie (= Finalität) ausgeht, habe ich sie *‚formal-finalistische Handlungstheorie‘* genannt. Die Grundgedanken dieser Theorie können in folgenden Punkten zusammengefaßt werden:

(i) Man kann direkte Handlungsakte und mittelbares Handeln unterscheiden.

Eine Absicht (gegebenenfalls ein Komplex von Intentionen) wird von einem Handlungssubjekt *S* realisiert, wenn *S* einen gewissen Zustand oder Zustandsablauf bewirkt. Im Prinzip kann eine Intention entweder direkt oder mittelbar realisiert werden. Die direkte Verwirklichung der Absicht ist die Realisation des beabsichtigten Sachverhalts. [Ich will meinen Arm heben; diese Absicht wird realisiert, indem ich meinen Arm hebe. Mittelbare Verwirklichung von Absichten besteht in der (direkten) Realisation von Zuständen (Mitteln), die das Beabsichtigte verursachen.]

(ii) Die Handlungstheorie unterscheidet zwei methodologisch unterschiedliche Problemsituationen: die *Handlungsdeliberation* und die *Interpretation von Handlungsmotiven*. Die formale Teleologie bildet die Basis für beide Analysen.

(iii) Die Komplexität der teleologischen Bestimmung der Handlung aufgrund des komplexen Zwecksystems wird durch Fixierung von Programmblöcken des Handelns (Globalakte mit innerer Komplexität) erreicht.

(iv) Fixierungen von Einstellungen, Absichten und gewissen Verhaltensprogrammen bedeuten einerseits eine Reduktion der Komplexität der Handlungsdeliberation (weil die Abwägung nicht immer von neuem ganz aufgerollt werden muß), andererseits sind sie die Basis für eine wesentliche Erweiterung der Handlungsmöglichkeiten (z.B. aufgrund von Übung und Lernen).

(v) Die in (iv) angeführten Fixierungen bilden auch die Grundlage von autonomer Normierung. Die inhaltliche Bestimmung der autonomen Normen, die das eigene Verhalten des Handlungssubjekts bestimmen, sind weitgehend von interpersonalen und gesamtgesellschaftlichen Relationen abhängig.

(vi) Die Tatsache, daß der Mensch als Handlungsträger ein Gemeinschaftswesen ist, macht sich in der Handlungstheorie auf verschiedenen Ebenen bemerkbar:

a) Das Handeln des Individuums ist bestimmt durch soziale Normen und durch die Realität der Institution, die mit normativen Regulativen, sowie gesellschaftlichen Wert- und Zwecksystemen gekoppelt sind.
b) Auch für die autonome Normsetzung ist durch Beispiel und Nachahmung, Erziehung und ererbte Sozialanlagen (Kinderpflege, Sorgfalt für den Mitmenschen im Zyklus des Generationenwechsels, Mann-Frau-Fürsorge u.a.) eine gemeinschaftliche Orientierung gegeben.
c) Wir sind fähig, Interaktionshandlungen verschiedener Art einzuführen und zu realisieren. Die Quelle solcher Handlungen kann biologisch vorprogrammiert sein, sie kann durch die Kultur institutionalisiert sein, oder sie kann durch implizite oder explizite Übereinkunft der Partner konstituiert werden.
d) Wir schaffen Einrichtungen, die als spezifische Subjekte handlungsfähig sind, indem in ihrem Namen von Organen Handlungen gesetzt werden können. Dieses Handeln im Namen von Institutionen ist strukturell dem individuellen menschlichen Handeln analog, und zwar darin, daß es wie dieses durch Zwecke, Normen und Präferenzen bestimmt wird. Die Zwecke, Nor-

men und Präferenzen der Institutionen sind nicht identisch mit jenen der beteiligten Individuen, auch nicht mit jenen der als Organe tätigen Personen. Dies ist ein wesentlicher Faktor des Eigenlebens der Institutionen. Das Handeln im Namen (als Organ) einer Körperschaft oder Institution kann verschieden konstituiert werden: durch Organermächtigung, durch kollektive Willensbildungsprozesse u.a. [11].

Es gibt in der Welt nicht nur Tatsachen, die in der analytischen Philosophie nach *Anscombe* und *Searle* als *rohe Tatsachen* (brute facts) bezeichnet zu werden pflegen[12], sondern auch solche Tatsachen, die mit dem Menschen als handelndem Wesen, den Institutionen und Gemeinschaften zusammenhängen und die man als *institutionelle Tatsachen* bezeichnet.

Die institutionellen Tatsachen sind nicht weniger reale Bestandteile der Welt, wie wir sie erfassen, als die rohen Tatsachen. Sie haben Zeitkoordinaten, und sie sind bestimmende Momente beobachtbarer Vorgänge. Sie sind unabdingbare Elemente der Beschreibung und Erklärung der Phänomene unserer, der menschlichen, Welt; sie können nicht auf brute-fact-Beschreibungen reduziert werden.

Die Grundthese der Ontologie des IRP lautet: *Es besteht eine wesenhafte Verbindung zwischen Institution und institutionellen Tatsachen auf der einen Seite und praktischen Informationen (Normen-, Zweck- und Wertsystemen) auf der anderen Seite.* Die Institutionen sind funktionell verbunden mit real daseienden Systemen praktischer Information (insbesondere normativen Regulativen); institutionelle Tatsachen und deren beobachtbare Abläufe können nur dann verstanden werden, wenn man sie im Kontext mit normativen Regulativen deutet, und das heißt zu guter Letzt, wenn man sie im Handlungskontext auffaßt. Normensystemen kommt gerade dann und nur dadurch reales Dasein zu, daß sie Bestandteile von Institutionen sind und institutionell wirken. Daraus resultiert einerseits eine *Erklärung des Daseins des Rechts* (und anderer gesellschaftlicher Normensysteme), dergemäß die Geltung des Rechtssystems auf der institutionellen Verankerung beruht, und andererseits die *Auffassung, daß rechtliche und gesellschaftliche Institutionen sowie deren Organisation auf Normen beruhen* und nicht bloß als Verhaltensregelmäßigkeiten verstanden werden können. Die institutionalisierten normativen Regulative konstituieren Spielräume für das institutionelle Handeln, sie konstituieren Pflichten, Ansprüche und Erwartungen.

Normative Regeln bestimmen ein Sollverhalten, gegebenenfalls ein Dürfen, aber dies erschöpft nicht ihre gesellschaftliche Funktion. Durch Normen werden Kompetenzen verteilt; es wird Rechtsmacht konstituiert; es werden Organisationen gebildet, die Spielräume für mögliches Handeln schaffen, insbesondere dort, wo

11 Es ist ein – m. E. positiver Zug – der formal-finalistischen Handlungstheorie, daß sie, sozusagen automatisch, auch auf Handlungen solcher Art (kollektive oder andere Gemeinschaftshandlungen) anwendbar ist. Man kann auch sagen, daß das menschliche Handeln gerade dadurch, daß es als formal rationalisierbare Inforamtionsverarbeitung auftritt, den Weg eröffnet für kollektives Handeln und für verschiedene Möglichkeiten des „Handelns im Namen eines anderen Subjekts", sei es als Stellvertreter, sei es als Organ oder als Ratgeber (der Ratgeber realisiert zwar keine Handlungen im Namen eines anderen, er führt aber die Deliberation unter fremden Zweckgesichtspunkten durch).

12 Vgl. FN 4.

das Verhalten und Handeln des einzelnen eingebunden ist in institutionelle Rahmen. [Ich kann nur heiraten, wenn die rechtliche Institution der Ehe besteht. Ich könnte mir keine Semmel kaufen, wenn der Kaufvertrag, Geld und Handel nicht normativ und institutionell da wären.]

Die sozialen Prozesse, das, was der Soziologe beobachten und konstatieren kann, werden nur dann erklärbar und sinnvoll, wenn sie nicht bloß als Verhaltensabläufe, sondern als institutionelle Vorgänge, die von normativen Regulativen abhängen, gedeutet werden.

Das Zusammenwirken von beobachtbaren sozialen Vorgängen und dem Recht als Normensystem ist nach Meinung des IRP nicht nur als Basis der Beantwortung der Geltungsfrage relevant, sondern auch für die Theorie der Rechtsdynamik und für die Betrachtungen über die Auswirkungen des Rechts. Als Auswirkungen des Rechts sind nicht nur die normativen Rechtsfolgen – wie Ansprüche, Straffälligkeit, Zwangsvollzug u. ä. – zu betrachten, sondern auch das weite Feld anderer, nicht-normativer Folgen: ökonomischer, psycho-soziologischer Auswirkungen usw.

4. *Begriff und Typologie der Institutionen*

Die Gegenüberstellung von rohen und institutionellen Tatsachen ist zwar in gewisser Weise mit dem Begriff der Institution verknüpft, doch kann sie recht gut verstanden werden, ohne daß man den Begriff der Institution hinreichend geklärt hat und ohne daß Klarheit besteht, was Institutionen sind und welche Arten oder Typen von Institutionen es gibt. Die bloße Unterscheidung zweier Arten von Tatsachen allein läßt nämlich verschiedene Theorien der Institutionen zu, umso mehr als selbst die Gegenüberstellung von rohen und institutionellen Tatsachen verschieden konzipiert werden kann[13]. Die Wissenschaften, die sich mit Institutionen und institutionellen Tatsachen befassen, und insbesondere die Ausarbeitung einer institutionalistisch konzipierten Rechtstheorie, bedürfen aber einer eingehenderen Analyse des Institutionenbegriffes. In der Rechtstheorie taucht notwendigerweise die Frage nach einer Typologie der Institutionen auf.

Der Terminus ‚Institution' bezeichnet einen Familienbegriff besonderer Art: überall dort, wo wir von Institutionen sprechen, liegt etwas vor, das einen analogen Kern hat – es handelt sich um Beziehungen zwischen Individuen und einer Gemeinschaft, um Relationen mit einer gewissen Tendenz zur Dauer, um relative Regelmäßigkeit und normative Regelung –, doch sind die einzelnen Institutionen so verschiedener Art, daß keine einheitliche Klasse definierender Merkmale fixiert werden kann.

Eine gewisse Vagheit, und vielleicht sogar Verworrenheit, des Institutionenbegriffes resultiert aus zwei Momenten: der Vielfalt der Bereiche, in denen von Institutionen die Rede ist, und der Verschiedenheit der theoretischen Konstruktionen, die das Phänomen der Institutionen erklären wollen.

13 In der Einleitung zum Buch *D. N. MacCormick, O. Weinberger*, Grundlagen des Institutionalistischen Rechtspositivismus, habe ich z. B. auf die Unterschiede zwischen Searles und meiner Konzeption hingewiesen.

Ich möchte nun versuchen, eine ungefähre Erörterung des Begriffes zu geben, wie er sich mir vom Standpunkt des IRP darstellt. In anderen Theorien und bei der Behandlung anderer Probleme wird vielleicht ein modifizierter Institutionenbegriff zweckmäßig sein.

Die wesentlichen Elemente, die zur Bestimmung des Institutionenbegriffs führen, sind:

(i) Das menschliche Leben und Handeln ist gekennzeichnet durch die Beziehung zwischen individuellem Handeln des Subjekts und den Gemeinschaften. Das Verhalten des Einzelnen ist abhängig von gemeinschaftlichen Relationen: sein Individualverhalten ist geprägt von ererbten, erlernten oder in anderer Weise internalisierten Mustern, was jedoch seine Freiheit der schöpferischen Modifikation und Gestaltung seiner Verhaltensweisen nicht ausschließt. Jede Form gemeinschaftlichen Handelns, sei es gleichgerichtetes, gegeneinander gerichtetes oder gemischtes Zusammenspiel des Handelns zweier oder mehrerer Personen oder kollektives Handeln von Körperschaften (institutionalisierten nicht-psychophysischen Personen) ist eine Resultante aus persönlichem Verhalten und Handeln von Individuen in institutionellen Rahmen. *Das Interplay Individuum-Gemeinschaft – verstanden im Handlungskontext – ist der Ort der Institutionen: Institutionen ermöglichen dieses Zusammenspiel, und Institutionen sind das Ergebnis dieser individual-sozialen Relationen und Interaktionen.*

(ii) Der Begriff der Institution hängt in gewisser Weise mit dem Begriff der *Institutionalisierung* zusammen. Institutionen bedeuten immer eine gewisse Art von Stabilisierung, von Schöpfung von Mustern, Standards oder/und Lebensformen, denen eine gewisse relative Beständigkeit, wenn auch keineswegs Konstanz, zukommt. Sie sind Orientierungen des Handelns, ein wesentlicher Faktor der Konstitution von Handlungspotentialitäten des Einzelnen, seiner Zweck- und Wertstandards sowie seiner Handlungsformen, ebenso wie sie Elemente der sozialen Realität und die Basis aller Arten gemeinschaftlichen Handelns sind. Im Sinne meiner Konzeption des Handelns erfordert die Praxis der handlungsbestimmenden Informationsverarbeitung eine wenigstens partielle Stabilisierung von Handlungsmustern und Werteinstellungen. Die Institutionen sind jene Stellen, wo diese Fixierungen in einer gewissen Verkettung von Individuellem und Gemeinschaftlichem zustandekommen.

(iii) *Institutionen schließen Systeme praktischer Informationen in sich.* Sie sind als Realitäten undenkbar ohne Bezug zu diesem informationellen Kern. Es ist nicht einfach, die Relation zwischen den Institutionen als beobachtbaren sozialen Realitäten und den entsprechenden Normen- und Wertsystemen klar zu bestimmen. Jedes handlungsfähige Subjekt, das Individuum ebenso wie Kollektivpersonen, hat gewisse Werteinstellungen und ist fähig, Präferenzakte zu setzen. Effektives Handeln, Lernen und alle Formen gemeinschaftlichen Handelns setzen eine gewisse Fixierung von Absichten und die Festsetzung von Verhaltensnormen voraus. Alles Institutionelle enthält einen Kern normativer Regulierung. Institutionen sind also nicht nur Systeme regelmäßiger Verhaltensabläufe und regelmäßiger De-facto-Interaktion von Individuen in Gemeinschaften, sondern sie sind immer auch mit Sollregeln gekoppelt. Jeder Mensch als Individuum hat praktische Einstellungen und jede gemeinschaftliche Situation, sei es auch eine nur vorübergehende Gemeinschaftskonstellation, ruft praktische Einstellungen und Normen ins Leben[14]; umso mehr ist dies natürlich der Fall bei verfestigten Gemeinschaftsgebilden.

(iv) Die Entstehung und das gesellschaftliche Dasein von Institutionen beruhen auf menschlicher Interaktion, auf der Konstitution von Rollen und Zusammenhängen der Wertüberzeugungen der handelnden Menschen. Man spricht in diesem Zusammenhang oft von einem Grundkonsens über die Wertstandards. Bei Toleranz und entsprechender Form der Interaktion können Menschen divergierender Wertauffassungen und mit weitgehend differenzierten Lebensformen gut zusammenleben und relativ harmonische Gemeinschaften bilden. Es ist also nicht richtig, vorauszusetzen, daß Übereinstimmung der Werteinstellungen aller beteiligten Menschen – ein Grundkonsens – für die Konstitution von Institutionen nötig ist, oder gar, daß die Institutionen durch diesen Grundkonsens zustande kommen. Es besteht sogar die Möglichkeit, daß die Institution nur durch Verschiedenheit der Einstellungen möglich wird. Ein historisches Beispiel: In einer christlichen Welt, die Zinsnehmen verboten hat, konnte eine Institution der jüdischen Geldverleiher nur dadurch zustande kommen, daß ihnen Zinsnehmen als legitim erschien (wie heute jedem modernen Menschen). Das moderne Leben ohne berufliche Differenzierung und Verschiedenheit der Wünsche, die Freizeit zu gestalten, sowie die resultierenden Differenzen der Wertstandards, wäre kaum denkbar.

(v) *Institutionen bestehen* in Form von gesellschaftlich *institutionalisierten normativen Regelsystemen* (z. B. als Institutionen des Rechts, d. h. als Regelkomplexe, durch die gesellschaftliche Einrichtungen als Typen geschaffen und die entsprechenden Begriffe eingeführt werden) oder/und als *reale Einzelfälle* der betreffenden Institution[15]. [Vergleiche: (a) die Ehe als rechtliche Institution, die bestimmt ist durch Regeln, welche alle möglichen Einzelfälle von Ehen betreffen, und (b) eine konkrete Ehe als soziale und rechtliche Beziehung zwischen einem bestimmten Mann und einer bestimmten Frau.] Der Einzelfall ist ein Fall des institutionellen Typus genau deswegen, weil der Komplex von normativen Regeln besteht, der für diesen Typus von Institutionen gilt, und weil der Einzelfall unter die Regeln subsumierbar ist.

(vi) Einrichtungen haben in der Regel eine gewisse Organisationsstruktur. *Die Organisation bedeutet ein Dasein personeller und sachlicher Elemente, zwischen denen Funktionsbeziehungen bestehen.* Z. B. eine Universität als organisierter Körper besteht aus Gebäuden, Einrichtunsgegenständen, Instrumenten, Büchern, einem Stab von Lehrern, Beamten usw.; Sachen und Menschen sind dabei durch Interaktionsrelationen verbunden und zu einer Ordnung vereint, die als Verhaltensregularitäten und Sollensrelationen in Erscheinung treten. Organisation ist also ein institutionelles Faktum. Alles, was in die Organi-

14 Wenn Menschen in irgend einer unerwarteten und für sie neuen Situation zusammenkommen (z. B. bei einem Unfall), so entsteht für jeden von ihnen eine Problemsituation des Sollens, ebenso wie ein Interaktionssollen.

15 Das Rechtssystem enthält Institutionen wie Ehe, Eigentum, Vertrag usw., indem es die Bedingungen angibt, wann ein Fall einer Institution dieser Art eintritt, indem es bestimmt, welche Pflicht-, Darf- und Ermächtigungsrelationen für diesen Fall gelten, und schließlich indem es angibt, wie das Dasein des Einzelfalls der Institution beendet wird. Vgl. *D. N. MacCormick,* Law as Institutional Fact, Edinburgh 1973, p. 5ff., wo der Autor ‚institutive', ‚consequential' und ‚terminative rules' der Rechtsinstitutionen unterscheidet.

sation integriert ist, erlangt institutionelle Bedeutung, und die Prozesse, die mit den Elementen der Organisation vor sich gehen, sind nur aufgrund der institutionalisierten Ordnungsbeziehungen erklärbar.

(vii) Nach Auffassung des IRP ist die Institution entweder nur institutionalisiert als Regelsystem – und als solches ein Stück des Rechts oder einer anderen normativen Ordnung – oder sie ist eine Entität der sozialen Realität, bestehend aus Personen in gewissen Relationen und Sachen, die in Beziehung stehen zur Institution als solcher bzw. zu den Personen, die in der betreffenden Institution involviert sind. *Diese Relationen des personellen und Sachsubstrats der Institutionen sind aber* – und das ist gerade entscheidend für die Ontologie des IRP – *nicht nur Verhaltensrelationen im behavioristischen Sinne, sondern sie sind immer auch bestimmt durch praktische Informationen, Sollregeln und Wertstandards*, so daß eine Institution als Entität in Handlungskontexten nur dann erfaßt werden kann, wenn man ihren Kern, nämlich die entsprechenden normativen Informationen, versteht und als zur Institution gehörig erfaßt.

(viii) Bildlich kann man sagen, daß *Institutionen ein gewisses „Eigenleiben" erlangen*. In diesem Sinne ist es berechtigt, sie als objektive Realitäten sui generis anzusehen. Worin besteht dieses „Eigenleben"? Es ist kaum möglich, dies in voller Allgemeinheit exakt zu bestimmen; was darunter zu verstehen ist, kann nur durch Beispiele erklärt werden. Es wirkt z. B. ein gewisses *„Trägheitsmoment"*, welches darin besteht, daß institutionalisierte Formen – etwa rechtliche Einrichtungen – bestehen bleiben, auch wenn ihr Sinn und Zweck verschwunden ist. Die Institutionen entwickeln sich innerlich. Eine Institution kann z. B. wachsen, der involvierte Personenkreis kann sich erweitern; die veränderte Situation, in der eine Institution besteht, kann zur Modifikation der Institutionen führen; quantitative Veränderungen in der Institution können Änderungen in der Organisation erforderlich machen; usw.

(ix) Man bringt *Institutionen* – insbesondere unter dem Einfluß der Theorie von M. Hauriou (siehe unten Abschnitt 5) – in enge Verbindung mit einer *Kernidee*, der die Institution dient und durch die sie charakterisiert sowie in ihrem Dasein und ihrer Entwicklung bestimmt wird. Eine solche – sozusagen: globale – Kernidee kann oft zur grundlegenden Charakteristik einer Institution herangezogen werden; man sollte aber nicht annehmen, daß aus dieser schlagwortartigen Charakteristik die Entwicklung der Institution hervorgeht und bestimmbar ist. Die Funktion der Kernidee kann sich infolge äußerer oder innerer Entwicklungen ändern. Ein Betrieb wird gegründet, um durch Abdekkung wirtschaftlicher Bedürfnisse Profit zu erzielen; der Betrieb kann aber gegebenenfalls zu einem wesentlichen Sozial- oder Machtfaktor werden. Das „Eigenleben" der Institution schließt eine Versteinerung der Kernidee aus.

Ich gehe von der schon oben ausgesprochenen Auffassung aus, daß allen Institutionen gewisse Merkmale gemeinsam sind, daß sie aber sonst von unterschiedlichem Typus sein können, so daß der Institutionenbegriff eher eine Begriffsfamilie als einen einheitlichen Begriff darstellt. Gemeinsam ist den Institutionen der Bezug zu einem Handlungskontext, d. h. ihre Funktion ist die Bestimmung individuellen oder/und gemeinschaftlichen Verhaltens; sie sind ein Bindeglied zwischen dem Handeln des Individuums und den Gemeinschaften, denen die Individuen angehören; und sie sind gebunden an einen Kern gesellschaftlichreal-daseiender praktischer Informationen, insbesondere normativer Regulative. *Institutionen sind insoweit ontologisch komplex als sie eine sinnhafte Seite – in Form von normativen, teleologischen und Wertinformationen – und eine Seite des Sachsubstrats haben:* daher müssen sie einerseits als Sinngebilde verstanden und andererseits in bezug zu beobachtbaren Gegenständen und Verhaltensabläufen betrachtet werden.

Allgemein, nicht nur in meiner Auffassung, wird gefordert, daß Arten von Institutionen unterschieden werden müssen. Welche Arten von Institutionen existieren, bzw. wie eine Typologie der Institutionen aussehen sollte, darüber gibt es allerdings keine allgemein akzeptierte Meinung.

Eine – wenigstens für die Betrachtunsweise des IRP grundlegende – typologische Unterscheidung von *‚normativen Institutionen‘* und *‚Realinstitutionen‘* kann an die Spitze unserer Typologie gestellt werden. Normative Institutionen wie ‚Eigentum‘, ‚Ehe‘, ‚Testament‘, ‚Vertrag‘ usw. sind gedankliche Bausteine des Rechtssystems.

Es gibt verschiedene Möglichkeiten, Einheiten des Inhalts von Normensystemen, insbesondere des Rechtssystems, zu bestimmen. Die normativistischen Theorien konzentrieren sich auf die Bestimmung

(a) der inhaltlichen Elemente des Rechts als – unter Komplexen von Bedingungen – gebotenen oder verbotenen Verhaltensweisen und

(b) der an gewisse Bedingungen gebundenen Ermächtigung zur Normerzeugung.

Nach institutionalistischer Konzeption bilden gewisse Komplexe normativer Bestimmungen ein gewisses Ganzes, das meist durch einen Terminus bezeichnet wird und das durch sachliche Zusammenhänge konstituiert wird. Dieses Ganze ist ein mehr oder weniger ausgegliedertes oder relativ isolierbares Element der gesellschaftlichen Wirklichkeit.

Die normativistische Auffassung, dergemäß Verhaltensanordnungen die entscheidenden Bausteine des Inhalts eines Rechtssystems bilden, steht m. E. nicht in Konflikt mit der Auffassung, daß das Rechtssystem ein Komplex von normativen Regeln ist, denn der Aufbau der Rechtsordnung als eines Systems von Institutionen, welche die Bausteine der Rechtsordnung bilden, sieht nur zusätzliche Zusammenhänge in der gesellschaftlichen Realität und anerkennt die Notwendigkeit, einzelne rechtliche Bestimmungen zu funktional zusammenhängenden Normenkomplexen zusammenzufassen, da nur in dieser Konzeption eine juristische und gesellschaftlich-funktionale Begründung des Rechts – eben von Institutionen – gegeben werden kann.

Man kann die Meinung vertreten, daß die Einführung von Begriffsnamen für rechtliche Institutionen überflüssig ist und die Annahme der Existenz gewisser Idealentitäten – wie ‚Eigentum‘, ‚Ehe‘ – die Existenz solcher besonderer Entitäten nur vortäuscht, während in Wirklichkeit nur gewisse normative Relationen (Pflichten, Ansprüche, Ermächtigungen) bestehen, die eine Person gegenüber einer anderen oder gegenüber anderen hat[16]. Nun wäre es wohl theoretisch denkbar, das gesamte mögliche menschliche Verhalten und die Rechtspositionen durch Verhaltens- und Ermächtigungsnormen vollständig zu charakterisieren. De facto ist aber das Denken und Begründen im Recht durch Überlegungen über Institutionen als den Bausteinen der Rechtssysteme bestimmt. Eine Normierung, die alle möglichen Situationen berücksichtigen und für jede mögliche Situation

16 Vgl. *A. Ross,* Tû-Tû, Harvard Law Review 70 (1956–57), S. 812–825.

die Rechtsfolgen bestimmen würde, ist praktisch unmöglich; außerdem können nur in institutioneller Sicht die Besonderheiten, die durch ungewöhnliche Tatsachenkonstellationen entstehen, so analysiert werden, daß gerechtfertigte normative Konklusionen auch für solche Sonderfälle gewonnen werden. Mit anderen Worten: die Möglichkeit der Reduktion auf Verhaltens- und Ermächtigungsnormen scheitert an der Unmöglichkeit, die Gesamtheit aller möglichen Situationen restlos zu erfassen und normativ zu bestimmen.

Das konstruktive juristische Denken stützt sich immer auf gewisse sachliche Einheiten, die anknüpfend an soziale Realitäten normativ eingeführt werden. Die soziale Basis der Ehe bilden z. B. gewisse tatsächliche Konstellationen: die Beziehungen von Mann und Frau, die Beziehungen zwischen den Generationen [Eltern-Kinder, Erziehung, Übergabe des Besitzes usw.], die es erlauben – und in gewisser Weise erzwingen – die Ehe als Institution einzuführen. Wie dies normativ geschieht, ist ein Prozeß der Lebenspraxis, der mit einer Menge aktueller Lebensumstände fertig werden muß. Nur in institutionalistischer Perspektive kann die rechtspolitische Analyse verstanden und nur so kann sie rational durchgeführt werden (nämlich dann, wenn die Gesellschaft und die Jurisprudenz zu systematischen De-lege-ferenda-Überlegungen gelangen).

Rechtlich wird die Institution – z.B. Ehe, Eigentum, Scheidung, juristische Person, Pfand usw. – durch die entsprechenden normativen Regeln bestimmt, und sie ist eigentlich genau das, was diese Regeln festlegen. Aber als sozial relevanten Komplex verstehen wir die Institutionen nur dann, wenn wir sie als funktionelle Einheiten auffassen, die inhaltliche Bausteine des Rechtssystems bilden. Nur aufgrund einer institutionalistischen Betrachtungsweise kann man z. B. sagen, daß die Institution des Eigentums bestehen bleibt, auch wenn gewisse mit dem Eigentum verknüpfte Regeln oder Pflichten verändert werden. Die funktionelle Grundbestimmung der Institution ist auch die Basis, auf der es möglich ist, von *einer* Institution in verschiedenen Ausprägungen in verschiedenen Rechtsordnungen zu sprechen. Dies ist ein wichtiger Umstand, der die Rechtsvergleichung ermöglicht, und auch an vielen Stellen des internationalen Privatrechts zur Geltung kommt.

Bezüglich der meisten – ich bin aber nicht sicher, ob aller – normativen Institutionen ist es zweckmäßig, eine solche Typisierung der sie bestimmenden Regeln einzuführen, wie sie MacCormick vorgeschlagen hat: *institutive Regeln*, welche die Entstehungsbedingungen für Einzelfälle der betreffenden Institution angeben; *Rechtsfolgeregeln*, welche die normativen Folgen der bestehenden Einzelfälle der Institution – oft unter Berücksichtigung zusätzlicher Umstände – statuieren; und schließlich *Regeln der Beendigung* des Realfalles der Institution[17].

Eine derartige Aufteilung der Regeln ermöglicht die Einführung begrifflicher Bausteine des Rechtssystems, sowie die Auffassung, daß durch gewisse Novellierungen einzelner, die Institution bestimmender Regeln, nicht die Institution als ganze aufgehoben, sondern nur verändert, insbesondere den sozialen Entwicklungen angepaßt wird. Logisch läßt sich die *normative Veränderung der Institution* natürlich auch als Sukzession von Normenkomplexen rekonstru-

17 Vgl. FN 15, ferner *D. N. MacCormick, O. Weinberger,* Grundlagen des Institutionalistischen Rechtspositivismus, in Druck.

ieren, doch ist für das praktische juristische Denken die Darstellungsweise aufgrund institutionalistischer Konzeptionen leichter zu handhaben.

Es sei noch angemerkt, daß die normativen Institutionen, von denen bisher die Rede war, in romanistischer Terminologie meist als ‚Rechtsinstitute' bezeichnet werden[18].

Der IRP betrachtet die normativen Institutionen in handlungstheoretischer Perspektive. Er unterstreicht, daß aufgrund der Institutionen nicht nur Rechtsbeziehungen, Rechtspflichten, Ansprüche und Handlungspossibilitäten entstehen, sondern auch andere psychologische und soziale Folgen im Bereich des Wertens eintreten. Die Institutionen eröffnen Handlungsspielräume, sie wecken Erwartungen bezüglich des Verhaltens der Mitmenschen; sie haben Folgen für die – auch außerrechtlichen – Relationen zwischen den Mitgliedern der Gesellschaft. Ich halte es daher für wesentlich, die Erkenntnis des Rechts nicht auf das Verstehen normativer Relationen – also der Rechtsfolgen von Tatsachen und Handlungen – einzuschränken, sondern auch andere Folgen (z. B. ökonomische Auswirkungen, Erwartungen, Pflichten, moralische Wertungen u.a.) ins Auge zu fassen. Wir verstehen das Dasein und Wirken des Rechts eigentlich nur dann, wenn wir sowohl die Rechtsfolgen als auch die anderen – psychischen oder/und gesellschaftlichen – Folgen der Verhaltensweisen kennen.

Der Realfall der Institution (an instance of the institution) besteht aus Norm und beobachtbarer Tatsache: aus Sollen, menschlichem Verhalten und Gegenständen, die im Rahmen der Institution gewisse Rollen bzw. Funktionen haben. Eine konkrete Ehe besteht aus einem Menschenpaar; in dieser Institution ist man nicht nur ein Mann und eine Frau, sondern Ehemann und Ehefrau, und es werden spezifische Relationen zu Sachen, insbesondere zu den Bestandteilen des ehelichen Vermögens, konstituiert.

Bei manchen Institutionen tritt das Moment des sachlichen und organisatorischen Substrats stärker in Erscheinung, bei anderen weniger: Einrichtungen, wie Gerichte, Schulen, Körperschaften usw., sind Schöpfungen des Menschen, man kann sagen: eine Art von Artefakten, mit sachlichem, organisatorischem und funktionellem Substrat. Ihre Organisation und ihr Funktionieren sowie ihre gesellschaftlichen Aufgaben sind bestimmt durch Normen (Verhaltensnormen, Kompetenznormen) und Zielsetzungen.

Die eben besprochenen Einrichtungen, bei denen Organisation und gegenständliche Artefakte eine zentrale Rolle spielen, betrachte ich ebenso wie die juristischen Personen und Sachinstitutionen[19] vor allem in handlungstheoretischer Perspektive. Die Organisation erscheint in dieser Sicht nicht nur als Anordnung, gegebenenfalls als Hierarchie und Funktion, nicht nur als Verhaltensregelmäßigkeit, sondern auch als norm- und zweckbestimmt.

Die Person im allgemeinen juristischen Sinne wird in institutionalistischer Konzeption nicht nur als Punkt der normativen Zurechnung, als Träger von Rechten und Pflichten, aufgefaßt, sondern auch als Handlungsträger, als Einheit, der ein Zwecksystem zugeordnet ist und die in gewisser Weise handlungs-

18 Vgl. *F. C. von Savigny,* System des heutigen Römischen Rechts, Heidelberg 1814, S. 9.

19 Vgl. Haurious bekannte Einteilung der Institutionen in ‚Personeninstitutionen' und ‚Sachinstitutionen', mit der ich mich in Abschnitt 5 befassen werde.

fähig ist, Rechtsakte zu erzeugen, die, von Organen durchgeführt, als Akte der betreffenden Person gelten.

Bei sogenannten natürlichen Personen erscheint uns dies selbstverständlich: sie sind Menschen und daher handlungsfähig. In welchem Sinne kann man aber sagen, daß andere – nicht psychophysische – Personen handeln oder handlungsfähig sind?

Es sei vorerst angemerkt, daß die Handlungsfähigkeit auch bei menschlichen Individuen nicht immer als manifeste Tatsache gegeben ist. Der Nasciturus, das Kleinkind, der in gewisser Weise Kranke, sind menschliche Individuen, die de facto nicht, oder nur sehr beschränkt, faktisch bzw. rechtlich handlungsfähig sind. Es kommt also eigentlich in jedem Falle eine gewisse normative Entscheidung zur Geltung, welche die rechtliche Relevanz der natürlichen Handlungsfähigkeit bestimmt. Sie kann auch bei physisch zweifellos voll handlungsfähigen Subjekten rechtlich beschränkt oder ausgeschlossen werden (z. B. im römischen Recht bei Personen unter der patria potestas).

Für alle institutionalisierten Personen besteht eine gewisse Regelung ihrer Handlungsformen, die das eigene Zwecksystem der Institution berücksichtigt. Bei allen nicht-psychophysischen Subjekten tritt im Prinzip immer ein Handeln mittels Organen auf. Dabei ist den Personal- und den Sachinstitutionen (z. B. einer Stiftung) die Tatsache gemeinsam, daß sie ihr eigenes Zwecksystem haben (wenigstens rahmenhaft), welches vom Zwecksystem der als Organ fungierenden Person verschieden ist.

Nicht-psychophysische Personen sind deswegen möglich und als soziale Gegebenheit existent, weil der Mensch ein Gemeinschaftswesen ist und gemeinschaftlich handelt.

Gemeinschaftliches Handeln kann kooperatives Handeln verschiedener Art sein, oder es ist kollektives Handeln.

Kooperatives Handeln ist bekanntlich je nach der Struktur der relativen Zweckeinstellung der beteiligten Subjekte verschieden; immer jedoch – mögen sonst auch die Zielsetzungen der Beteiligten divergieren, ja die Interessen sogar gegenläufig sein – besteht ein gemeinsamer Zweck, nämlich der, dieses kooperative Unternehmen zu tätigen.

Die Grenzen zwischen gewissen Typen kooperativen und kollektiven Handelns scheinen nicht scharf zu sein. Von kollektivem Handeln werden wir dann sprechen, wenn ein in gewisser Weise strukturierter Körper mit innerer Organisation und Organen für die Durchführung der Handlungen existiert, die diesem Körper zugerechnet werden. Dieses Existieren der Kollektivperson ist ein Geflecht von gegenständlichen Elementen, Individualpersonen, normativen Regeln des Sollverhaltens und von Ziel- und Werteinstellungen. Dieses Geflecht besteht als institutionelle Tatsache.

Im Sinne der von mir vertretenen formal-finalistischen Handlungstheorie ist der Mensch deswegen fähig als Organ einer Körperschaft (eines kollektiven Handlungsträgers) zu handeln, weil die Handlungslenkung ein rational modellierbarer Informationsprozeß ist und weil das menschliche Individuum nicht nur seine subjektiven Ziele und Wertungen in seinem eigenen persönlichen Handeln verarbeiten kann, sondern auch gemeinschaftliche Zwecke und Werte des kollektiven Handelns verarbeiten und die entsprechenden Akte im Namen eines Kollektivs oder einer Körperschaft realisieren kann.

Diese Beziehung kann als soziologische Tatsache an und für sich bestehen: der Mensch bildet in gewissen Situationen Kollektive und handelt als deren Organ (d. h. im Namen des Kollektivs und nach seinen Zwecken). In der modernen Rechtskultur ist das Entstehen, die Organisation, die Zurechnung der Akte der Organe als Akte des Kollektivs rechtlich geregelt, d. h. genau dann rechtlich anerkannt, wenn die entsprechenden Ermächtigungsnormen erfüllt sind[20].

In jedem Falle – auch wenn es also um rechtlich nicht regulierte Kollektivsubjekte geht – ist die Organisation und das Funktionieren des Körpers abhängig von – wenigstens implizit daseienden – Regelsystemen, welche die Ordnung und die Formen des Handelns des Kollektivs normativ konstituieren.

5. *Die moderne Institutionentheorie in der Jurisprudenz*

Die Lehrmeinungen der Vertreter der institutionalistischen Rechtslehre unterscheiden sich so wesentlich, daß nur in sehr losem Sinne von einer Schule gesprochen werden kann: Maurice Hauriou ist z. B. Naturrechtler, Santi Romano Positivist, Carl Schmitt verherrlicht die Macht als ordnungsstiftenden Faktor. Wir müssen uns daher fragen, ob es überhaupt einen gemeinsamen Kern dieser verschiedenen Lehren gibt, der es rechtfertigt, sie unter einem gemeinsamen Begriff zusammenzufassen. Die bloße Tatsache, daß diese Autoren alle den Terminus ‚Institutionen' verwenden, ist hierfür kein hinreichender Grund. (Ich selbst und viele andere benützen ebenfalls diesen Terminus, ohne zu dieser Denkrichtung zu gehören.) Gemeinsames Merkmal dieser Lehren scheint mir zu sein, daß sie Recht nicht – oder nicht nur – als Normensystem ansehen, dem institutionelles Dasein zukommt, sondern die Institutionen in gewisser Weise als real daseiende Entitäten auffassen, die an und für sich existieren und sozusagen die Quelle des Rechts sind. In diesem Sinne sind diese Autoren – wenn sie auch die Rolle der Normen durchaus anerkennen – antinormativistisch eingestellt. Die Normen sind für sie so etwas wie Epiphänomene der Institutionen, nicht wie für den IRP notwendige Voraussetzungen und Konstituenten jeglicher Institutionen. Dies gilt auch von Santi Romano, obwohl er sagt: „Jede Rechtsordnung ist Institution, und, umgekehrt, jede Institution ist Rechtsordnung: die Gleichung zwischen beiden Begriffen ist notwendig und absolut"[21], denn für ihn ist Recht Ordnung, Struktur und Grundlage der Gesellschaft, noch bevor es Norm wird. Die Allgegenwärtigkeit der Rechtsordnung ist für Romano nicht institutionelles Dasein von Normen – wie für den IRP –, sondern das Dasein von Ordnungsstrukturen, die an und für sich bestehen und die das Recht hervorbringen[22].

20 Dies besagt aber keineswegs, daß soziologisch gesehen kollektives Handeln nur im allgemeinen rechtlichen Rahmen existiert. Soziologisch betrachtet können Kollektive existieren unabhängig davon, ob das Recht sie beachtet und ihnen Rechtspersonalität zuspricht. Es liegen ihnen aber stets gewisse normative (eventuell außerrechtliche) Regelsysteme zugrunde.

21 *S. Romano,* Die Rechtsordnung, hgg. von *R. Schnur,* Berlin 1975, S. 32.

22 *S. Romano,* a. a. O., S. 23: „Die Rechtsordnung, so umfassend verstanden, ist ein Ganzes, das sich teilweise nach den Normen bewegt, das aber vor allem die Normen selbst bewegt, ähnlich wie Figuren auf einem Schachbrett. So sind diese Normen eher Objekt und Mittel der Tätigkeit der Rechtsordnung, anstatt Element ihrer Struktur zu sein."

Der bekannteste Vertreter dieser Richtung ist *Maurice Hauriou* (1856–1929). Eine einigermaßen systematische Darstellung seiner Lehre gibt der Autor in der Abhandlung „Die Theorie der Institution und der Gründung", die den sonderbaren Untertitel „Essay über den sozialen Vitalismus" trägt[23]. Die Institutionen sind für ihn die eigentlichen Realitäten des Rechts. Das Recht als Institution ist gleichzeitig etwas Sozial-Reales und etwas Geistiges, eine ideal bestimmte Entität; dies zeigt sich in der Tatsache, daß die idée directrice den zentralen Begriff dieser Lehre darstellt.

Hauriou stellt sich gegen die Willenstheorien des Rechts, mögen sie in Form der Rousseauschen Lehre vom Sozialkontrakt und der volonté générale, oder in Form der Lehre der Durkheim-Schule vom Kollektivbewußtsein auftreten[24]. In der Rechtstheorie gibt es nach Hauriou eine Auseinandersetzung zwischen objektiven und subjektiven Auffassungen. Seine diesbezüglichen Darlegungen erscheinen mir nicht ganz klar. Wenn ich richtig verstehe, läßt sich seine Auffassung ungefähr folgendermaßen charakterisieren: Während die Jurisprudenz üblicherweise annimmt, daß das subjektive Recht auf bewußte Willensakte von Einzelpersonen zurückgehe und daß das objektive Recht ohne Willensakte von Einzelpersonen bestehe, meint Hauriou, das Subjektive werde von unseren bewußten Willensäußerungen getragen, das Objektive von unseren im Unterbewußtsein lebenden Ideen[25]. Die Objektivität des Rechtssystems wird von ihm nicht als objektive Existenz der Rechtsnorm verstanden, sondern ursprüngliche Objektivität kommt den Leitideen, den Ideen von dem zu realisierenden Werk, zu, welche die Grundlage der Institutionen darstellen, die sich in einem gewissen sozialen Milieu ausbreiten und dadurch Institutionen generieren.

Es ist das Anliegen Haurious, sowohl die subjektiven als auch die objektiven Theorien des Rechts und der Rechtssubjektivität zu überwinden, indem er vom Begriff der Institution ausgeht, den er folgendermaßen definiert: „[E]ine Institution ist eine Idee vom Werk oder vom Unternehmen, die in einem sozialen Milieu Verwirklichung und Rechtsbestand findet. Damit diese Idee in die konkrete Tatsachenwelt umgesetzt wird, bildet sich eine Macht aus, von der sie mit Organen ausgestattet wird. Zwischen den Mitgliedern der an der Durchsetzung der Idee beteiligten sozialen Gruppe ergeben sich unter der Oberleitung der Organe Gemeinsamkeitsbekundungen, die bestimmten Regeln folgen."[26] Gemäß dieser Auffassung sind hierbei die subjektiven Elemente die schöpferische Gewalt und Aktion, die objektiven Elemente die Rechtsnorm, das soziale Milieu, die öffentliche Ordnung als Organisation mit Dauer und Kontinuität[27].

Institutionen werden gegründet, wobei „die Gründung der Institutionen rechtlichen Charakter aufweise und (. . .) unter diesem Gesichtspunkt die Grundlagen der Rechtsdauer auch selbst rechtlicher Art sind." . . . „Institutionen entstehen, leben und sterben nach den Regeln des Rechts. Sie entstehen durch Gründungsvorgänge, die ihnen ihre Rechtsgrundlage vermitteln und damit ihren

23 *M. Hauriou,* Die Theorie der Institution und der Gründung. Essay über den sozialen Vitalismus, in: *R. Schnur* (Hrsg.), Die Theorie der Institution, Berlin 1965, S. 27–66.
24 Vgl. *M. Hauriou,* a. a. O., S. 29, S. 44.
25 *M. Hauriou,* a. a. O., S 28.
26 *M. Hauriou,* a. a. O., S. 34.
27 *M. Hauriou,* a. a. O., S. 33.

Fortbestand sichern. Sie leben im Objektiven wie im Subjektiven dank wiederholter Rechtsakte von Regierung und Verwaltung, welche nach einem vorgeschriebenen Verfahren erlassen werden. Schließlich sterben sie auf Grund rechtlicher Auflösungs- oder Aufhebungsverfügungen."[28]

Institutionen sind also soziale Entitäten von relativer Dauer, von geistiger Struktur, ausgedrückt in der Leitidee, und sie treten in Erscheinung durch Recht und durch Rechtssätze, wobei die Rechtsnormen eine sekundäre Rolle spielen: „Es sind die Institutionen, welche die Rechtsnormen schaffen, aber nicht die Rechtsnormen, welche die Institutionen schaffen."[29] Das eigentliche (primär) objektive Element ist nicht das Rechtssystem, sondern die Institution.

Hauriou unterscheidet zwei Arten von Institutionen: Sach-Institutionen (institutions-choses) und Personen-Institutionen (institution-persones, verbandsmäßige Institutionen), widmet aber sein Hauptaugenmerk den Personen-Institutionen.

Hauriou geht es darum, (a) zu zeigen, wo in der Gesellschaft die schöpferische Macht liegt, (b) ihre Abhängigkeit von geistigen Elementen aufzudecken und (c) die Prozesse der Gründung und des „Lebens" der Institutionen zu explizieren.

Die Frage (a) beantwortet Hauriou eindeutig. Primär ist die Macht, die gestützt auf Leitideen Institutionen schafft, die Gesellschaft lenkt und die Quelle des Rechts darstellt. „Hier aber liegt gerade das Problem: es handelt sich darum zu wissen, wo in der Gesellschaft die schöpferische Macht liegt: ob nämlich die Rechtsnormen die Institutionen geschaffen haben oder ob es nicht vielmehr gerade die Institutionen sind, die dank der ihnen eigenen Führungsmacht die Rechtsnormen schaffen. An dieser Frage nach der Initiative und der Schöpfung scheitert das System der objektiven Rechtsnorm. Die Schaffung der sozialen Institutionen durch die Rechtsnormen zuzulassen, würde bedeuten, mittelbar ihre Schaffung durch das soziale Milieu zuzugestehen, das seinerseits angeblich die Rechtsnorm selbst hervorbringt. Hierin liegt ein nur zu handgreifliches Fehlurteil. Dem sozialen Milieu ist nur ein Trägheitsmoment zuzuschreiben, das sich in verstärkter Form jeder Einzelinitiative mitteilt, wo es sich diese zu eigen macht, oder es wirkt sich das soziale Milieur als lästige Behinderung aus, wo es diese Initiative verwirft. Aber es hat weder selbst von sich aus eigene Initiative noch hat es irgendeine schöpferische Macht. So ist es ausgeschlossen, daß aus ihm eine ihrerseits schöpferische Rechtsnorm hervorgeht, von der wir annehmen dürften, sie würde der Institution vorangehen."[30]

Die Leitidee, bzw. die Idee des zu schaffenden Werkes, stellt nicht nur den Anknüpfungspunkt zu vitalistischen Ideen dar[31], sie ist auch der charaktistischeste Zug dieser Institutionentheorie.

28 *M. Hauriou,* a. a. O., S. 34, S. 35.
29 *M. Hauriou,* a. a. O., S. 65.
30 *M. Hauriou,* a. a. O., S. 32.
31 „Gewiß wird damit die gerühmte ‚idée directrice' (Leitidee) von Claude Bernard in einem vitalistischen Sinne verstanden, und das wird ganz sicher auch bis zu den Biologen widerhallen. Gerade unter ihnen aber hat der Vitalismus seine Anhänger, und schließlich bleibt es auch eine Tatsache: auf die soziale Ebene projiziert, erscheint die Leitidee im tatsächlich vorhandenen Phänomen des Verbandes als objektiv; sie ist es, die die Mitglieder beeinflußt, und ihre geheimnisvolle Wirkung ist es, die die Massen in Bewegung bringt." *M. Hauriou,* a. a. O., S. 47.

Die Leitidee ist für Hauriou jenes Moment, welches die Institution als funktionierende und relativ stabile soziale Realität schafft und zu diesem Zweck Macht installiert. Die organisierte Macht, die der Leitidee dient, wird durch diese gerechtfertigt und ist die Quelle des Gemeinschaftsbewußtseins in der Gesellschaft. Die Macht, die der Leitidee dient, stellt das Schöpferische in der Gesellschaft dar. Dieser wichtige Begriff bezeichnet das geistige Element der Konstitution von Institutionen. Im Prinzip hat er zwar richtungsgebenden und teleologischen Charakter, er darf aber nicht mit den Zielen im üblichen Sinne gleichgesetzt werden. Die Leitidee hat etwas Mystisches an sich (vgl. das in FN 31 angeführte Zitat). Leitideen sind für Hauriou nicht bloße Funktionen gesellschaftlichen Wollens und Ausdruck gesellschaftlicher Konstellationen und Zielsetzungen, sondern irgend etwas vital-geistig Daseiendes. „In Wirklichkeit kann man Ideen gar nicht erschaffen, man kann nur auf sie stoßen."[32]

Konstituenten der verbandsmäßigen Institutionen sind neben der Idee des zu schaffenden Werkes, die in ihrem Dienste stehende organisierte Macht und die Gemeinschaftsbekundung innerhalb einer sozialen Gruppe[33]. Nicht nur die Mitglieder der die Institution tragenden Gruppe unterwerfen sich der Macht und der Organisation in der Gemeinschaftsbekundung, auch die Führungsmacht selbst unterliegt der Autorität der Leitidee. Im Phänomen der Institution erlangt die auf Macht gegründete Organisation eine moralische Aufwertung[34].

(Gemeinschafts-)Personen entstehen in einer *Drei-Stufen-Bewegung von Einbeziehung, Verkörperung und Personifizierung*; hierdurch entsteht eine personnalité morale, auf deren Grundlage eine juristische Person eingeführt werden kann. Soziologische Tatsächlichkeit der Gemeinschaftspersonen bildet erst die Grundlage für die Möglichkeit, juristische Personen rechtlich einzuführen[35].

Nicht ganz klar ist Haurious Naturrechtslehre ausgebildet. Sein Denken steht unter thomistischem Einfluß[36], doch ist mir nicht klar, wie weit dieser reicht. „Das *Recht* ist eine Art Programm, das gleichzeitig auf die Herstellung von Sozialordnung und Gerechtigkeit eingerichtet ist."[37] Das Naturrecht entwickelt sich immer weiter, es ist aber in sich nicht wandlungsfähig; es ist individualistisch und antisozialistisch und es ist eine Idealvorstellung, wobei das Recht Schöpfer der Sozialordnung und der Gerechtigkeit, *ars boni et aequi* und gleichzeitig *ars stabili et securi* zu sein hat[38].

Der bedeutendste Schüler und Fortsetzer Haurious ist *Georges Renard*. In seinem Buch „La Théorie de l'Institution. Essai d'ontologie juridique" legt er eine spezifische Ontologie der Institutionen vor; seine Theorie charakterisiert

32 *M. Hauriou,* a. a. O., S. 39.

33 *M. Hauriou,* a. a. O., S. 35f.: „Jede verbandsmäßige Institution weist, wie wir wissen, drei Elemente auf: 1. die Idee des in einer sozialen Gruppe zu schaffenden Werks; 2. die im Dienst dieser Idee stehende organisierte Macht, um die Idee zu verwirklichen; 3. die Gemeinsamkeitsbekundungen, die innerhalb der sozialen Gruppe mit Bezug auf die Idee und ihre Verwirklichung erfolgen."

34 *M. Hauriou,* a. a. O., S. 42f.

35 Vgl. *J. Delos,* La Théorie de l'Institution, Archives de Philosophie du droit et de Sociologie juridique 1931, S. 119ff.

36 *G. Renard,* La Théorie de l'Institution. Essai d'ontologie juridique, Paris 1930, S. XIII.

37 *M. Hauriou,* Sozialordnung, Gerechtigkeit und Recht, in: *R. Schnur* (Hrsg.), Die Theorie der Institution, a. a. O., S. 67–95; S. 91.

38 *M. Hauriou,* a. a. O., S. 95.

er mit Nachdruck als katholische und thomistische Lehre. Er konstruiert sie als Naturrechtslehre, und zwar als thomistisch-religiöses Naturrecht besonderer Art. Die Institutionen sind für ihn psychologische und soziale Gegebenheiten und gleichzeitig Naturrecht. Die Institution wird uns durch die Natur der Sache aufgezwungen[39]; das Naturrecht ist eine Beobachtungstatsache und daher ein rein wissenschaftlicher Begriff[40]. Das Gründen von Institutionen gehört zum Wesen des Menschen. Der Mensch ist weitgehend frei bei der Konstitution der Institutionen[41], doch nur insoweit, als die natürlichen Neigungen des Menschen durch das Naturrecht, d. h. die Kritik der Vernunft, sanktioniert sind[42]. Das Naturrecht ist das organische Gesetz, von dem wir unsere Personalität und unser natürliches Wesen ableiten; die Institutionen haben ihre letzte Quelle in Gott, denn „rien n'existe, hors Dieu, qui ait sa raison en soi-meme“[43]. Die hierarchische Konzeption der Institutionen, von der noch die Rede sein wird, wurzelt also zu guter Letzt in Gott.

Seine institutionalistische Theorie soll in der Mitte zwischen Individualismus und Soziologismus stehen[44]. Die metaphysische Grundlage der Ontologie der Institutionen ist der Dualismus von Person und Institution[45]. Institutionen sind für Renard Gemeinschaften, zu deren Gründung der Mensch seiner Natur nach befähigt ist. Er gründet Institutionen auf der Basis vorhandener Institutionen, die von ihm nicht geschaffen wurden[46]. Es gibt nicht nur Stufen des Seins, sondern auch Stufen von Institutionen; Institutionen können Elemente übergeordneter Institutionen sein; es besteht in der Gesellschaft eine Tendenz des Umsichgreifens von Institutionen.

Im Rechtsleben haben Ideen zweierlei Gestalt: sie sind Regeln oder sie bilden Institutionen. Jede Institution beruht auf einem schöpferischen Grundgedanken. Sie ist Sitz des Rechtssystems und der Autorität[47].

Gewisse psychologische und soziologische Charakteristiken, die Renard ausführlich diskutiert, bestimmen nicht nur den Begriff der Institution, sondern sie bilden auch Ausgangspunkte der institutionalistischen Rechtstheorie: Grundelemente der Institutionen sind: Dauer, Autorität, Fortdauer der Institution, Intimverhältnis der Menschen zur Institution, Identifikation mit der Institution (consortium), das objektive Dasein der Institution mit inneren und

39 „L'institution s'impose par la force des choses; elle fait partie de ces notions de droit naturel qui rentrent par la fenêtre lorsqu'on les chasse par la porte.“, *M. Renard,* a. a. O., S. 281.

40 *M. Renard,* a. a. O., S. 391.

41 *M. Renard,* a. a. O., S. 360: „La loi naturelle laisse au discernement de l'homme le soin d'en choisir et de varier les formes, indéfiniment; son engagement n'est pas étroitement borné à l'execution d'un programme tracé point par point.“

42 *M. Renard,* a. a. O., S. 389f.: „le droit naturel sanctionne les inclinations humaines, en tant qu'elles sont gouvernées par la raison; or il existe dans la nature humaine une inclination à ce déspassement de soi que traduit la formule de la fondation et de l'institution; donc la fondation institutionnelle est sanctionnée par le droit naturel, moyennant satisfaction donnée aux exigences de la raison.“

43 *M. Renard,* a. a. O., S. 390.

44 *M. Renard,* a. a. O., S. 13.

45 *M. Renard,* a. a. O., S. 47: „L'ordre juridique repose sur un double support: la *personnalité humaine* et *l'institution.*“

46 *M. Renard,* a. a. O., S. 109.

47 *M. Renard,* a. a. O., S. 120f.

äußeren Relationen, usw. Durch die Institutionen wird ein Status des Menschen geschaffen, den er in ihnen hat und der vom subjektiven Recht zu unterscheiden ist[48]. Interessant ist auch Renards theoretische Gegenüberstellung von Vertraglichem und Institutionellem im Rechtsleben: das Vertragliche habe die Tendenz, sich in Institutionelles zu verwandeln[49].

Renards Institutionenontologie beschränkt den Begriff der Institution im wesentlichen auf die Personen-Institutionen im Sinne Haurious. Er zeigt, daß in der institutionalistischen Betrachtungsweise interessante soziologische und politologische Aspekte des Rechts analysiert werden können.

Das Rechtsleben wird nach Renard von zwei Tendenzen beherrscht: vom Faktor ‚Gerechtigkeit' und vom Faktor ‚Sicherheit' (offenbar im Sinne von ‚Rechtssicherheit')[50].

Ich möchte abschließend eine Passage anführen, wo der Autor meiner semantischen Konzeption in ihrem Einfluß auf die Institutionentheorie nahe kommt, obwohl er sonst – wie alle Vertreter dieser Schule – Antinormativist ist: „L'ordre est un système de règles: règles indicatives en tant qu'elles s'adressent à la matière brute ou aux êtres privés de raison, règles imperatives en tant qu'elles s'adressent à l'homme et aux sociétés humaines, – loi morale et loi juridique."[51]

Die Lehre *Santi Romanos* (1875–1947) dürfte relativ unabhängig von Hauriou und Renard, jedenfalls aber in Konfrontation mit dem Normativismus der Reinen Rechtslehre entstanden sein. Die Bezugnahme auf die französische Schule der institutionalistischen Rechtsphilosophie scheint mir nur sekundär zu sein. Die geistige Grundeinstellung Romanos ist auch ganz anders als jene der beiden französischen Autoren.

Der Begriff der Rechtsordnung wird von Romano in Opposition zur normativistischen Auffassung, dergemäß die Rechtsordnung nichts anderes als ein System von Normen ist, entwickelt. Die Rechtsordnung ist ein Ganzes, eine Einheit, doch nicht nur eine Einheit von Normen[52], sondern eine komplexe Ordnung[53], ein organisches Ganzes, das objektiv besteht und das Normen hervorbringt, welche die Bewegung dieses organischen Systems regulieren.

Für Romanos Lehre ist die These von der Identität von Rechtsordnung und Institution wesentlich: „Wenn dem so ist, dann scheint uns der Begriff der ‚Institution' zur genauen Wiedergabe dessen, was das ‚Recht' ist, notwendig und ausreichend zu sein. Recht ist hierbei die Rechtsordnung in ihrer *Gesamtheit* und unter dem Blickwinkel auf ihre Einheit. Jede Rechtsordnung ist Institution, und, umgekehrt, jede Institution ist Rechtsordnung: die Gleichung zwi-

48 *M. Renard,* a. a. O., S. 330ff.

49 *M. Renard,* a. a. O., S. 426.

50 *M. Renard,* a. a. O., S. 49: „le droit n'est pas seulement facteur de *justice* et par conséquent de moralité; il est facteur de *securité*; et c'est l'union de la justice et de la sécurité qui en fait une discipline originale."

51 *M. Renard,* S. 94.

52 Vgl. die Auffassung der Reinen Rechtslehre und anderer analytischer Rechtstheorien. Romano zitiert die einschlägigen Arbeiten von *F. Weyr* (Zum Problem eines einheitlichen Rechtssystems, Archiv für öffentliches Recht XXIII/1908) neben den Arbeiten von Kelsen.

53 Vgl. *S. Romano,* Die Rechtsordnung, hgg. von *R. Schnur,* Berlin 1975, S. 22f., 26, 75.

schen beiden Begriffen ist notwendig und absolut."[54] . . . „Ferner halten wir die Institution nicht für eine Rechtsquelle und somit das Recht nicht für einen Effekt, ein Produkt der Institution; unserer Auffassung nach besteht vielmehr zwischen den Begriffen der Institution und einer als Einheit gesehenen Rechtsordnung vollständige Identität. Zu diesem Ergebnis kann man jedoch nur gelangen, wenn man die herkömmliche Lehre aufgibt, wonach das Recht nur Norm oder ein Komplex von Normen sein könne."[55]

Es gebe – sagt Romano – historische Beispiele, daß es Rechtsordnungen gibt, in denen geschriebene sowie ungeschriebene Normen fehlen. Hier müsse man das Recht in der Gewalt des Richters, der das objektive soziale Bewußtsein ausdrückt, sehen[56]. Dies erscheint mir sehr problematisch, denn was macht den Richter zum Richter? Eine normativ zu verstehende Konstitution, die natürlich nicht geschriebenes Recht, aber institutionalisiertes Recht sein muß. Außerdem zweifle ich daran, ob institutionalisierte Gerichte (Richter) existieren können, ohne daß sich (wenigstens) auch gewohnheitsrechtliche Normen entwickeln. Der Richter wird nicht nur entscheiden, sondern bemüht sich begründend zu entscheiden, d. h. nach normativen Maßstäben, die er gegebenenfalls selbst erzeugt.

Romano legt eine knappe Definition des Institutionsbegriffs vor, den er durch eine Erörterung ergänzt: „Unter Institution verstehen wir jedes konkrete soziale Etwas, jede reale soziale Erscheinung."[57] Die Institution muß objektiv und tatsächlich existieren, „corpo sociale" sein. Sie ist Ausdruck der sozialen Natur des Menschen, und sie dient bestimmten Interessen oder Aufgaben. Die Institution kann ausschließlich aus Personen bestehen oder eine Zusammenfassung materieller sowie unmaterieller, persönlicher oder sachlicher Elemente sein. „Die Institution ist ein geschlossenes Etwas, das für sich selbst, allein, betrachtet werden kann, weil es über eine eigene Individualität verfügt." Es gibt auch „Institutionen von Institutionen"[58]. Institutionen sind „antithetisch", wenn sie vom Standpunkt anderer Institutionen unerlaubt sind. Die Institution ist eine feste, auf Dauer angelegte Einheit, die ihre Identität grundsätzlich auch dann nicht verliert, wenn sie ihre einzelnen Elemente ändert – ihre Mitglieder beispielsweise, ihr Vermögen, ihre Mittel, ihre Ziele, die von ihr Begünstigten, ihre Normen, usw. Sie kann sich auch erneuern und bleibt doch sie selbst, bewahrt ihre eigene Individualität. Und daraus ergibt sich die Möglichkeit, sie als eigenständig zu betrachten und sie nicht etwa mit dem zu identifizieren, woraus sie entsteht."[59]

Da der Autor die Institution mit der Rechtsordnung identifiziert, gelangt er zur Unterscheidung der inneren Ordnung (diese ist identisch mit der betreffenden Institution) und eventuellen Regeln, die für die Institution aufgrund einer anderen (übergeordneten) Ordnung gelten.

54 *S. Romano*, a. a. O., S. 32.
55 *S. Romano*, a. a. O., S. 37.
56 *S. Romano*, a. a. O., S. 27.
57 *S. Romano*, a. a. O., S. 38ff.
58 *S. Romano*, a. a. O., S. 40. Hier scheint der Renardsche Gedanke der Hierarchie (degré) von Institutionen anzuklingen.
59 *S. Romano*, a. a. O., S. 41.

Er widerspricht natürlich der Kelsenschen Auffassung, die Staat und Recht (im Sinne eines Systems von Rechtsnormen) identifiziert. Staat ist Institution. „Die Entstehung des Staates ist kein von rechtlichen Normen geregeltes Verfahren; sie ist, wie man wiederholt gezeigt hat, ein rein tatsächlicher Vorgang."[60] ... „Das Recht kann nicht – entgegen einer verbreiteten Formulierung – die von der sozialen Organisation gesetzte Norm sein, sondern es selbst ist die soziale Organisation, die sich nach außen unter anderem durch Setzen von Normen manifestiert."[61]

In der Theorie der Rechtspersönlichkeit tritt Romano gegen den Dualismus von Personenverbänden und Stiftungen (Sachinstitutionen) auf. „Basis einer juristischen Person ist also mit anderen Worten eine Institution in dem oben entwickelten Sinne. Substrat der Rechtspersönlichkeit sind nicht die beteiligten Personen – dies gilt auch für die Personenverbände –, nicht das zugrundeliegende Vermögen, nicht die Organe oder Ämter oder das verfolgte Ziel, Substrat ist vielmehr stets und ausschließlich die Rechtsordnung, die diese Personen umschlingt, die dem Vermögen eine bestimmte Zwecksetzung verleiht, seine Organe bestimmt und das Ganze auf ein bestimmtes Ziel hin koordiniert. Und wenn wir von Rechtsordnung als Substrat der juristischen Person sprechen, dann beziehen wir uns damit auf ihre ‚innere' Ordnung, nicht auf die Regeln, die von einer höheren, umfassenderen Ordnung, also beispielsweise vom Staat, für juristische Personen aufgestellt sind."[62]

Infolge der Identifikation von Institution und Rechtsordnung gelangt Romano zur These von der Vielfalt der Rechtsordnungen. Die m. E. wichtigen Überlegungen über das Problem der logischen Einheit der Rechtsordnung (sc. im Sinne des Normativismus) finden aufgrund einer solchen Begriffsapparatur keine gute Stütze.

Romano hat auch versucht, eine Typologie der Institutionen vorzulegen[63], die M. Fuchs in folgender Übersicht zusammenfaßt:

„1. originäre – abgeleitete Institutionen
2. Institutionen mit universellen/mit begrenzten Zielen
3. zusammengesetzte – einfache Institutionen
4. vollkommene – unvollkommene Institutionen
5. Institutionen mit/ohne Eigenschaft der Juristischen Person
6. abhängige – unabhängige Institutionen"[64]

Es bleibt hier vieles unklar, und ich glaube nicht, daß diese „Systematik" dazu geeignet ist, die Lehre von den Institutionen weiterzuführen.

Im Rahmen der institutionalistischen Lehren nimmt *Carl Schmitt* (geb. 1888) eine Sonderstellung ein, und zwar aus zwei Gründen: weil er eine interessante Gegenüberstellung von drei grundlegenden juristischen Denkweisen vorgelegt hat, von denen eine der institutionalistischen Konzeption nahesteht, und weil die Frage interessant ist, inwieweit das konkrete Ordnungsdenken, für das er plädiert, wesenhaft und notwendig mit der nazistischen Ideologie und mit

60 *S. Romano,* a. a. O., S. 49.
61 *S. Romano,* a. a. O., S. 50.
62 *S. Romano,* a. a. O., S. 69.
63 *S. Romano,* a. a. O., S. 112ff.
64 *M. Fuchs,* Die Allgemeine Rechtstheorie Santi Romanos, Berlin 1979, S. 67.

nazistischen Rechtskonzeptionen, deren wichtiger Protagonist Schmitt war, verbunden ist.

Im Rahmen dieser Abhandlung werde ich natürlich nur auf Schmitts Beziehung zur institutionalistischen Lehre Haurious und Ramanos eingehen, ohne eine Gesamtinterpretation seiner rechtstheoretischen und politischen Lehren anzustreben.

Die drei Schmittschen juristischen Denktypen sind: der Normativismus, der Dezisionismus und das konkrekte Ordnungsdenken. Schmitt betrachtete Hauriou und Ramano als Vorläufer seiner Konzeption, d.h. der Lehre vom konkreten Ordnungsdenken.

Für den Normativismus ist das Recht ein unpersönliches oder überpersönliches Normensystem. Es soll das Gesetz und nicht die Menschen herrschen[65]. Das juristische Wesen des Normativismus charakterisiert Schmitt in treffender Weise: „Für den reinen Normativisten, der stets auf eine Norm als seine juristische Denkgrundlage zurückgeht, werden König, Führer, Richter, Staat zu bloßen Normen-Funktionen, und der höhere Rang in der Hierarchie dieser Instanzen ist nur Ausfluß der höheren Norm, bis schließlich die höchste oder tiefste Norm, das Gesetz der Gesetze, »die Norm der Normen«, in der reinsten und intensivsten Weise nichts als Norm oder Gesetz wird. *In concreto* ist damit nichts anderes erreicht, als daß die Norm oder das Gesetz politisch-polemisch gegen den König oder Führer ausgespielt wird; das Gesetz zerstört mit dieser ‚Herrschaft des Gesetzes' die konkrete Königs- oder Führer-Ordnung; die Herren der *Lex* unterwerfen den *Rex*. Das ist meistens auch die konkrete politische Absicht eines derartigen normativistischen Ausspielens der *Lex* gegen den *Rex*[66].

Für den Dezisionismus ist Recht und sein Geltungsgrund durch Willensvorgänge souveränen Entscheidens gegeben. „Den letzten Rechtsgrund aller rechtlichen Geltungen und Werte kann man juristisch in einem Willensvorgang, in einer Entscheidung finden, die als Entscheidung überhaupt erst ‚Recht' schafft und deren ‚Rechtskraft' nicht aus der Rechtskraft von Entscheidungs-Regeln abgeleitet werden kann." . . . „Für den Juristen des dezisionistischen Typus ist nicht der Befehl als Befehl, sondern die Autorität oder Souveränität einer letzten *Entscheidung*, die mit dem Befehl gegeben wird, die Quelle allen ‚Rechts', d. h. aller folgenden Normen und Ordnungen."[67]

Die beiden angeführten Denktypen lassen eine Verbindung zu, die im wesentlichen dem juristischen Positivismus des 19. Jahrhundert entspreche. Durch Autorität gesetztes Recht ist die Grundlage der Entscheidungen. „Der Positivist ist kein selbständiger und daher auch kein ewiger Typus rechtswissenschaftlichen Denkens. Er unterwirft sich – dezisionistisch – der *Entscheidung* des jeweilig im Besitz der staatlichen Macht stehenden Gesetzgebers, weil dieser allein die tatsächliche Erzwingbarkeit verschaffen kann; aber er verlangt gleichzeitig, daß diese Entscheidung fest und unverbrüchlich als *Norm* weitergelte, d. h., daß auch der staatliche Gesetzgeber selbst sich dem von ihm aufgestellten Gesetz und dessen Auslegung unterwerfe. Nur dieses Legalitätssystem nennt

65 *C. Schmitt,* Über die drei Arten des rechtswissenschaftlichen Denkens, Hamburg 1934, S. 13f.
66 *C. Schmitt,* a. a. O., S. 15.
67 *C. Schmitt,* a. a. O., S. 25.

er »Rechtsstaat«, obwohl es gerade einen Gesetzesstaat an die Stelle eines »Rechts«staates, und das Interesse der Rechtssicherheit an die Stelle der Gerechtigkeit setzt."[68]

Das konkrete Ordnungsdenken geht davon aus, daß nicht die Norm oder Regel die Ordnung schafft, sondern die Regel nur ein Bestandteil und ein Mittel der Ordnung ist. Es herrscht nicht das Gesetz, sondern Menschen, die Macht ausüben. Der Richter untersteht nicht der Norm, sondern einer konkreten Ordnung, er ist ein Glied eines Ordnungssystems. Der Begriff der Ordnung wird von Schmitt jedoch – so scheint es mir wenigstens – nur negativ und ungenügend erklärt. Er ist unreduzierbar auf ein System von Normen. Die Spitzen der Ordnung, wie der Hüter der Verfassung (Staatspräsidenten[69]), der Führer der Bewegung u. ä., werden durch den Normativismus zu Staatsorganen deklassiert; Inkompatibilitäten werden normativistisch festgelegt, während für Schmitt in der konkreten Ordnung die höchsten Machthaber Machthaber und nicht Organe der normierten Ordnung sind und nicht durch normative Bestimmungen Kompetenzbeschränkungen unterworfen sein können. Den Ordnungsbegriff selbst bestimmt er am ehesten durch ein Zitat aus S. Romanos L'ordinamento giuridici „»Die rechtliche Ordnung (l'ordinamento giuridico) ist ein einheitliches Wesen, eine Entität, die sich teilweise nach Regeln bewegt, vor allem aber selber die Regeln bewegt wie Figuren auf einem Spielbrett; die Regeln stellen daher eher das Objekt oder auch das Mittel der Rechtsordnung und nicht so sehr ein Element ihrer Struktur dar.«"[70]

Die Ordnung wird also von Schmitt wie von Romano und den anderen Vertretern der institutionalistischen Rechtstheorie als Entität an und für sich, die als Realität den normativen Regeln vorgeordnet ist, angesehen.

Diese Konzeption bildet die Basis für die Loslösung der Herrschenden vom Recht und von der normativen Ordnung. Eine Ideologie, die m. E. zwar nicht notwendig zu nazistischen Einstellungen führen muß, aber sehr wohl für solche Konzeptionen und diktatorische Lebensformen Tür und Tor öffnet.

Es muß aber auch darauf hingewiesen werden, daß im Hintergrund der Schmittschen Konzeption sinnvolle Gedanken stehen. Die bestehende Ordnung als tatsächliche gesellschaftliche Konstellation ist ein Rahmen, in dem die Gesetzgebung und jegliche Normschöpfung eingebettet werden muß. Die normative Ordnung – sie liegt m. E. jeder Ordnung zugrunde, wenigstens implizit, wenn auch nicht immer explizit formuliert – ist reicher als die in Gesetzen ausgedrückten normativen Gedanken. Und schließlich gibt es – auch für den Anhänger einer demokratischen Ordnung – Gründungssituationen, wo neues Recht institutionalisiert wird, ohne daß man sich auf vorgegebene Kompetenzrahmen stützen kann.

68 *C. Schmitt,* a. a. O., S. 35.

69 Vgl. *C. Schmitt,* Der Hüter der Verfassung, Tübingen 1931; ferner *W. Mantl,* Hans Kelsen und Carl Schmitt, in: *W. Krawietz, E. Topitsch, P. Koller,* Ideologiekritik und Demokratietheorie bei Hans Kelsen, Rechtstheorie, Beiheft 4, 1982, S. 185–199.

70 *C. Schmitt,* a. a. O., S. 24. Schmitt verweist auf S. 17 von Romanos Buch „L'ordinamento giuridico".

6. *Institutionentheorien in der Soziologie*

Es ist nicht meine Absicht – und in diesem Rahmen auch nicht erforderlich – in extenso über die verschiedenen soziologischen Theorien der Institutionen zu sprechen. In Anbetracht der zentralen Position des Institutionsbegriffs müßte man fast die gesamte Soziologie ins Auge fassen und gegebenenfalls auch Ausführungen analysieren, welche diesen Terminus nicht gebrauchen, aber dennoch von der durch ihn angesprochenen Problematik handeln. Ich beschränke mich darauf, drei wichtige Beiträge deutscher Soziologen zur Institutionentheorie kurz zu charakterisieren[71], weil mir deren Beziehung zum IRP besonders interessant erscheint.

Die soziologischen Theorien der Institutionen haben die Aufgabe, die Struktur und das Funktionieren der gesellschaftlichen Einrichtungen verschiedenster Art zu bestimmen. Diese Aufgabe wird in verschiedener Weise behandelt: aus soziologisch-ganzheitlicher Perspektive, in systemtheoretischer Sicht, vom funktionalistischen Standpunkt aus oder in anthropologischer und verhaltenstheoretischer Perspektive, usw. Uns wird dabei besonders interessieren, wie die Beziehung zwischen gesellschaftlicher Institution und normativen Regulativen konzipiert wird, resp. wie hierbei die Ontologie der Normen aufgefaßt wird und welches Gewicht gesellschaftlichen Normen in der Erklärung der Konstitution und des Funktionierens von Institutionen zugesprochen wird.

Nach *Arnold Gehlen* (1904–1976) übernimmt – grob gesagt – die Institution beim Menschen im wesentlichen die verhaltensdeterminierende Rolle, welche die Instinkte im Tierreich spielen. Der Mensch ist für Gehlen ein nackter Affe, kaum noch geschützt durch seine körperliche Ausstattung und die ererbten Verhaltensmuster. Sein Verhalten wird nur in sehr geringem Maße durch lebenserhaltende Instinkte gelenkt, die im Tierreich die Überlebenschancen des Lebewesens sichern. An Stelle des durch Instinkte gelenkten Verhaltens, das sich in der Entwicklung der Art bewährt hat, tritt beim Menschen eine weitgehende Offenheit und Plastizität des Verhaltens auf. Die Unbestimmtheit des Verhaltens durch Instinkte wird beim Menschen durch Institutionen als Verhaltensdeterminanten kompensiert. „Man kann geradezu sagen, wie die tierischen Gruppen und Symbiosen durch Auslöser und durch Instinktbewegungen zusammengehalten werden, so die menschlichen durch Institutionen und die darin erst sich »feststellenden« quasiautomatischen Gewohnheiten des Denkens, Fühlens, Wertens und Handelns, die allein als institutionell gefaßte sich vereinseitigen, habitualisieren und damit stabilisieren."[72]

Gehlen betrachtet also die Institutionen in handlungstheoretischer Sicht und deutet sie als objektive Konstellationen, die das individuelle und kollektive menschliche Verhalten mitbestimmen[73]. Die Institutionen werden vom

71 Ausführlicheres über die soziologischen Institutionentheorien findet der Leser z. B. bei *H. Schelsky,* Zur soziologischen Theorie der Institutionen, in: *ders.* (Hrsg.), Zur soziologischen Theorie der Institution, Düsseldorf 1973, S. 7–26; ferner in: *ders.,* Die Soziologen und das Recht, Opladen 1980.

72 *A. Gehlen,* Der Mensch. Seine Natur und seine Stellung in der Welt, Bonn 1955, S. 84.

73 Vgl. zum folgenden: *A. Gehlen,* Probleme einer soziologischen Handlungstheorie, in: *ders.,* Studien zur Antropologie und Soziologie: Neuwied – Berlin 1971, S. 196–231.

Menschen geschafffen, weil er als offenes, plastisches und weitgehend von instinktiver Lenkung befreites Wesen hierzu Spielräume zur Verfügung hat und weil er gezwungen ist, die Gemeinschaften zu organisieren und zu stabilisieren.

Wir leben in einer Vielzahl von Institutionen. Jede Institution entwickelt eine gewisse Eigengesetzlichkeit, die für die Beteiligten zu unvorhergesehenen und eventuell nichtintendierten Resultaten führt. Die Institution impliziert nach Gehlen gegenseitig obligatorische Verhaltensweisen. Gehlen hat also die Verbindung zwischen Institution als gesellschaftlicher Struktur, in der auch Autorität und Herrschaft ihren Platz haben, und normativen Regulativen, die mit ihnen verbunden sind, erkannt. Institutionen erzeugen subjektive Handlungsspielräume, man könnte sagen Handlungspotentialitäten, Handlungsschemata, eventuell Vorentscheidungen des Handelns.

Handlungen können nicht immer bloß durch die verfolgten Zwecke rational erklärt werden. Daher sind die Begriffe ‚Zweck' und ‚Motiv' zu trennen. Motive – Gehlen versteht unter einem Motiv offenbar alles, was die Handlung determiniert oder hervorruft – sind nicht nur zweckrationale Bestimmungen, sondern auch andere Momente, wie das Sollen (die Gesinnung) oder verschiedene internalisierte Handlungsschemata[74].

Helmut Schelskys (1912–1984) Auffassung der Institutionen ist nicht nur eine Synthese aus den Lehren von Gehlen, Malinowski und anderen Vertretern einer anthropologischen und funktionalen Erklärung der Institutionen; es scheint mir für Schelsky besonders signifikant zu sein, daß er dem Recht als normativem Ordnungsfaktor in seiner Theorie besonderes Gewicht zuspricht[75]: „*Recht* ist zunächst ein sozialer Mechanismus, mit dem die einzelnen Personen sich in ihrem gegenseitigen sozialen Handeln aneinander orientieren"; daneben hat es die Funktion der Stabilisierung des in der Entwicklung Erreichten und bietet Mittel für geplanten sozialen Wandel.

Ebenso wie Gehlen deutet Schelsky die Beziehung zwischen Individuum und Institution im Handlungskontext, doch faßt er sie anders auf als Gehlen, nämlich als „Kreisprozesse", in denen die Institutionen einerseits Elemente der Steuerung des individuellen Verhaltens sind, und in denen andererseits die handelnden Individuen mit ihren Vorstellungen, Antrieben und Zielen – ich würde sagen mit ihren Motivationssystemen – Institutionen gründen und bestimmen[76].

Schelsky wendet sich dabei gegen die Vorstellung, der Mensch müsse sich von den Institutionen konsumieren lassen; für ihn ist es im Gegenteil ein politisches Postulat, das Individuum, seine Freiheit und seine selbständige Aktivität zu schützen. Schelsky wirft Gehlen vor, er habe selbst die Vorwürfe verschuldet, daß er die Rolle der Institutionen auf Kosten der Position des Subjekts unterstreiche; andererseits hält er es für möglich, daß Gehlen durch seine Institutionentheorie die Rolle der Persönlichkeit des Einzelnen eher unterstreiche als

74 Ich habe in der formal-finalistischen Handlungstheorie den Terminus ‚Motiv' als ‚interpretierten Zweck' definiert, aber neben Motiven (in diesem Sinn) andere fixierte Handlungsdeterminanten in Rechnung gezogen. Vgl. *O. Weinberger,* Studien zur formal-finalistischen Handlungstheorie, Frankfurt/M., Bern, New York 1983. Im Grunde handelt es sich daher eher um eine terminologische als um eine sachliche Meinungsdivergenz.

75 Vgl. hierzu insbesondere: *H. Schelsky,* Die Soziologen und das Recht, in dem gleichnamigen Sammelband, S. 77–146.

76 *H. Schelsky,* a. a. O., S. 77f.

einschränken wollte. Diese zwiespältige Deutung Gehlens zeigen die beiden folgenden Zitate: „Gehlen hat diese Befürchtung [sc. von Habermas, die Subjektivität müsse von der sozialen Institution ihre Aufhebung befürchten, Anm. O. W.] und damit den Subjektivitätsprotest selbst dadurch hervorgerufen, daß er in seinem Begriff der Institution nicht die Wirkungsweise der Person *auf* die Welt der Institutionen bemerkt und aufgewiesen hat: nämlich durch *Rechtssetzung*, also durch Gründung von Institutionen und bewußte, planhafte Veränderung ihrer objektiven Strukturen einerseits, durch Wahren der subjektiven Rechte andererseits, z. B. in rechtsstaatlichen Verfahren. Daß Recht auch Freiheit ist gegen die soziale Wirkung der Institutionen, war für Gehlen ein zu vernachlässigender Gesichtspunkt.“ . . . „Gegenüber dem Recht der Institutionen ist als Widerpart immer noch das Urteil des liberalen amerikanischen Journalisten *Walter Lippmann* anzuführen: Zivilisation und Kultur gedeihen und leben fort in den unzähligen Privatsphären. Ohne diese letzten Reserven aus persönlicher Gewohnheit, Energie und Anpassungsfähigkeit hätten sich die Fehler der großen Menschheitsführer längst als irreparabel erwiesen. Erwägt man, daß *Gehlen* die Persönlichkeit des Einzelnen durch seine Institutionentheorie eher befestigen als demontieren wollte, so halte ich es für durchaus möglich, daß er diesem Urteil Lippmanns praktisch voll zugestimmt hätte.“[77]

Im ganzen kann man Schelskys Institutionentheorie in folgenden Punkten zusammenfassen:

(a) Sowohl das Leben des Individuums als auch das Wesen der Institutionen ist unter dem Gesichtspunkt zu betrachten, daß beide handlungsfähig sind und daß ihr Verhalten nur als Wechselbeziehung „Handlungsmotivation des Einzelnen als institutionenbestimmender Faktor / Institutionelle Steuerung des Subjekts“ verstanden werden kann.

(b) Die Institutionen gründen sich auf Ideen und werden durch solche ideelle Leitbilder, die Malinowski ‚Charter‘ und Hauriou ‚idée directrice‘ genannt haben, gesteuert. Man kann und muß Institutionen von den sie leitenden und beherrschenden *Ideen* her ebenso erklären wie von der *Bedürfnisstruktur* des Menschen oder von ihrer sozialen *Organisationsgesetzlichkeit*.

(c) Die Institutionen haben einerseits Stabilitätseigenschaften, anderseits unterliegen sie einem sozialen Wandel. *Sozialer Wandel* besteht also institutionstheoretisch darin, daß die *Institutionen jeweils höchsten Grades* (übrigens auch weiterhin die anderen) *neue Bedürfnisse produzieren, die ihre institutionelle Erfüllung verlangen und damit immer neue Institutionen und damit wiederum neue Bedürfnisse aus sich hervortreiben.* Außerdem kommt hier das Bedürfnis der kritischen Selbstreflexion des Menschen zur Geltung. Es kann also von einem Funktionswandel der Institutionen gesprochen werden.

(d) Der charakteristischeste Zug von Schelskys Institutionentheorie ist die Rolle, die bei ihm das Recht in bezug auf das Dasein der Individuen und der Institutionen spielt. Für Schelsky ist das Recht nicht nur Gegenstand einer speziellen Disziplin, der Rechtssoziologie, sondern eine soziale Erscheinung,

77 *H. Schelsky*, a. a. O., S. 82f. M. E. hat zwar Gehlen nicht näher über die Einwirkung des Einzelnen auf die Institutionen gesprochen, doch kann ich bei ihm – zum Unterschied von anderen Soziologen – kaum Tendenzen finden, das Individuum in den Institutionen aufgehen zu lassen.

die auch in der allgemeinen Soziologie berücksichtigt werden muß. Die gegenwärtige soziologische Theorie könne – meint Schelsky – ihre Einseitigkeit nur verlieren, wenn sie die Bedeutung des Rechts für die Strukturgesetze der Gesellschaft angemessener erkennt, als dies heute der Fall ist[78]. Die Soziologie muß das Recht als Element der Konstitution von Institutionen auffassen. Und schließlich ist das Recht für Schelsky nicht nur ein Instrument der sozialen Kontrolle und Konfliktlösung, sondern auch – und vor allem in der heutigen politischen Situation – die Basis und ein Garant der menschlichen Freiheit. Es geht ihm um die Betonung des freien Willens und der Selbständigkeit der Person im Rahmen des Rechts. Schelskys Lehre ist nicht nur Theorie, sondern eine politisch-postulierende Auffassung. „*Recht* verbindet nicht nur ererbte Stabilität mit dauerndem sozialen Wandel, nicht nur die persönlichen Freiheitsrechte mit den Bindungen an gesellschaftlich auferlegten Pflichten, sondern es ist in dieser institutionellen Spannung zwischen subjektiver Freiheit und sozialem Sachzwang der einzige politische Mechanismus, der zwischen unaufhebbarer Fremdbestimmung und immer erstrebter Selbstbestimmung der einzelnen Person politisch und sozial vermitteln kann. Indem ich dem Recht gehorche, anerkenne ich den Willen der älteren und vergangenen Generation; indem ich es neu gestalte, bestimme ich die zukünftigen Verhaltensweisen der Nachkommenden, die sich wiederum damit als verbindlichen Bestand ihrer Vergangenheit auseinandersetzen müssen. Rechtsetzung als Gegenwartsaufgabe schafft die – der biologischen Kontinuität gleichenden – überzeitliche Fortdauer des subjektiven und sozialen Lebenswillens der Generationen. So scheint mir im Recht jene »Praxis« begründet zu sein, die subjektive Freiheit und Selbständigkeit mit sozialen Sachzwängen, die Person und Institution versöhnt."[79]

(e) Mit wenig Sympathien begegnet Schelsky daher der Luhmannschen systemtheoretischen Lehre, die sich in Formalcharakteristiken wie Steigerung und Reduktion von Komplexität, Entscheidung, Selektion, Informationsverarbeitung erschöpft: „In der Systemkategorie Luhmanns werden alle Katzen funktional grau."[80]

(f) Schelsky stellt die drei personalen Leitideen des Rechts – Gegenseitigkeit auf Dauer, Gleichheit bei Verschiedenheit und Integrität und Autonomie der Person gegenüber der Organisation – in den Mittelpunkt seiner Konzeption des Rechts. Eine Auffassung, die gleichzeitig das soziologische Wesen des Rechts inhaltlich bestimmt, seine Einstellung zu den Institutionen als vom Recht abhängigen gesellschaftlichen Elementen charakterisiert und sein System politischer Postulate ausdrückt.

Bei *Niklas Luhmann* (geb. 1927) tritt an Stelle einer Theorie der Insitutionen die Theorie der sozialen Systeme und in ihrem Rahmen das Problem der Institutionalisierung[81]. In seiner Fragestellung dominiert der Systemgedanke

78 *H. Schelsky,* a. a. O., S. 95.

79 *H. Schelsky,* Soziologie – wie ich sie verstehe –, in: *ders.* (Hrsg.), Die Soziologen und das Recht, a. a. O., S. 26f.

80 *H. Schelsky,* Die Soziologen und das Recht, S. 93.

81 *N. Luhmann,* Institutionalisierung – Funktion und Mechanismus im sozialen System der Gesellschaft, in: *H. Schelsky,* Zur Theorie der Institutionen, Düsseldorf 1973, S. 28: „Wir werden im folgenden davon ausgehen, daß nicht der Begriff der Institution, sondern der Begriff des sozialen Systems den Gegenstandsbereich der Soziologie definiert."; siehe auch S. 36f.

und die Funktionen und Mechanismen der Systembildung sowie jene Momente, die für die Gestaltung der Systeme und das Verhalten der Subjekte in den Systemen entscheidend sind: Komplexität, Kontingenz, Selektivität usw. Diese Begriffe werden als Bestimmungsstücke von Handlungskontexten behandelt, jedoch anders als in den meisten Institutionentheorien, welche die Institutionen als Bausteine der sozialen Realtiät sowie als sinnvolle Schöpfungen der Menschen und als das ansehen, was den einzelnen Handelnden mit Gemeinschaften und institutionellen Körperschaften verbindet. Luhmann befaßt sich – wegen seiner anderen Betrachtungsweise – nicht mit der systematischen Analyse der Institutionen oder ihrer allgemeineren Typologie, sondern definiert diesen Begriff nur ungefähr mit einer soziologischen Partialcharakteristik: „Dieser Begriff [der Institution, Anm. O. W.] bezeichnet in der Soziologie nicht einfach einen Normenkomplex, sondern einen Komplex faktischer Verhaltenserwartungen, die im Zusammenhang einer sozialen Rolle aktuell werden und durchwegs auf sozialen Konsens rechnen können."[82] Hier sowie an vielen anderen Stellen, insbesondere in seiner Rechtssoziologie[83], analysiert er das Problem der Institution als Systembeschreibung unter Berücksichtigung der Verhaltenserwartungen der Subjekte und der sozialen Übereinstimmung.

Mit Recht zweifelt er daran, daß Institutionalisierung vor allem durch Konsens über Werte und Verhaltensmuster getragen wird. Zugespitzt, aber treffend, sagt er „Institutionalisierung dient dazu, Konsens erfolgreich zu überschätzen."[84]

Institutionsalisierung ist Festigung der Erwartungen, deren Anonymisierung, Generalisierung sowie Erwartungserwartung. Mit der Institutionalisierung ist auch das Problem der Normen verknüpft, nicht in der Weise, wie es die Normativisten aller Prägungen verstehen, nämlich als Internalisierung und gesellschaftliches Wirken normativer Regelsysteme, sondern als besondere Art der Erwartungsgestaltung. Dies folgt aus Luhmanns – mir sehr befremdlich erscheinenden – Definition des Normbegriffs, die sich auf die Unterscheidung kognitiver und normativer Erwartungen stützt.

„Kognitive Erwartungen sind mithin durch eine nicht notwendig bewußte Lernbereitschaft ausgezeichnet, normative Erwartungen dagegen durch die Entschlossenheit, aus Enttäuschungen nicht zu lernen. Der Enttäuschungsfall wird als möglich vorausgesehen – man weiß sich in einer komplexen und kontingenten Welt, in der andere unerwartet handeln können –, wird aber im voraus als für das Erwarten irrelevant angesehen." . . . „Normen sind demnach *kontrafaktisch stabilisierte Verhaltenserwartungen*. Ihr Sinn impliziert Unbedingtheit der Geltung insofern, als die Geltung als unabhängig von der faktischen Erfüllung oder Nichterfüllung der Norm erlebt und so auch institutionalisiert wird. Das Symbol des »Sollens« drückt in erster Linie die Erwartung solcher kontrafaktischer Geltung aus, ohne diese Erwartungsqualität selbst zur Diskussion zu stellen; darin liegt der Sinn und die Funktion des »Sollens«.

82 *N. Luhmann,* Grundrechte als Institution, Berlin 1965, S. 12f.
83 *N. Luhmann,* Rechtssoziologie, 2 Bd., Hamburg 1972.
84 *N. Luhmann,* Institutionalisierung – Funktion und Mechanismus im sozialen System der Gesellschaft, in: *H. Schelsky* (Hrsg.), Zur Theorie der Institution, S. 30.

Obwohl kontrafaktisch ausgerichtet, ist der Sinn des Sollens nicht weniger faktisch als der Sinn des Seins. Faktisch ist alles Erwarten, seine Erfüllung ebenso wie seine Nichterfüllung. Das Faktische umfaßt das Normative. Die übliche Entgegensetzung von Faktischem und Normativem sollte deshalb aufgegeben werden."[85]

Das Wesentliche des Normativen wird aufgrund von adaptierten Begriffen der behavioristischen Lernpsychologie in eine problematische Art der Erwartung umgedeutet.

Die Beziehung zwischen Norm und Erwartung ist sehr komplex. Es kann doch eine Norm bestehen (z. B. in der Ehe nie untreu zu sein) und dennoch kann ein Psychologe und Soziologe erwarten, daß das menschliche Verhalten dem nicht entspricht. Die lerntheoretische Zutrittsweise ist eine Überlegung, die das Feld der eigentlichen normativen Problematik gar nicht trifft. Ist es nicht widersinnig – wenn man überhaupt vom Standpunkt des Lernens ausgeht – entschlossen zu sein, aus Erfahrung nicht zu lernen?

Wenn man Sollen bloß als besonderen Typus des Erwartens ansieht, ist es nicht überraschend, daß man Faktisches (ich würde sagen: empirisch Beobachtbares) vom Normativen nicht als wesensverschieden trennt.

7. *Der Institutionalistische Rechtspositivismus in Gegenüberstellung zu den juristischen und soziologischen Institutionentheorien*

Bedeutet der IRP eine modifizierte Fortsetzung der juristischen und soziologischen Institutionentheorien, ist er ein Eklektizismus aus den verschiedenen Theorien über das Wesen der Institutionen, oder steht er in krassem Gegensatz zu diesen Theorien? Er ist jedenfalls – dies kann ich autobiographisch sagen – nicht als Fortsetzung irgendeiner der bekannten Institutionentheorien oder als eklektische Verarbeitung dieser Theorien entstanden.

Die Abtrennung der Normsätze (bzw. praktischen Sätze) von den Aussagesätzen in der Semantik führte mich als Rechtstheoretiker zur Frage nach dem realen Dasein von Normen, und die Beantwortung dieser Frage basierte auf dem Begriff der institutionellen Tatsache. Das reale – psychische und soziale – Dasein von Normen sowie die institutionelle Wirklichkeit, mit der wir in unserer Lebenspraxis auf Schritt und Tritt konfrontiert sind, mußten gemeinsam in handlungstheoretischer Perspektive betrachtet werden, denn gerade die Eigenart des Handlungsbegriffes – der durch die beiden Elemente ‚Verhaltenstrajektorie' und ‚Lenkung durch Information' konstituiert wird –, bietet wohl die einzige adäquate Grundlage für eine solche Theorie.

Ich möchte nun zeigen, daß die Institutionentheorien zwar gewisse Aspekte der Institutionen und ihrer Rolle im Bereich des individuellen und sozialen Handelns erfassen, doch andererseits daran scheitern, daß sie die semantischen und ontologischen Grundprobleme nicht klargestellt haben. Die Analyse dieser Probleme, die ich nun durchführen möchte, stellt gleichzeitig eine Gegenüberstellung des IRP mit den anderen Institutionentheorien dar.

Den Kern der Meinungsdivergenz zwischen dem IRP und den traditionellen institutionalistischen Rechtstheorien ist der Normativismus auf der einen und

85 *N. Luhmann,* Rechtssoziologie, S. 43.

der Antinormativismus auf der anderen Seite. Es scheint daher nötig, die Quellen und Gründe des Antinormativismus zu untersuchen.

Der Normativismus der analytischen rechtsphilosophischen Schulen fußte auf der Hume-Kant-Poincaréschen Erkenntnis der semantischen und logischen Eigenart der Sollsätze gegenüber rein deskriptiven Sätzen. Von den – ich möchte sagen: reinen – Normativisten wurden die Normen als Idealentitäten sui generis aufgefaßt[86]. Die realistische Opposition gegen den Normativismus stützte sich einerseits auf neopositivistische Zweifel an der Sinnhaftigkeit von Normen, die vom Standpunkt einer Verifikationstheorie des Sinns aufkommen mußten (A. Hägerström), andererseits erkannte sie, daß die Geltung der Norm mit soziologisch beobachtbarem Verhalten von Menschen und mit dem Bestehen von Einrichtungen gekoppelt ist.

Berechtigterweise behaupteten die institutionalistischen Rechtstheoretiker, daß gewisse soziale Gegebenheiten – nämlich Kollektivpersonen, gesellschaftliche Einrichtungen – objektiv bestehen, d. h. soziale Tatsachen an und für sich sind. Sie erkannten, daß diese Institutionen in irgendeiner Weise mit Rechtsnormen zusammenhängen, meinten aber, daß sie als gesellschaftliche Realitäten nicht durch Normen geschaffen sein können, sondern im Gegenteil, daß die Rechtsnormen als Instrumente des Funktionierens der Institutionen durch diese generiert werden. Diese Konzeptionen werden zwar von den institutionalistischen Rechtstheoretikern nicht immer in dieser Formulierung ausgedrückt. Romano z.B. identifiziert die Rechtsordnung mit der Institution und sieht die Normen als Ausfluß der Rechtsordnung (= Institution) an.

Zum Antinormativismus, demgemäß das Recht nicht bloß ein Komplex von Normen ist, sondern ein Produkt der Institutionen, führt auch die Erkenntnis, daß das System der in Gesetzen und anderen Vorschriften explizit formulierten Regeln nicht das gesamte Recht darstellt. Und schließlich ist es die Überzeugung, daß die strukturierte Macht, die auf einem ideellen Hintergrund vom Typus der idée directrice aufgebaut ist und dieser Idee dient, die Quelle des Rechts und der gesellschaftlichen Organisation ist.

Ganz anders behandelt der IRP diese Problemsituation, wobei er nur gewisse Einzelthesen der traditionellen institutionalistischen Rechtslehrer akzeptiert, nicht aber die grundlegende Position und die Gesamtdeutung.

Es gibt – nach Auffassung des IRP – keine Institution als gesellschaftliche Realität unabhängig von praktischen Informationen; implizite oder explizit formulierte praktische Informationen kommen bei der Konstitution von Institutionen notwendigerweise zur Geltung. Die Frage, ob das Recht die Institutionen, oder aber die Institutionen das Recht schaffen, ist irreführend. Als Realität besteht nie eine gesellschaftliche Institution ohne ein entsprechendes Normensystem und nie ein solches Normensystem ohne entsprechende Institution[87]. Eine Gemeinschaft, eine Kollektivperson oder eine gesellschaftliche Einrichtung ist als Gegenstand der sozialen Welt nur dann existent, wenn sie als Element

86 Zur institutionalistischen Normenontologie neigende Konzeptionen finden wir eigentlich erst bei Hart. Vgl. *H. L. A. Hart,* The Concept of Law, Oxford 1961.

87 Ein Normgedanke kann zwar erfaßt und verstanden werden, unabhängig davon, ob die entsprechende Norm institutionalisiertes Dasein hat; aber geltende Normen können als solche nur in Relation zu Institutionen und nur aufgrund der Erkenntnis ihres institutionellen Daseins erkannt werden.

von Handlungszusammenhängen besteht, d. h. Verhaltensregularität und Sollens-(Dürfen-, Können-)Regeln mitumfaßt. Institutionen sind nicht nur tatsächliche Verhaltensweisen und Regelmäßigkeiten des Verhaltens, sondern sie umfassen immer auch normative und wertende Stellungnahmen zu möglichen Verhaltensalternativen; m. a. W.: sie umfassen Sollens- und Wertungsregeln. Sie sind Elemente des Handlungskontextes und daher mit stellungnehmenden (praktischen) Informationen verbunden.

Dabei ist folgendes zur näheren Erklärung hinzuzufügen: Die praktischen Informationen, von denen im Zusammenhang mit der Konstitution und dem Funktionieren von Institutionen die Rede war, müssen natürlich nicht explizit formulierte Normsätze, Zielpostulate oder Präferenzen sein. Regeln können institutionalisiert sein, man richtet sich nach ihnen mit der Überzeugung, dies sei das gesollte (richtige) Verhalten und Handeln, ohne daß man diese Regeln immer explizit anzugeben weiß. Dennoch sind sie notwendigerweise institutionalisierte Elemente der sozialen Realität des betreffenden Bereichs[88], und die vollständige rational-rekonstruktive Beschreibung der Institution muß sie anführen. Es entwickeln sich im modernen Rechtsleben spezialisierte Organe der Rechtserzeugung: Organe der Rechtsprechung, die oft indirekt auch generelle normative Regeln ins Leben rufen, sowie Organe der Gesetzgebung. Das institutionelle Bestehen von normativen Regulativen beginnt aber sicherlich nicht mit der Herausbildung solcher spezialisierter Organe.

Es gibt ein Substrat (sozusagen: Träger- und Funktionselemente) der Institution, und diese Elemente erfüllen als Bestandteile der Institution bestimmte Rollen. Es kommt den Elementen ein gewisser institutioneller Status zu; und es entsteht ein Geflecht von Strukturen, das aus den Elementen und den festgesetzten Relationen besteht. Das personale und sachliche Substrat bildet zusammen mit den festgelegten Relationen eine Ordnung. Die Ordnung ist aber nicht etwas, was ontisch bestehen könnte unabhängig von Regeln, die Relationen, Ziele, Verhaltensprogramme sowie Handlungsspielräume der beteiligten Akteure und ein gewisses Sollen bestimmen.

Die ontische Verwobenheit von Ordnung und praktischer Information zeigt sich auch bei Betrachtungen über Macht und Herrschaft. Macht des Individuums ist nicht bloß – de facto nicht einmal in erster Linie – eine Funktion seiner körperlichen oder geistigen Kraft, sondern ein gewisser Status, der durch Regeln und institutionelle Beziehungen zustande kommt. Herrschaft als Machtausübung in der Gesellschaft ist also vor allem eine institutionalisierte Konstellation, die durch das Netz von normativen, funktional-faktischen und ideellen (ggf. ideologischen) Faktoren bestimmt wird.

Haurious These, daß Institutionen durch Leitgedanken und Aufgabenbestimmungen gelenkt werden, halte ich für eine wichtige soziologische Erkenntnis, doch möchte ich diesen Ideen und Programmvorstellungen den mystischen

88 Belehrend ist hier der Vergleich mit der Sprache (z. B. einer gewissen Umgangssprache). Die Regeln der Sprache müssen keineswegs explizit formuliert sein; zweifellos bestehen sie aber und sind conditiones sine qua non der Sprache und der Möglichkeit, Sprache in der gesellschaftlichen Praxis zu verwenden. Vgl. hierzu auch die analogen Behauptungen Wittgensteins bezüglich der Sprachregeln in: *L. Wittgenstein,* Philosophische Untersuchungen, Oxford 1953.

Charakter nehmen, den sie bei diesem französischen Rechtsgelehrten haben. Die soziale Realität ist nicht nur ein System personaler und sachlich-materialer Beziehungen, sie ist auch geistige Konstruktion, denn soziales Dasein ist Existenz im Handlungskontext und dem Menschen bzw. menschlichen Gemeinschaften stehen Handlungsspielräume und Organisationsmöglichkeiten mit vielen Freiheitsgraden zur Verfügung.

An dieser Stelle möchte ich auch zur Schmittschen Gegenüberstellung ‚Herrschaft des Menschen' und ‚Herrschaft des Rechts' Stellung nehmen. Diese Alternative gibt es nicht. Es gibt keine von den Menschen losgelöste Herrschaft des Rechts, sondern nur rechtlich geordnete und mehr oder weniger rechtlich kontrollierte Herrschaft von Menschen – und um diese Kontrolle geht es den Demokraten – und es gibt in der politischen Realität keine Herrschaft von Menschen, außer aufgrund von gesellschaftlichen Konstellationen und Normen, die die Macht des Einzelnen und Herrschaftsstrukturen in der Gesellschaft konstituieren.

Natürlich kann man, wenn man die Macht vergöttert und die Identifikation mit dem Führer als das höchste der Gefühle und der Moral ansieht und – wie damit meist verbunden – Herrschaft über andere Völker anstrebt – Gefolgschaftssysteme normieren und etablieren. Doch auch diese Strukturen sind normative Konstruktionen.

Für den IRP als Normativismus, der Normen als Elemente der institutionellen Realität ansieht, stehen nicht drei juristische Denktypen einander gegenüber, sondern die normative Betrachtung, die Ebene der Betrachtung des juristischen Entscheidens und die Betrachtung der institutionellen Ordnung stellen verschiedene Aspekte der Rechtserkenntnis dar. Für mich ist die Ordnung aber nicht Selbstzweck, Identifikation mit der Gemeinschaft nicht Führergefolgschaft, die den Zweck der Herrschaft über Fremde und eine Festigung der Freund-Feind-Konstellation anstrebt[89]. Die Macht des Einzelnen ist nicht das Ziel der politischen Organisation, sondern ein Moment, das zur Durchführung der Aufgaben, die ihm in der Gesellschaft zukommen, erforderlich ist. Deswegen fordere ich Kompetenzbestimmungen der Organe, Kontrollen und zweckmäßige Inkompatibilitätsnormen, was C. Schmitt als Beschränkung der Führermacht ablehnt. Normative Bindung ist für eine gemeinschaftliche Organisation wesentlich, außer man wünscht – wie C. Schmitt – eine Gefolgschaftsidentifikation im Inneren – ohne Rechtsschutz und Freiheit der Person – als Voraussetzung des Krieges nach außen.

Die Theorien von Gehlen, Schelsky und Luhmann stehen meiner Betrachtungsweise darin nahe, daß sie von handlungstheoretischen Überlegungen aus-

89 Vgl. Schmitts Theorie des Politischen, die durch die Idee der Freund-Feind-Unterscheidung als dem grundlegenden Inhalt des Politischen ausgeht, in: *C. Schmitt,* Der Begriff des Politischen (1932[1]), Berlin 1963. Daß Politik auch kooperative Strukturen, Interessenausgleich und Friedenskonstellationen als Lebensformen schaffen sollte, erscheint Schmitt nicht wesentlich. M. E. betrifft das Politische beides: Freund-Feind-Strukturen und -Strategien ebenso wie kooperative Bemühungen und den Aufbau von Friedensstrukturen. Ich persönlich gebe der Friedenskonstruktion den Vorrang und beurteile Freund-Feind-Überlegungen vom Gesichtspunkt der friedlichen und kooperativen Zielsetzungen.

gehen und das Problem der Institutionen bzw. der Institutionalisierung als Relation zwischen individuellem und sozialem Handeln auffassen.

Es scheint mir, daß die soziologischen Theorien von Gehlen und Schelsky weitgehend zu den Thesen und Konzeptionen des IRP komplementär sind, d. h. sie betrachten die Problematik der Institutionen von anderen Gesichtspunkten aus als der IRP, doch mit Ergebnissen, die mit der Normenontologie und rechtstheoretischen Auffassungen des IRP nicht in Konflikt stehen.

Es scheint mir die These, daß Institutionen an die Stelle der instinktiven Verhaltenslenkung treten, ergänzungsbedürftig durch eine Theorie der Stuktursysteme praktischer Informationen, die den Rahmen der Institutionen bilden.

Der IRP kann aufgrund der formal-finalistischen Handlungstheorie und der von ihm vertretenen Normenontologie eine Basis für solche Untersuchungen anbieten.

Dem Soziologen zeigen sich Situationen, in denen Rollen und Pflichten entstehen; der analytische Normentheoretiker sieht aber vor allem die gedanklichen Strukturen und Operationen, die hier Platz greifen und widmet sich ihrer Analyse. Ich betrachte die soziologische Untersuchung und die normologische Analyse als ineinandergreifende Problemkreise.

Die Strukturtheorie der Handlung ist dazu berufen, eine gemeinsame Ausgangsbasis für beide Bereiche, die Rechtstheorie und die Soziologie, zu liefern. Die soziologische Erklärung der Institutionalisierungsphänomene wird so zum Bestandteil der juristischen Erklärung des Daseins und Funktionierens des Rechts, und die Analyse der normativen Prozesse muß zu einem Element der soziologischen Explikation der Institutionen werden.

Schelsky kommt der Betrachtungsweise des IRP in zwei Momenten noch näher als Gehlen:

1. Schelsky widmet der Wechselbeziehung zwischen Wollen und Handeln des Individuums und der Konstitution und dem Wirken von Institutionen ausdrückliche Beachtung. Der IRP möchte hier noch weitergehen und die entsprechenden Argumentationsstrukturen im einzelnen studieren und sie nicht nur als Kreisprozesse charakterisieren.

2. Schelsky betrachtet das Recht als konstitutiven Bestandteil, der in jeder soziologischen Betrachtung berücksichtigt werden muß. Dies ist mit der ontologischen Konzeption des IRP nahe verwandt; Schelsky sieht das rechtlich Normative als reale Konstituente der Institutionen und aller sozialen Phänomene an. Der IRP zieht es allerdings vor, seine These über die innere Wesensbeziehung zwischen Institutionen und sozialen Phänomenen auf der einen Seite und normativen Regelsystemen allgemeiner zu formulieren, indem er auf den konstituierenden und strukturierenden Anteil der praktischen Informationen in der Welt der Institutionen hinweist. Es muß also nach Auffassung des IRP nicht immer das Rechtssystem das entscheidende Moment der Regelung von Institutionen sein, andere normative Regeln können ebenso eine Basis von Institutionen bilden. Diese allgemeinere Sicht des IRP bedeutet einen impliziten Hinweis, auch die Relationen zwischen verschiedenen Systemen praktischer Informationen ins Auge zu fassen, die gegebenenfalls gleichzeitig für das Funktionieren der Institutionen relevant werden (z. B. das Recht und das Ethos des Richters in der Rechtspflege).

Gehlen und Schelsky haben zwar keine Ontologie, Semantik und Logik der Normen bzw. des Rechts ausgearbeitet, es scheint mir aber, daß ihre Lehren mit den diesbezüglichen Auffassungen des IRP im wesentlichen kompatibel sind. Analoges gilt jedoch offenbar nicht von der Lehre Luhmanns. Er bemüht sich, Normen durch rein deskriptive Begriffe zu explizieren, was ihn auch zur Leugnung der semantischen Zäsur zwischen Sein und Sollen führt. In dieser Beziehung ist seine Auffassung mit dem IRP nicht verträglich, und meine Explikation der Institutionen mit der Kernthese von der Verbindung von personalem und sachlichem Substrat auf der einen Seite mit dem praktischen Informationssystem in den Institutionen auf der anderen, steht in einer gewissen Opposition zur Luhmannschen Lehre. Seine systemtheoretischen Betrachtungen sind aber, soweit sie die Entstehung und die Funktion des Zusammenspiels des Handelns von Individuen und komplexen Systemen betreffen, auch für den IRP durchaus interessant. Schlagwortartig könnte ich sagen: der systemtheoretische Zutritt wird mit dem IRP kompatibel und erscheint ihm nützlich, sobald die systemtheoretische Analyse, die für den gesamten Handlungskontext wesentliche semantische Differenzierung von beschreibenden und praktischen Informationen in ihr Lehrgebäude aufnimmt.

8. *Der institutionalistische Normativismus und die Soziologie*

Ich möchte meine Analysen über die Beziehungen zwischen dem IRP und die Institutionentheorie in der Jurisprudenz und Soziologie mit einer sehr allgemeinen These über die Abhängigkeit der gesamten Soziologie von den Grundthesen des institutionalistischen Normativismus beenden.

Zweifellos sind gewisse Elemente der institutionalistischen Normenontologie bereits feste Bestandteile verschiedener soziologischer Theorien, z. B. die These von der Handlungsrelativität der soziologischen Betrachtungen, die These, daß das individuelle und gemeinschaftliche Handeln in einem unauflöslichen Zusammenhang stehen, oder daß das Verhältnis der Menschen und gesellschaftlichen Körperschaften von institutionalisierten Regelsystemen abhängt, ebenso wie die Tatsache, daß die Existenz von Sinngebilden und deren psychologische und soziologische Funktionen auf institutionalisierten Regelsystemen beruhen.

Meine aus der institutionalistischen Normenontologie abgeleiteten Postulate für die soziologische Theorie gehen wesentlich weiter; ich möchte sie in folgenden Thesen ausdrücken:

(i) Die soziologischen Fragestellungen beziehen sich immer – direkt oder indirekt – auf Handlungskontexte. Es mag wohl der Anschein bestehen, daß gewisse Fragen den Charakter rein statistisch-behavioristischer Beschreibungen haben (wie z. B. eine Kriminalstatistik), doch liegt m. E. der Sinn und die Funktionalität dieser Forschungen, wenn nicht auch die Methode der Analyse und der Phänomenexplikation, wenigstens indirekt im Feld des Handelns.[90]

90 Dies im einzelnen zu zeigen, würde natürlich den Rahmen dieser Abhandlung überschreiten.

Es muß von einer Handlungstheorie ausgegangen werden, die folgende Thesen berücksichtigt[91]:

(a) Handeln muß als informationsabhängiges Verhalten verstanden werden, und zwar als zweckbestimmt im Feld von Handlungsspielräumen.

(b) Handlungssysteme bestimmen das Handeln des Subjekts aufgrund von zweierlei Determinanten, (i) aufgrund von finalistischen Utilitätsanalysen und (ii) aufgrund von fixierten Handlungsprogrammen, fixierten Absichten, autonomen oder heteronomen Normen u. ä., wobei zwischen beiden Arten von Determinanten verschiedene, und oft komplizierte, Zusammenhänge bestehen.

(c) Die Handlungen und die Handlungsprinzipien (Verhaltensregeln) des Einzelnen sind – wenigstens teilweise – gesellschaftlich orientiert; das Individuum handelt sua sponte als Zoon politikon, und der Inhalt seiner Zwecke und Grundsätze ist oft ein Ergebnis der Internalisierung gesellschaftlicher Normen und Maßstäbe aufgrund von Nachahmung und Erziehung.

(d) Es gibt Gemeinschaftshandlungen verschiedener Struktur (diese zu modellieren ist eine vorrangige Aufgabe der Soziologie), die im wesentlichen den Individualhandlungen formal analog sind. Voraussetzung für die Möglichkeit den Begriff der Kollektivhandlungen einzuführen und Organe als Vollzieher der Handlungen von Kollektivakten zu verstehen, ist eine formalistische Handlungstheorie. Nur wenn das Handeln als rationalisierbarer Informationsverarbeitungsprozeß konzipiert wird, kann ein Subjekt in Organfunktion nach Maßgabe der Zwecke des Kollektivs – also nach fremden Zwecken – handeln.

(ii) Die Soziologie darf sich nicht auf die Beschreibung von Verhaltensabläufen und deren statistische Regelmäßigkeiten beschränken. Die Berücksichtigung des Handlungskontextes, der die Notwendigkeit, praktische Informationen (Normen, Werte, Zwecke) ins Auge zu fassen, impliziert, die Aufgabe, gesellschaftliches Geschehen zu verstehen, sowie die Analyse von sprachlicher und anderer symbolischer Kommunikation als determinierender Elemente des gesellschaftlichen Geschehens, deuten klar darauf hin, daß die Soziologie mit Beschreibungen in einer reinen deskriptiven Sprache nicht auskommen kann.

(iii) In diesem Sinne gehört die Soziologie zum Bereich der praktischen (handlungsbezogenen) Disziplinen. Sie bedarf eines sprachlichen Instrumentariums, das mit der Dualität theoretischer (rein beschreibender) und praktischer Informationen (Sätze, Begriffe) arbeitet[92]. Sie bedarf – wie jede praktische Disziplin – einer gnoseologisch differenzierten Semantik.

(iv) Das Problem der Institutionen – als Ort des Zusammentreffens von Individuum und Gemeinschaft – sowie die Prozesse der Institutionalisierung sind zentrale Fragen jeder Soziologie. Institutionalisierung darf aber dabei nicht als bloße Gewohnheit und statistische Regelmäßigkeit aufgefaßt werden,

91 Vgl. *O. Weinberger,* Studien zur formal-finalistischen Handlungstheorie, Frankfurt/M., Bern, New York 1983; *ders.,* Eine Semantik für die praktische Philosophie, Grazer Philosophische Studien 20/1983, S. 219–239; *ders.*, Freedom, Range for Action, and the Ontology of Norms, Law and Philosophy, in Druck.

92 Vgl. meine Darlegungen in den in FN 91 angeführten Arbeiten, ferner in: *O. Weinberger,* Tatsachen und Tatsachenbeschreibungen. Eine logisch-methodologische Überlegung zu einem Grundlagenproblem der Sozialwissenschaft, in: *Kurt Salamun* (Hrsg.), Sozialphilosophie als Aufklärung, FS für Ernst Topitsch, Tübingen 1979, S. 173–187.

sondern es muß klar hervorgehoben werden, daß Institutionalisierung wesenhaft mit Soll-, Wert- und Ziel-Komponenten zu tun hat. Soziologie hat nicht nur über beobachtbares Verhalten, sondern auch über damit verbundene praktische Einstellungen zu berichten. In der Dynamik der Institutionalisierung ist das Zusammenspiel von rationaler Argumentation und gesellschaftlichen Interessen zu beachten. Für den Prozeß der Institutionalisierung, die einer relativen Konstanz zustrebt, die aber auch der Entwicklung und Transformation unterliegt, ist das Zusammenwirken von Individuum (seinen Einstellungen, Ideen und Programmen) und Gemeinschaften als Trägern der Institutionalisierung essentiell.

(v) Die verhandlungstheoretische Zutrittsweise führt im Bereich der soziologischen Problematik, wo es vor allem um Beziehungen zwischen dem Handeln des Einzelnen und sozialem Handeln, also um institutionelle Relationen, geht, zu der Notwendigkeit, auch systemtheoretische Betrachtungen anzustellen. M. E. muß dies aber so durchgeführt werden, daß die für den praktischen Bereich wesentliche Verbindung von reiner Beschreibung mit praktischen Informationen, insbesondere normativen Regulativen nicht einem behavioristischen Reduktionismus zum Opfer fällt.

Literaturverzeichnis

J.-T. Delos, La Theorie de l'Institution. La Solution réaliste du Probleme de la Personnalité Morale et le Droit à fondement objectif, Archives des Philosophie du Droit et de Sociologie juridique, 1931, S. 98–153.

M. Fuchs, Die Allgemeine Rechtstheorie Santi Romanos, Berlin 1979.

G. Gurvitch, Les idées-maîtresse de Maurice Hauriou, Archives de Philosophie du Droit et de Sociologie juridique, 1931, S. 155–194.

W. J. Jennings, Die Theorie der Institution, in: *R. Schnur* (Hrsg.), Institution und Recht, S. 99–117.

W. Krawietz, Begründung des Rechts – anthropologisch betrachtet. Zur Institutionentheorie von Weinberger und Schelsky, in: *ders., H. Schelsky, G. Winkler, A. Schramm*, Theorie der Normen. Festgabe für Ota Weinberger zum 65. Geburtstag, Berlin 1984, S. 541–556.

N. Luhmann, Grundrechte als Institution, Berlin 1965.

–, Institutionalisierung – Funktion und Mechanismus im sozialen System der Gesellschaft, in: *H. Schelsky*, Zur Theorie der Institution (Hrsg.)., S. 27–41.

S. Martin-Retortillo, Die Lehre Santi Romanos von der Rechtsordnung und einige ihrer Anwendungen im Bereich des Verwaltungsrechts, in: *R. Schnur* (Hrsg.), Institution und Recht, Darmstadt 1968, S. 370–420.

G. Renard, La Théorie des Institutions, Essai d'ontologie juridique, Paris 1930.

S. Romano, Die Rechtsordnung, hgg. v. *R. Schnur*, Berlin 1975.

H. Schelsky (Hrsg.), Zur Theorie der Institution, 2. Auflage, Düsseldorf 1973.

–, Zur soziologischen Theorie der Institution, in: *ders.* (Hrsg.), Zur Theorie der Institution, S. 9–26.

–, Über die Stabilität von Institutionen, besonders Verfassungen, in: *R. Schnur*, Institution und Recht, Darmstadt 1968, S. 265–293.

–, Die Soziologen und das Recht. Abhandlung und Vorträge zur Soziologie von Recht, Institution und Planung, Opladen 1980.

–, Zur Methode einer empirischen Begriffsbestimmung „des Politischen", in: *ders.*, Politik und Publizität, Stuttgart – Degerloch 1983, S. 38–51.

C. Schmitt, Der Begriff des Politischen, Hamburg 1933.

–, Über die drei Arten des rechtswissenschaftlichen Denkens, Hamburg 1934.

–, Staat, Bewegung, Volk, Hamburg 1935.

R. Schnur (Hrsg.), Institution und Recht, Darmstadt 1968.
J. Stone, Die Abhängigkeit des Rechts: Die Institutionenlehre, in: *R. Schnur* (Hrsg.), Institutionen und Recht, S. 342–369.
E. Wolf, Zum Normcharakter der Institutionen, in: *H. Dombois* (Hrsg.) Recht und Institution, Stuttgart 1969, S. 83–108.